深入浅出

微机原理与接口技术（第2版）实验与解题指导

何　超　主编
陈玉春　冯一兵　副主编

清华大学出版社
北京

内 容 简 介

"微型计算机原理与接口技术"是高等学校工科电类和信息类各专业，特别是计算机科学与技术专业大学生必修的一门专业基础课。本书是微型计算机原理与接口技术课程的实验与习题指导书，按照本科与应用型本科教学大纲的要求和教学特点进行编写，所采用的实验设备是清华大学科教仪器厂生产的通用微机接口实验系统产品系列。其实验项目为高等院校广泛采用。目的在于从理论与实际结合的角度，为读者提供实验项目、实验指导和实验设计方法案例。本书还给出了主教材《深入浅出微机原理与接口技术(第2版)》的全部习题解答。本书力求帮助读者理解与掌握微型计算机系统的基本组成、工作原理、各类接口部件的功能等方面的知识要点，掌握微机应用系统软硬件开发的初步能力。

全书共分两篇：第1篇是TPC-USB微机接口实验系统，共分5章：第1章，综述；第2章，汇编语言实验程序的建立与执行；第3章，TPC-USB集成软件开发环境；第4章，微机接口电路实验；第5章，微机硬件应用综合设计。

第2篇为主教材《深入浅出微机原理与接口技术(第2版)》的解题指导。

图书在版编目(CIP)数据

深入浅出微机原理与接口技术(第2版)实验与解题指导/何超主编. —北京：清华大学出版社，2017
(深入浅出系列规划教材)
ISBN 978-7-302-44573-9

Ⅰ. ①深… Ⅱ. ①何… Ⅲ. ①微型计算机－理论－教学参考资料 ②微型计算机－接口技术－教学参考资料 Ⅳ. ①TP36

中国版本图书馆CIP数据核字(2016)第175092号

责任编辑：白立军 薛 阳
封面设计：傅瑞学
责任校对：李建庄
责任印制：何 芊

出版发行：清华大学出版社
网 址：http://www.tup.com.cn，http://www.wqbook.com
地 址：北京清华大学学研大厦A座 **邮 编**：100084
社 总 机：010-62770175 **邮 购**：010-62786544
投稿与读者服务：010-62776969，c-service@tup.tsinghua.edu.cn
质量反馈：010-62772015，zhiliang@tup.tsinghua.edu.cn
课件下载：http://www.tup.com.cn，010-62795954
印 装 者：三河市少明印务有限公司
经 销：全国新华书店
开 本：185mm×260mm **印 张**：22 **字 数**：532千字
版 次：2017年1月第1版 **印 次**：2017年1月第1次印刷
印 数：1～2000
定 价：39.00元

产品编号：070096-01

丛书序

为什么开发深入浅出系列丛书？

目的是从读者角度写书，开发出高质量的、适合阅读的图书。

"不积跬步，无以至千里；不积小流，无以成江海。"知识的学习是一个逐渐积累的过程，只有坚持系统地学习知识，深入浅出，坚持不懈，持之以恒，才能把一类技术学习好。坚持的动力源于所学内容的趣味性和讲法的新颖性。

计算机课程的学习也有一条隐含的主线，那就是"提出问题→分析问题→建立数学模型→建立计算模型→通过各种平台和工具得到最终正确的结果"，培养计算机专业学生的核心能力是"面向问题求解的能力"。由于目前大学计算机本科生培养计划的特点，以及受教学计划和课程设置的原因，计算机科学与技术专业的本科生很难精通掌握一门程序设计语言或者相关课程。各门课程设置比较孤立，培养的学生综合运用各方面的知识能力方面有欠缺。传统的教学模式以传授知识为主要目的，能力培养没有得到充分的重视。很多教材受教学模式的影响，在编写过程中，偏重概念讲解比较多，而忽略了能力培养。为了突出内容的案例性、解惑性、可读性、自学性，本套书努力在以下方面做好工作。

1. 案例性

所举案例突出与本课程的关系，并且能恰当反映当前知识点。例如，在计算机专业中，很多高校都开设了高等数学、线性代数、概率论，不言而喻，这些课程对于计算机专业的学生来说是非常重要的，但就目前对不少高校而言，这些课程都是由数学系的老师讲授，教材也是由数学系的老师编写，由于学科背景不同和看待问题的角度不同，在这些教材中基本都是纯数学方面的案例，作为计算机系的学生来说，学习这样的教材缺少源动力并且比较乏味，究其原因，很多学生不清楚这些课程与计算机专业的关系是什么。基于此，在编写这方面的教材时，可以把计算机上的案例加入其中，例如，可以把计算机图形学中的三维空间物体图像在屏幕上的伸缩变换、平移变换和旋转变换在矩阵运算中进行举例；可以把双机热备份的案例融入马尔科夫链的讲解；把密码学的案例融入大数分解中等。

2. 解惑性

很多教材中的知识讲解注重定义的介绍，而忽略因果性、解释性介绍，往往造成知其然而不知其所以然。下面列举两个例子。

(1) 读者可能对OSI参考模型与TCP/IP参考模型的概念产生混淆，因为两种模型之间有很多相似之处。其实,OSI参考模型是在其协议开发之前设计出来的,也就是说,它不是针对某个协议族设计的,因而更具有通用性。而TCP/IP模型是在TCP/IP协议栈出现后出现的,也就是说,TCP/IP模型是针对TCP/IP协议栈的,并且与TCP/IP协议栈非常吻合。但是必须注意,TCP/IP模型描述其他协议栈并不合适,因为它具有很强的针对性。说到这里读者可能更迷惑了,既然OSI参考模型没有在数据通信中占有主导地位,那为什么还花费这么大的篇幅来描述它呢?其实,虽然OSI参考模型在协议实现方面存在很多不足,但是,OSI参考模型在计算机网络的发展过程中起到了非常重要的作用,并且,它对未来计算机网络的标准化、规范化的发展有很重要的指导意义。

(2) 再例如,在介绍原码、反码和补码时,往往只给出其定义和举例表示,而对最后为什么在计算机中采取补码表示数值?浮点数在计算机中是如何表示的?字节类型、短整型、整型、长整型、浮点数的范围是如何确定的?下面我们来回答这些问题(以8位数为例),原码不能直接运算,并且0的原码有+0和−0两种形式,即00000000和10000000,这样肯定是不行的,如果根据原码计算设计相应的门电路,由于要判断符号位,设计的复杂度会大大增加,不合算;为了解决原码不能直接运算的缺点,人们提出了反码的概念,但是0的反码还是有+0和−0两种形式,即00000000和11111111,这样是不行的,因为计算机在计算过程中,不能判断遇到0是+0还是−0;而补码解决了0表示的唯一性问题,即不会存在+0和−0,因为+0是00000000,它的补码是00000000,−0是10000000,它的反码是11111111,再加1就得到其补码是100000000,舍去溢出量就是00000000。知道了计算机中数用补码表示和0的唯一性问题后,就可以确定数据类型表示的取值范围了,仍以字节类型为例,一个字节共8位,有00000000~11111111共256种结果,由于1位表示符号位,7位表示数据位,正数的补码好说,其范围从00000000~011111111,即0~127;负数的补码为10000000~11111111,其中,11111111为−1的补码,10000001为−127的补码,那么到底10000000表示什么最合适呢?8位二进制数中,最小数的补码形式为10000000;它的数值绝对值应该是各位取反再加1,即为01111111+1=10000000=128,又因为是负数,所以是−128,即其取值范围是−128~127。

3. 可读性

图书的内容要深入浅出,使人爱看、易懂。一本书要做到可读性好,必须做到“善用比喻,实例为王”。什么是深入浅出?就是把复杂的事物简单地描述明白。把简单事情复杂化的是哲学家,而把复杂的问题简单化的是科学家。编写教材时要以科学家的眼光去编写,把难懂的定义,要通过图形或者举例进行解释,这样能达到事半功倍的效果。例如,在数据库中,第一范式、第二范式、第三范式、BC范式的概念非常抽象,很难理解,但是,如果以一个教务系统中的学生表、课程表、教师表之间的关系为例进行讲解,从而引出范式的概念,学生会比较容易接受。再例如,在生物学中,如果纯粹地讲解各个器官的功能会比较乏味,但是如果提出一个问题,如人的体温为什么是37℃?以此为引子引出各个器官的功能效果要好得多。再例如,在讲解数据结构课程时,由于定义多,表示抽象,这样达不到很好的教学效果,可以考虑在讲解数据结构及其操作时用程序给予实现,让学生看到直接的操作结果,如压栈和出栈操作,可以把PUSH()和POP()操作实现,这样效果会好很多，并且会激发学生的学习兴趣。

4. 自学性

一本书如果适合自学学习，对其语言要求比较高。写作风格不能枯燥无味，让人看一眼就拒人千里之外，而应该是风趣、幽默，重要知识点多举实际应用的案例，说明它们在实际生活中的应用，应该有画龙点睛的说明和知识背景介绍，对其应用需要注意哪些问题等都要有提示等。

一书在手，从第一页开始的起点到最后一页的终点，如何使读者能快乐地阅读下去并获得知识？这是非常重要的问题。在数学上，两点之间的最短距离是直线。但在知识的传播中，使读者感到"阻力最小"的书才是好书。如同自然界中没有直流的河流一样，河水在重力的作用下一定沿着阻力最小的路径向前进。知识的传播与此相同，最有效的传播方式是传播起来损耗最小，阅读起来没有阻力。

欢迎联系清华大学出版社白立军老师投稿：bailj@tup.tsinghua.edu.cn。

2014 年 12 月 15 日

前言

随着计算机软硬件的不断升级换代和微机技术的日新月异与广泛应用，微型计算机教学内容也应随之不断更新，这就是本套教材出版的目的。

"微型计算机原理与接口技术"是高等学校理工科电类和信息类各专业大学生必修的一门专业基础课。

"微型计算机原理与接口技术"课程具有很强的实践性。无论从课程本身的特点，还是从专业素质的培养来看，加强该课程的实验教学和习题指导都是很重要的。有关基础知识、基本原理、基本方法，必须靠大量的上机实践和动手实验，以及大量习题，才能培养学生利用计算机软硬件技术分析、解决各自专业领域的相关问题的意识和能力，并加强学生整机观念和计算机系统观念。

本书按照本科(含应用型本科)教学大纲的要求和教学特点进行编写，为读者提供实验项目、具体指导和实验设计方法案例；解题指导帮助读者深入理解相关知识，扩大视野，以期达到融会贯通的程度。

全书共分两篇，第1篇是TPC-USB微机接口实验系统，第2篇是主教材《深入浅出微机原理与接口技术(第2版)》的习题解答。

第1篇分5章：第1章：综述，介绍了TPC-USB通用微机接口实验系统。第2章：汇编语言实验程序的建立与执行。第3章：讨论了TPC-USB集成软件开发环境。第4章：微机接口电路实验，讨论基础10个实验。第5章：微机硬件应用综合设计，讨论12个综合设计实验。全书设计了定时器/计数器、中断控制器、DMA控制器、并行接口、串行接口、D/A和A/D变换等接口实验，给出了实验目的要求、实验原理的简要说明、实验项目、接线图、操作说明、编程指导和参考程序。

我们发现各所高等院校开设"微型计算机原理与接口技术"课程实验项目大体相近。清华大学科教仪器厂生产的通用微机接口实验系统产品系列可基本涵盖，适应范围较广。该产品系列配置灵活，可以配接不同的模块电路，完成诸多通常所需的微机原理与接口实验项目。该产品系列在电路设计中增加了多项保护措施，可避免学生实验中常常容易出现的由于连线错误、编程错误造成损坏主机或接口上集成电路的现象。该系统还采用了"自锁紧"插座及导线，消除了连线接触不良的现象。

与以往的实验指导书不同，本书考虑到计算机原理的复杂性，特地在每个实验项目中增加了"实验原理及相关知识"的内容，针对具体的实验，提示与该实验直接有关的计算机硬件和软件知识，以对学生实验的知识准备和教师的实验指导起一个辅助作用。

本书第1篇是我们在参阅了清华大学科教仪器厂生产的微机接口实验系统系列产品

说明书和有关教材,由清华大学教师陈玉春、冯一兵等和何超共同研讨改写而成的。

参与本书第2篇习题解答编写的作者有钟健、孔令美、钟桂凤、龙君芳、方琳、张艳红等。

本书由何超任主编,陈玉春、冯一兵任副主编。

本书承蒙清华大学李鸿儒教授、清华大学科教仪器厂陈玉春副厂长和冯一兵、聂长龙、陈楠等多位工程技术人员的大力支持和指导,在此表示深情感谢。限于作者的水平有限,书中错误和不当之处在所难免,敬请读者批评指正。

作　者

2016年于北京

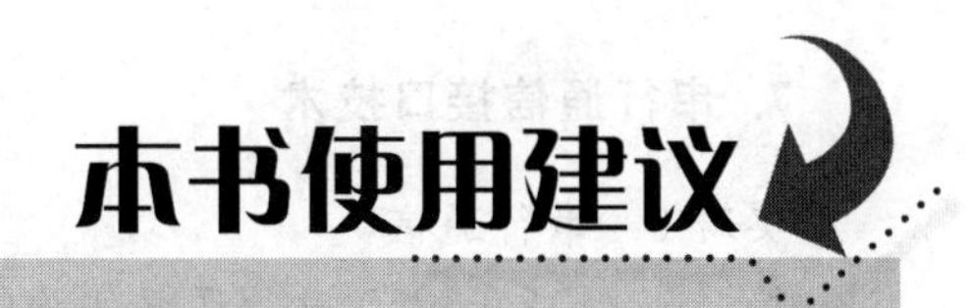

本书使用建议

全部实验大致可分为以下几个知识模块，教师可根据本校实际情况选作部分实验，引导学生预习相关的理论知识。建议先作几个汇编语言实验打好编程和调试基础。

1. I/O 端口地址译码技术

实验 1　I/O 地址译码
实验 2　简单并行接口

2. 定时器/计数器技术

实验 3　可编程定时器/计数器 8254(8253)的原理及应用含定时、计数与分频实验
综合实验 2　继电器控制
综合实验 5　电子琴(选作)
综合实验 7　小直流电机转速控制实验(选作)

3. 中断控制器技术

实验 5　中断控制器 8259 的工作原理及应用

4. DMA 控制器技术

实验 9　DMA 传送

5. 存储器接口技术

综合实验 9　存储器读写实验

6. 可编程并行接口技术

实验 4　可编程并行接口的原理与应用(8255A 方式 0)
实验 10　可编程并行接口的原理与应用(8255A 方式 1)(选作)
综合实验 1　7 段数码管的静态与动态显示
综合实验 3　竞赛抢答器(选作)
综合实验 4　交通灯控制
综合实验 6　步进电机控制实验(选作)

7. 串行通信接口技术

实验6　串行通信
综合实验12　8250串行通讯实验(选作)

8. 人机交互设备接口技术

综合实验8　键盘显示控制器实验
综合实验10　双色点阵发光二极管显示实验(选作)

9. A/D与D/A转换器接口技术

实验7　数模D/A转换器及应用
实验8　模/数(A/D)转换器及应用(选作)

目录

第1篇　PC-USB微机接口实验系统

附　录

第 1 篇

PC-USB 微机接口实验系统

第1章 综述

“微机原理与接口技术”是工科电气、电子、自动化、通信、计算机应用、网络工程等(参见学位授予和人才培养学科目录 0809～0812,2011 年)专业本科生的一门主干和必修的专业平台课程。为了使学生从理论到实践上,融会贯通微型计算机的基本组成、工作原理、基本方法及典型接口技术;为了使学生掌握汇编语言,具备接近计算机硬件底层的软、硬件开发的整体把握能力;为学习微机应用系统(包括单片机、嵌入式应用系统)的设计与开发打下一定基础,很有必要进行微机原理与接口技术实验教学环节。考虑到《微机原理与接口技术》课程有一定难度,需要给予适当提示和指导。为此,我们编写了本书。

1.1 本书的大体构想

学生实验大致可分为：验证性、设计型(或称研究型)和综合性。三者的任务分别如下。

验证性(和测量性)实验主要是引导学生认证所学理论知识,并初步认识实验仪器和设备、实验手段,起到启蒙和入门的作用。

设计型或者研究型以及综合性实验,要求在指定实验目的要求和实验条件下,由学生自行设计实验方案并加以实现。激发学生强烈的求知欲,学习的主动性与积极性,积累从失败中寻找成功之路的切身经历和体会。综合性实验还有综合本课程及相关课程知识的课程设计教学环节。当然,设计型(或称研究型)以及综合性实验,要在一定的学习基础上进行。

为了适应目前多数高校的微机原理与接口技术实验内容,本书安排了 4 个部分实验(参见本书目录),由浅入深,循序渐进。

1. 软件基础性实验和软件设计性实验

建议软件实验从以下几项中选取：码制转换程序设计、求和程序设计、分支程序设计、循环程序设计、排序程序设计、子程序设计实验等。以上实验涉及 DOS 功能调用、进制调整、循环、进位位处理等多种技能的训练。

2. 硬件基础性实验和硬件设计性实验

硬件实验引导学生深入理解和掌握微机中常用接口芯片的使用和软硬件设计技术,

构建一定功能的实用小系统的技能,进一步提高学生分析和解决实际问题的能力。

完成本书所列实验所需的设备,每个实验小组包括PC计算机一台、TPC-USB实验箱一台(附逻辑笔一支)、万用表一块、示波器一台。

1.2 TPC-USB实验系统介绍

综合大多数院校情况,本书采用清华大学科教仪器厂生产的微型计算机及应用实验设备——TPC-H微机接口实验系统。该系统在原TPC-2003A微机接口实验系统上配置了USB接口模块,直接与主机(PC)的USB接口连接,形成了一套完整的USB接口的微机接口实验系统。该系统适应当前高等院校所开设的《微机原理及接口技术》、《微机原理及其应用》或《微机接口技术》这几门课的实验教学。

考虑到学生实验误操作会较多,在电路设计中增加了多项保护措施,可避免由于连线错误编程错误造成损坏主机或接口上集成电路的现象。TPC-H还采用了自锁紧插座及导线,消除了连线接触不良的现象。

使用自锁紧导线注意事项:将自锁紧导线的插头插入自锁紧插孔时,应稍加用力并沿顺时针方向旋转一下,才能保证接触良好。拔出时,应用手捏住插头先逆时针方向旋转一下,待完全松开后再向上拔出。如果在插头没有完全松开之前强行拔出,很容易损坏导线,造成实验故障。

1.2.1 TPC-USB微机接口实验系统框图

该系统由一块USB总线接口模块、一个扩展实验台、软件集成实验环境和一台PC组成。USB总线接口模块通过USB总线电缆与PC相连,模块与实验台之间由一条50芯扁平电缆连接,如图1-1所示。

图1-1 TPC-USB实验系统构成

其主要特点如下。

(1) 实验台接口集成电路包括:可编程定时器/计数器(8253)、可编程并行接口(8255)、数/模转换器(DAC0832)、模/数转换器(ADC0809)等。外围电路包括:逻辑电平开关、LED显示、七段数码管显示、8X8双色发光二极管点阵及驱动电路、直流电机步进电机及驱动电路、电机测速用光耦电路、数字测温传感器及接口电路、继电器及驱动电路、扬声器及驱动电路。8279键盘显示控制电路等。

(2) USB总线接口使用ISP1581 USB 2.0高速接口芯片,完全符合USB 2.0规范。提供了高速USB下的通信能力,即插即用。

(3) 在USB接口模块上扩展有DMA控制器8237及存储器,可以完成微机DMA传送以及USB的DMA传送等实验。

(4) 实验台采用开放式结构和模块化设计。实验台上除固定电路外还设有用户扩展实验区。有5个通用集成电路插座,每个插座引脚都有对应的自锁紧插孔,利用这些插孔可以搭建自己设计的实验装置,支持设计性实验、开放性实验和课程设计的开展。

(5) 实验台有功能强大的软件集成开发环境,支持 Windows 98/Windows 2000/Windows XP/Win 7-32 位等操作系统。可以方便地对程序进行编辑、编译、链接和调试,查看实验原理图,实验接线,实验程序并进行实验演示。可以增加和删除实验项目。

(6) 实验程序可以使用8086汇编语言或者C语言编程和调试。

(7) 系统还提供:字符、图形液晶显示实验模块;红外收发实验模块;无线通信实验模块;键盘显示实验模块等多种扩展实验模块,以利于开展学生自选实验。

(8) 实验台自备电源,具有电源短路保护功能,以确保系统安全。

(9) 使用USB接口与PC相连,省去了打开主机箱安装接口卡的麻烦。

1.2.2　USB 模块结构

USB模块结构如图1-2所示。

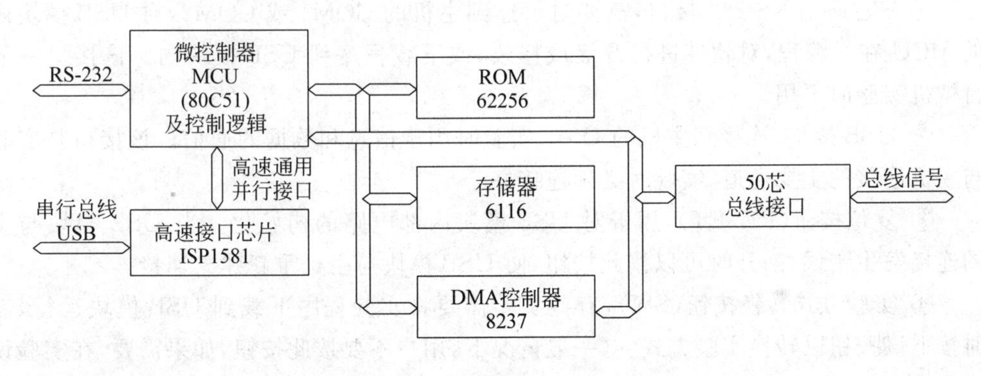

图1-2　USB模块结构图

USB模块中的MCU是一款80C51微控制器,其内核与MCS-51完全兼容。内部包含64kB Flash存储器和1024字节的数据RAM存储器。Flash程序存储器支持并行和串行在系统编程(ISP)。并行编程方式编程速度比较快。ISP编程允许在软件控制下对成品中的器件进行重复编程,对应用固件可以随时进行修改和升级。该款MCU的操作频率可达到40MHz,这样与ISP1581配合可以实现与主机的高速通信及处理。

模块中的50芯总线接口逻辑是把MCU提供的地址、数据、控制信号转换成仿PC ISA总线的信号,包括数据线 $D_0 \sim D_7$,地址线 $A_0 \sim A_{15}$,存储器和I/O的读写信号,中断请求、DMA请求及应答等其他控制信号。

模块内扩展有DMA控制器8237及存储器芯片(其中62256是ROM存储器,6116是静态RAM存储器),是为了完成微机DMA传送实验而设置的。

1.2.3　USB 模块功能

(1) 实现实验台与主机之间的通信,接受主机指令,通过微控制器MCU处理后,完成对实验台上外设接口的读写。

(2) 支持串行在系统编程(ISP),通过模块上的RS-232接口,对模块内部的MCU进行在线编程,对软件进行修改或在线升级。也可以通过RS-232接口下载实验程序到USB模块,进行实验。

(3) 模块内扩展有DMA控制器8237及存储器,可以完成微机DMA传送和USB的DMA传送实验。

(4) 该模块提供一个50芯总线接口,USB模块上的微控制器MCU接收到主机有关对实验台上的I/O设备进行读或写的命令后,提供相应的地址、数据和控制信号,这些信号经驱动与隔离后送到50芯插座上并通过一根50线扁平电缆,连到实验台上。这样在主机上编程对实验台上的外设接口进行读写时,就跟通过并行的ISA总线对外设进行操作一样。

1.2.4 USB模块的对外接口

(1) 如图1-3所示,该模块的左侧提供4个对外接口。

① 9芯通用RS-232接口,需要时可连到主机的COM1或COM2,对USB模块内部的MCU在线编程,对软件进行升级或修改,或下载程序到USB模块内。该接口一般进行微机实验时不用。

② USB接口,连接到主机的USB,实验时用于信息和数据的通信。该接口是实验台与主机连接的主要通道,实验时必须连接好。

③ 复位按钮(RESET),用于对USB模块内部电路的初始化。当USB模块与主机的连接发生错误,断开时可以按此按钮,使USB模块与主机重新建立连接。

④ 实验方式转换按钮(SW),有些实验需要将实验程序下载到USB模块运行,需要时按下该按钮以转换实验方式。(一般情况下,用户不要按此按钮,如果需要,在实验说明中会指出)。

(2) 在模块的右侧提供两个对外接口。

① 50线扁平电缆接口,为实验台提供仿ISA总线信号。信号安排与实验台上50芯信号插座信号一一对应,实验时必须用50芯扁平电缆连接实验台上的50芯插座。

② 外接电源插孔,外接7~9V直流电源。平时该插孔不用。实验时USB模块所用电源由实验台通过50芯电缆提供,只要将50芯扁平电缆连接好即可,只有USB模块单独使用或调试时,才使用外接电源。

1.2.5 USB模块的安装

安装步骤如下:

(1) 断开实验台电源开关;

(2) 50线扁平电缆一端接USB模块的50芯插座,另一端接实验台50线插座;

(3) USB电缆的一端接模块的USB口,另一端接主机USB口;

(4) 闭合实验台电源开关;

(5) 系统将自行检测到模块的接入,选择用户光盘上的USB驱动程序完成驱动的

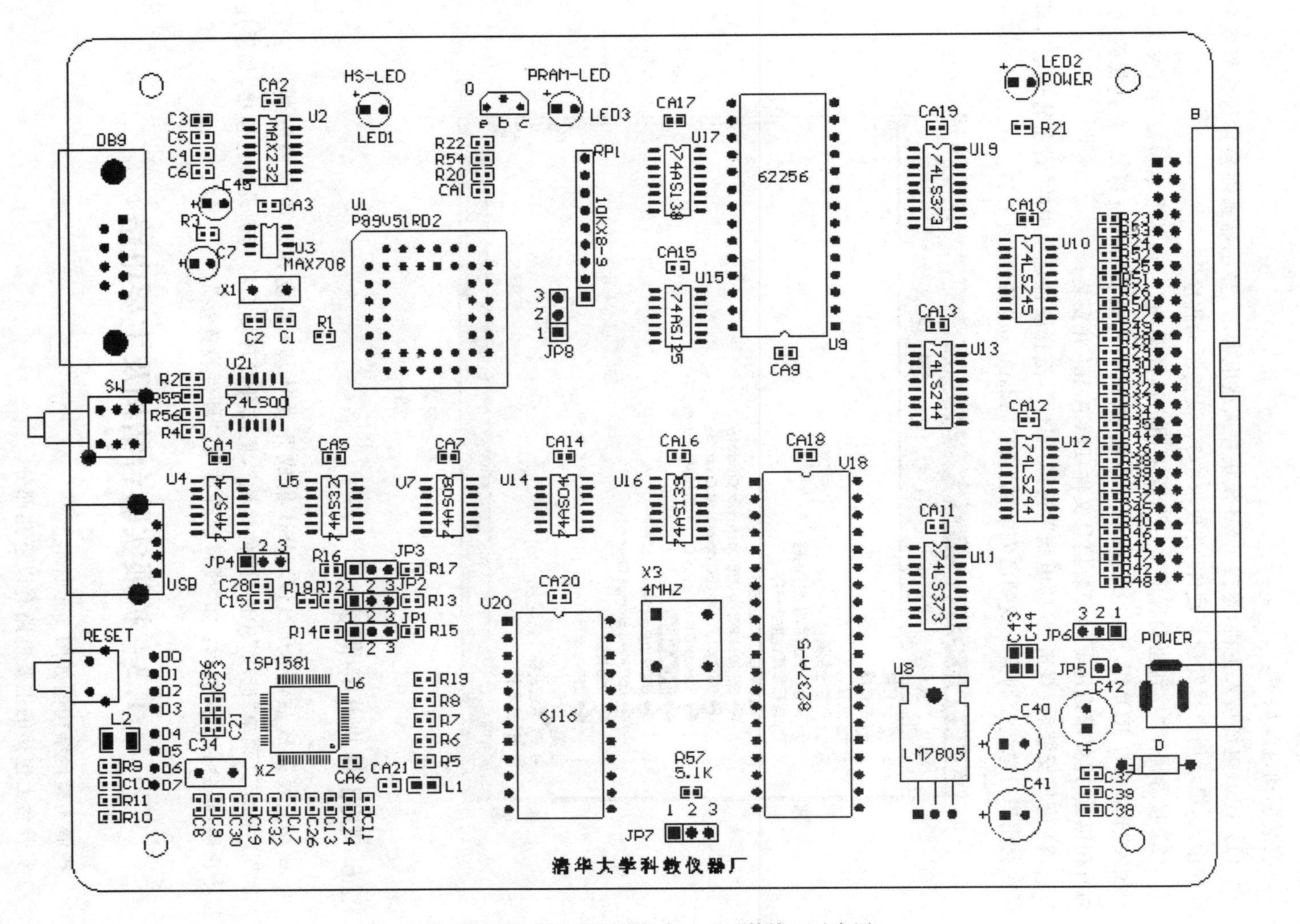

图 1-3 USB 模块主要器件布局及对外接口示意图

安装。

安装驱动过程如下：

(1) USB电缆接入主机，连接USB模块并加载电源后，显示器画面会自行检测到模块的接入，提示用户，“发现新硬件”并要求“安装设备驱动程序”；

(2) 接着提示“找到驱动程序文件”，要求用户选择驱动“可选的搜索位置”：(要求用户插入“光盘CD-ROM”，从中driver目录下搜索，或指定驱动所在位置)。直到找到“驱动所在位置”并要求选定驱动安装信息文件TPCA.inf并安装；

(3) 完成安装后，双击“我的电脑”，选择“属性”，选择硬件选项中的“设备管理器”，即可在通用串行总线控制器中找到已安装的TPC Adapter设备(见图1-4)。

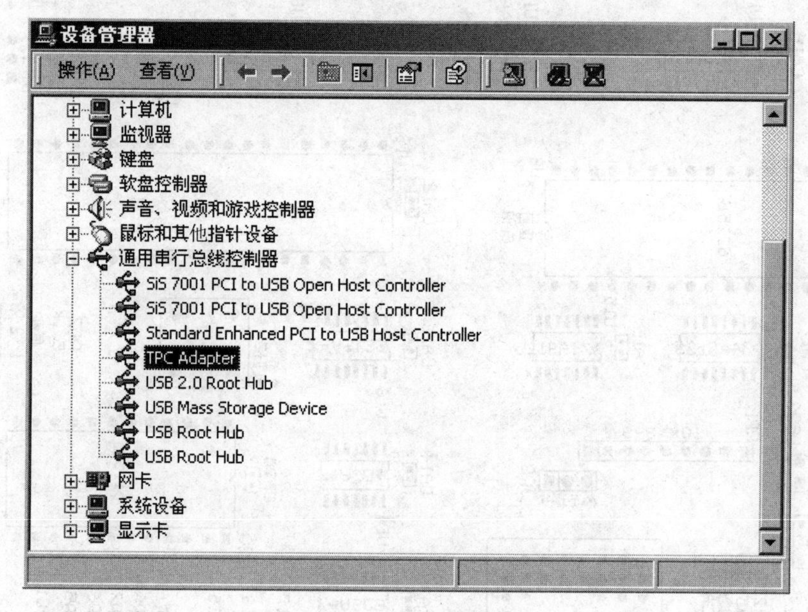

图1-4 查看安装

1.2.6 USB模块连接测试

驱动安装完成后，打开TPC-USB集成开发环境(集成开发环境的安装请参看3.2节)，选定其菜单“选项”中的“硬件检测”，集成开发环境会检测到设备已连接，如果连接不正确，将会有错误提示：如“硬件已连接”或“硬件没连接”。

1.3 扩展实验台结构及主要电路

扩展实验台结构图如图1-5所示。

实验台上包括的主要电路有以下几部分。

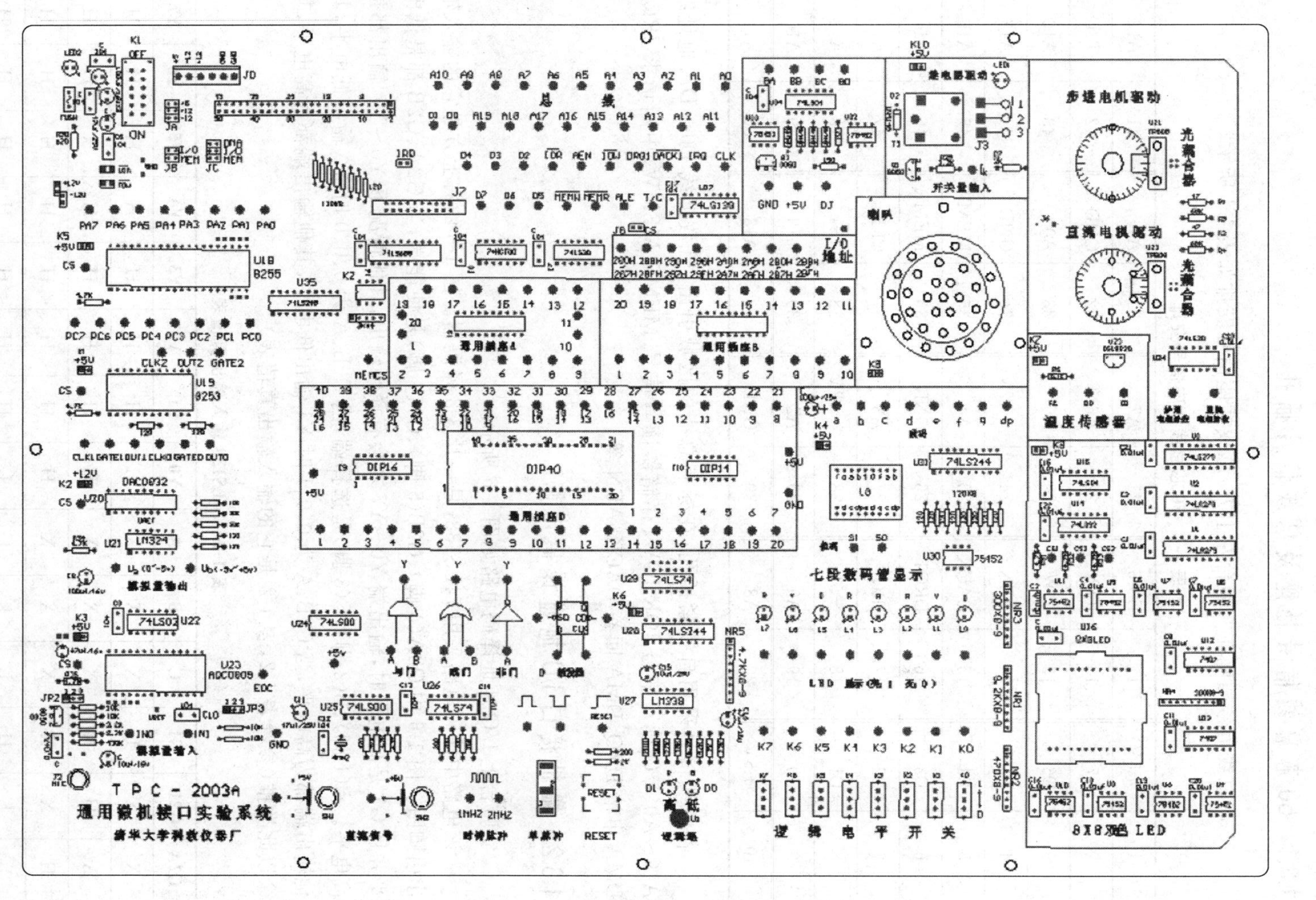
总线
I/O地址
七段数码管显示
逻辑电平开关
步进电机驱动
直流电机驱动
温度传感器
8X8双色LED
T P C － 2003A
通用微机接口实验系统
清华大学科教仪器厂
RESET

图 1-5　扩展实验台结构

1.3.1 50芯总线信号插座及总线信号插孔

50芯总线信号插座在实验台左上方,总线插座信号安排如表1-1所示。

表1-1 50芯总线插座信号安排

1	+5V	11	E245	21	A7	31	A1	41	ALE
2	D7	12	IOR	22	A6	32	GND	42	T/C
3	D6	13	IOW	23	A5	33	A0	43	A16
4	D5	14	AEN	24	+12V	34	GND	44	A17
5	D4	15	DACK	25	A4	35	MEMW	45	A15
6	D3	16	DRQ1	26	GND	36	MEMR	46	A14
7	D2	17	IRQ	27	A3	37	CLK	47	A13
8	D1	18	+5V	28	-12V	38	RST	48	A12
9	D0	19	A9	29	A2	39	A19	49	A10
10	+5V	20	A8	30	GND	40	A18	50	A11

各总线信号采用自锁紧插孔,在标有总线的区域引出,有数据线D0~D7、地址线A19~A0、I/O读写信号IOR IOW、存储器读写信号MEMR MEMW、中断请求IRQ、DMA申请DRQ、DMA回答DACK、AEN等。

1.3.2 微机接口I/O地址译码电路

实验台上I/O地址译码电路如图1-6所示。

该电路中译码电路采用74LS138,是一片3-8译码器。图1-6的右上方是它的输入输出引脚图。图1-6中G2A(4脚)、G2B(5脚)、G1(6脚)是使能端,当G2A、G2B都是低电平并且G1是高电平时,输出端Y0~Y7才会有译码输出,其他情况下Y0~Y7输出都是高电平。A(1脚)、B(2脚)、C(3脚)是选择端,当C、B、A为0、0、0时Y0输出低电平,其他输出端都为高电平,当C、B、A为0、0、1时Y1输出低电平,其他输出端都为高电平,其余以此类推(参看表1-2,表1-2是它的输入输出真值表)。

表1-2 74LS138输入输出真值表

G2A	G2B	G1	C	B	A	Y0	Y1	Y2	Y3	Y4	Y5	Y6	Y7
X	X	L	X	X	X	H	H	H	H	H	H	H	H
X	H	X	X	X	X	H	H	H	H	H	H	H	H
H	X	X	X	X	X	H	H	H	H	H	H	H	H
L	L	H	L	L	L	L	H	H	H	H	H	H	H
L	L	H	L	L	H	H	L	H	H	H	H	H	H

续表

G2A	G2B	G1	C	B	A	Y0	Y1	Y2	Y3	Y4	Y5	Y6	Y7
L	L	H	L	H	L	H	H	L	H	H	H	H	H
L	L	H	L	H	H	H	H	H	L	H	H	H	H
L	L	H	H	L	L	H	H	H	H	L	H	H	H
L	L	H	H	L	H	H	H	H	H	H	L	H	H
L	L	H	H	H	L	H	H	H	H	H	H	L	H
L	L	H	H	H	H	H	H	H	H	H	H	H	L

注：该表中，L 表示低电平，H 表示高电平，X 表示任意电平。

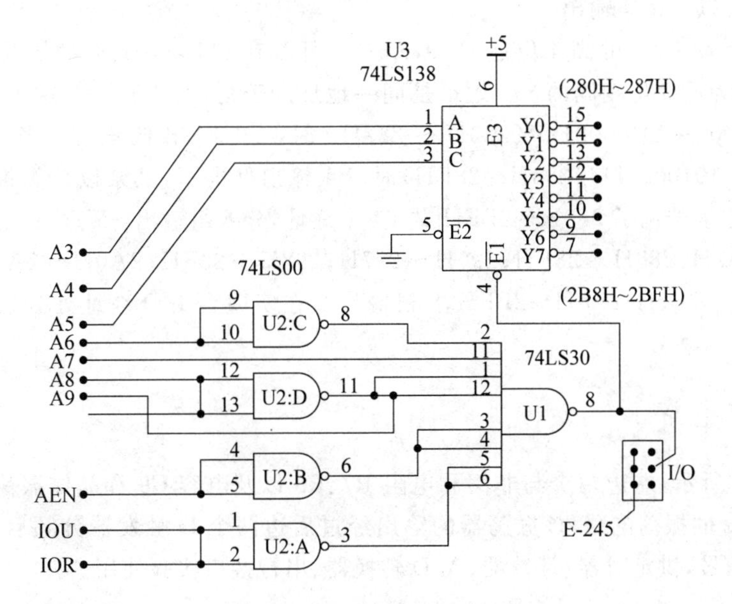

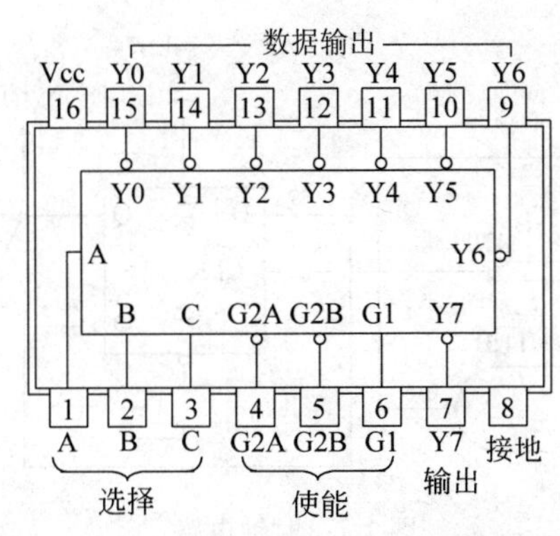

图 1-6　I/O 地址译码电路

由于 138 的 5 脚(G2B)已经固定接低电平，6 脚(G1)已经固定接＋5V，4 脚是低电平时，74LS138 就可以有译码输出。

怎样实现138的4脚是低电平呢？这需要在I/O地址译码电路中配置的芯片74LS30与非门电路的8个输入端都是高电平，从图1-6中可以看到芯片74LS30有两组输入端。一组的4个输入端12脚、1脚、11脚、2脚分别接的是A9、$\overline{A8}$、A7和$\overline{A6}$，这样只有在A9、A8、A7和A6这4个地址线上是1010时才会使12脚、1脚、11脚、2脚都是高电平。A8、A6经过芯片74LS00变为$\overline{A8}$和$\overline{A6}$。

74LS30的另外一组的4个输入端中的3脚、4脚连在一起接AEN，该信号是DMA传送允许信号，在DMA传送时是高电平，没有DMA传送时是低电平，经过芯片74LS00到3、4脚上是高电平；5脚、6脚连在一起经过芯片74LS00取IOW和IOR的与非，在IOW或IOR有一个是低电平时才为高电平。总之，AEN接低电平，IOW或IOR有一个是低电平时，同时A9、A8、A7、A6这4个地址线是1010时，74LS138的4脚才是低电平，74LS138就可以有译码输出。

可以看出，A9-A0的高4位是1010，A5-A3可以有111-000共8种情况，A2～A0不存在，可以认为低3位相同的8个地址是同一地址。于是，当A9～A0这10根地址线上是1010000000～1010000111（280H～287H）时，Y0输出低电平，当A9～A0是1010001000～1010001111（288H～28FH）时，Y1输出低电平，其余以此类推。所以说实验台上I/O地址选用了280H～2BFH共64个地址，分8组输出：Y0～Y7。其地址分别为280H～287H；288H～28FH；290H～297H；298H～29FH；2A0H～2A7H；2A8H～2AFH；2B0H～2B7H；2B8H～2BFH，8根输出线在实验台I/O地址处分别由自锁紧插孔引出。

1.3.3 时钟电路

如图1-7所示，左边两个与非门和电阻R7、R8以及电容C9和晶体振荡器共同组成了一个4MHz的振荡电路，该振荡器的输出经过后边两个D触发器分频后输出2MHz、1MHz两种信号，供定时器/计数器、A/D转换器、串行接口实验使用。

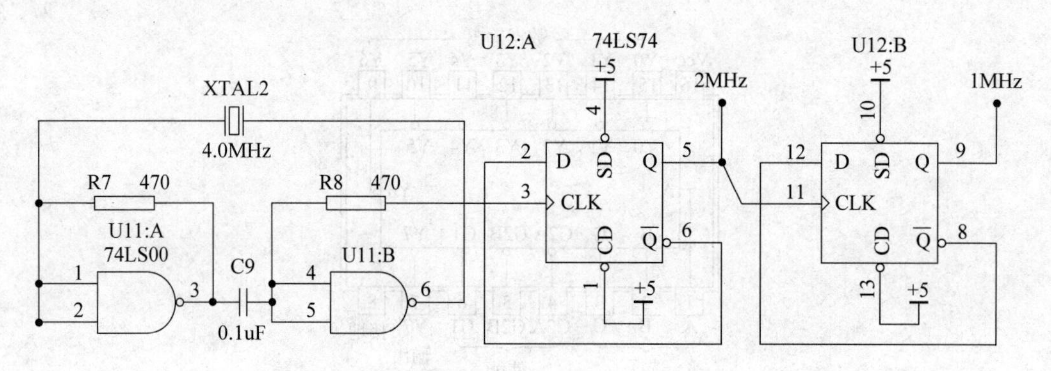

图1-7 时钟电路

1.3.4 逻辑电平开关电路

如图1-8所示，实验台右方有8个开关K0～K7，开关拨到1位置时开关断开，输出高电平。拨到0位置时开关接通，输出低电平。电路中串接了保护电阻，接口电路不直接同+5V、GND相连，有效地防止因误操作损坏集成电路现象。

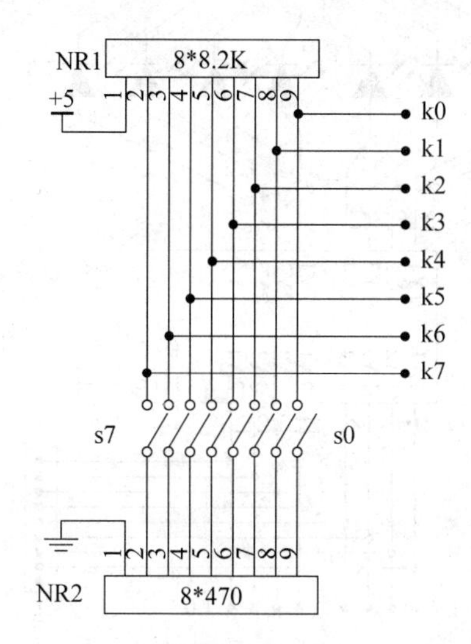

图1-8 逻辑电平开关电路

1.3.5 LED显示电路

如图1-9所示，实验台上设有8个发光二极管及相关驱动电路(输入端L7～L0)，驱动电路使用74LS244，该芯片是一个8路的驱动器，目的是为8个发光二极管提供必要的驱动电流。当输入信号为1时，74LS244的对应输出端也为1，相应发光二极管发光，相反，输入为0时相应发光二极管熄灭。

1.3.6 7段数码管显示电路

实验台设有两个共阴极数码管及驱动电路，电路图如图1-10所示。段码输入端：a、b、c、d、e、f、g、dp，位码输入端：S0、S1。图中段码驱动采用74LS244，位码驱动采用75452，该电路是一个反相的驱动电路，输出低电平时可以提供较大的驱动电流。当输入端S0为高电平时选中LED0，这时如果位码的某一位或几位为1，LED0上的相应段就会亮。同样输入端S1为高电平时选中LED1，LED1上的相应段就会亮。

1.3.7 单脉冲电路

如图1-11所示，单脉冲由RS触发器产生，开关是一个微动开关，实验者每按一次开关即可以从两个插座上分别输出一个正脉冲及负脉冲，供中断、DMA、定时器/计数器等实验使用。

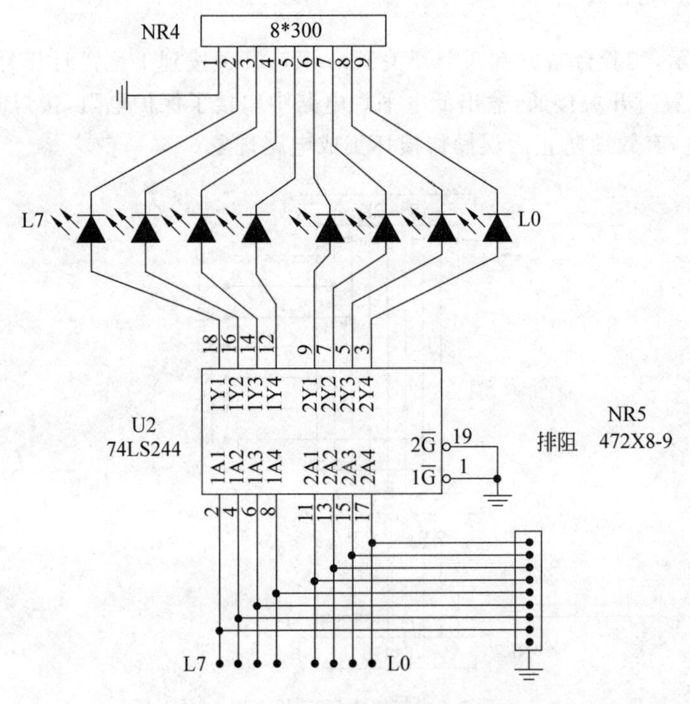

图 1-9 发光二极管及驱动电路

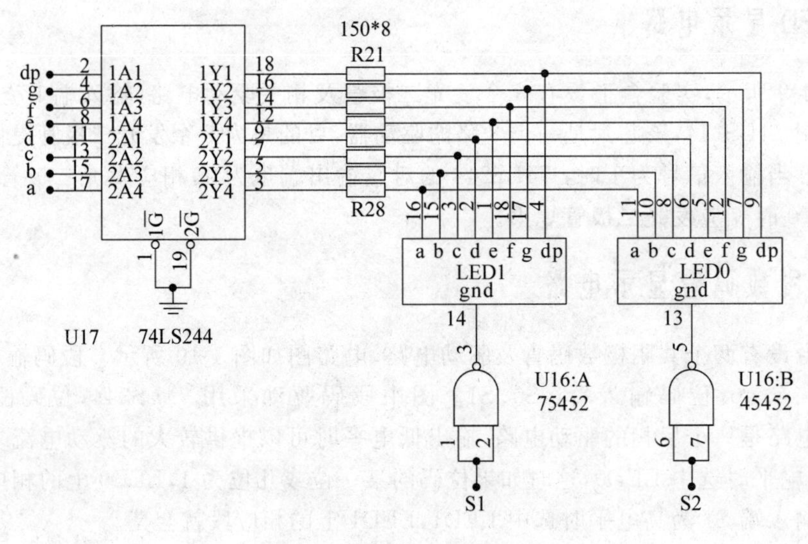

图 1-10 数码管显示电路

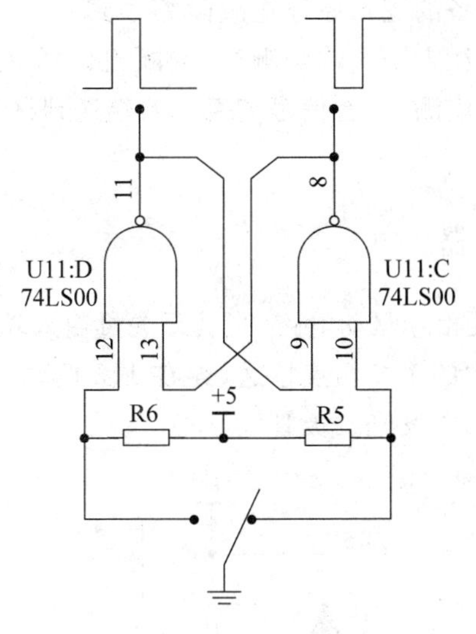

图 1-11 单脉冲电路图

1.3.8 逻辑笔

在数字电路实验中，经常会用到逻辑笔测量一个信号电平或者判断一个脉宽较窄的单脉冲是否发生，逻辑笔具有方便直观的特点。

逻辑测试笔 TTL/CMOS 逻辑测试笔由实验台提供 5V 直流电源，测试电平指标与 TTL 和 CMOS 标准相一致。当输入端 U_i 接高电平时红灯(H)亮，接低电平时绿灯(L)亮，电路图如图 1-12 所示。

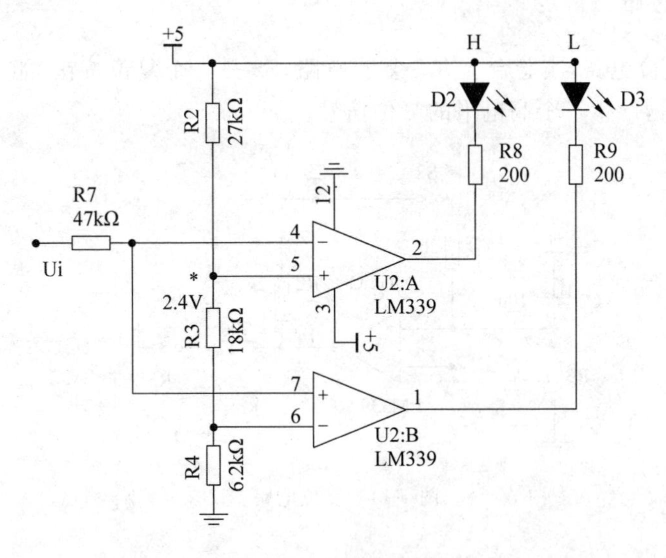

图 1-12 逻辑笔电路

寻找故障的方法有两种：一种是先用逻辑笔检出关键信号(如时钟、启动、移位、复位)丢失的地方,根据被测设备的逻辑原理把故障缩小到一个较小的范围内,再对被怀疑的组件配合脉冲笔进行脉冲注入——响应测试,判断组件的好坏。另一种方法是先对某串电路进行脉冲注入——响应测试,看信号能否从始端送到终端,用同样方法检查每一串电路,直到把故障找出来。

1.3.9 继电器及驱动电路

图1-13为直流继电器及相应驱动电路,当其开关量输入端Ik输入数字量1时,继电器动作,常开触点闭合使图中的1、2两点接通,连在1、2两端上的红色发光二极管点亮。输入0时继电器常开触点断开,发光二极管灭。

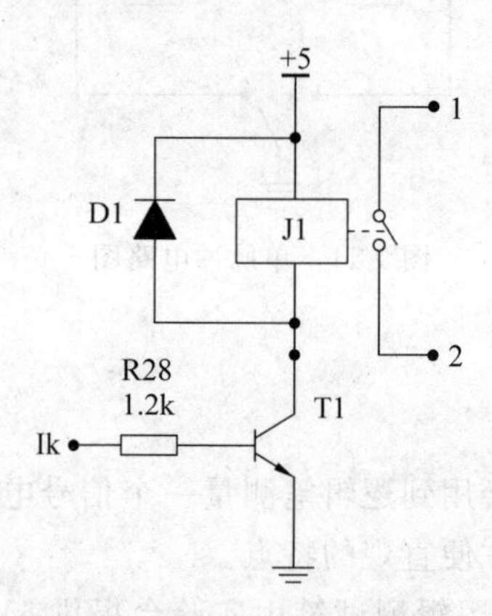

图1-13 继电器及驱动电路图

1.3.10 复位电路

图1-14为复位电路,实验台上有一复位电路,S2是一个复位按钮,能在上电时,或按下复位按钮S2后,产生一个高电平的复位信号。

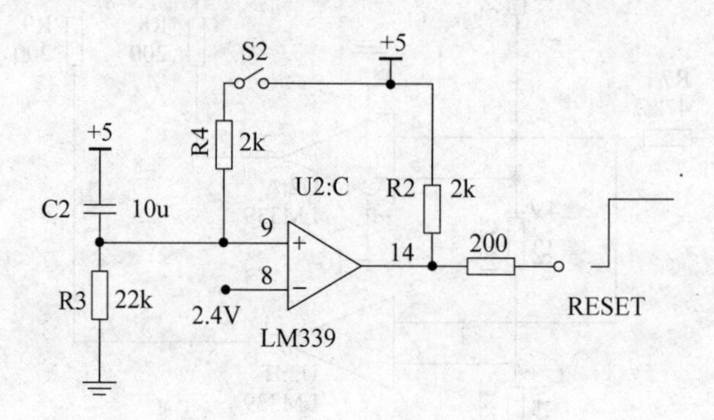

图1-14 复位电路

1.3.11 步进电机驱动电路

图1-15为步进电机的驱动电路,实验台上使用的步进电机驱动方式为二相励磁方

式，BA、BB、BC、BD分别为4个线圈的驱动输入端，输入低电平时，相应线圈通电。

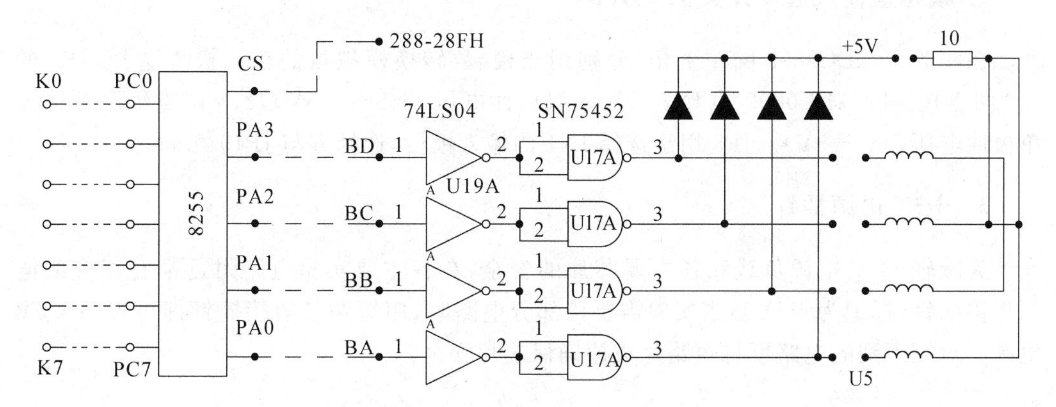

图1-15 步进电机驱动电路

1.3.12 接口集成电路

实验台上有微机原理及接口实验最常用接口电路芯片，包括：可编程定时器/计数器(8253)、可编程并行接口(8255)、数/模转换器(DAC0832)、模/数转换器(ADC0809)，这里芯片与CPU相连的引线除去片选(CS)信号外都已连好，与外界连接的关键引脚在芯片周围用自锁紧插座引出，供实验使用。

1.3.13 逻辑门电路

实验台上设有几个逻辑门电路，包括与门、或门、非门、触发器供实验时使用。

1.3.14 用户扩展实验区

实验台上设有5个通用数字集成电路插座，其中通用插座A、通用插座B为20芯，通用插座D为40芯活动插座以方便插拔器件。其余为14芯。插座的每个引脚都用自锁紧插孔引出。实验指导书中所列出的部分实验(简单并行接口、串行通信、集成电路测试等)电路就是利用这些插座搭试的。利用这些插座可以进行数字电路实验，也可以设计开发新的接口实验或让学生做课程设计、毕业设计等项目。

1.3.15 实验台跳线开关

为了方便实验，实验台上设有跳线开关，分以下几种。

1. 实验类型选择开关JB、JC

这两个跳线开关在实验台的左上角，50线总线插座的左下方。在TPC-USB实验系统中不起作用，用户无须设置。

2. 模拟量输入选择开关 JP2、JP3

在实验台 ADC0809 的左上角，分别用于模/数转换模拟量的输入极性选择，JP2 的 1、2 两点短路时 ADC0809 的 IN2 可输入双极性电压(－5～＋5V)，2、3 两点短路时输入单极性电压(0～＋5V)。JP3 用于选择 IN1 的输入极性，选择方与 JP19 相同。

3. ＋5V 电源插针

为减轻＋5V 电源负载和各主要芯片的安全，在各主要实验电路附近都有相应的电源连接插针(标记为＋5V)，当实验需要该部分电路时，用短路子短接插针即可接通＋5V 电源。对用不到的电路可将短路片拔掉确保芯片安全。

1.3.16 20 芯双排插座

实验台上有一个 20 芯双排插座 J7，用于外接附加的键盘显示实验板和其他用户开发的实验板。J7 各引脚信号安排如图 1-16 所示。

19	17	15	13	11	9	7	5	3	1
D0	D1	D2	D3	D4	D5	D6	D7	IRQ	CS
RES	＋5V	＋5V	IOR	IOW	A0	A1	CLK	GND	GND
20	18	16	14	12	10	8	6	4	2

图 1-16 J7 各引脚信号

在 J7 的附近有两个短路插针标有 CS 和 IRQ。当 CS 的两点短接后，译码器的 280H～287H 连接到 J7 的 CS 端。当你扩展板上的实验需要中断信号时将 IRQ 的两端短接，不需要时应将其断开。

1.3.17 直流稳压电源

实验箱自备电源，安装在实验大板的下面，交流电源插座固定在实验箱的后测板上，交流电源开关在实验箱的右侧，交流电源开关自带指示灯，当开关打开时指示灯亮。在实验板右上角有一个直流电源开关，交流电源打开后再把直流开关拨到 ON 的位置，直流＋5V、＋12V、－12V 就加到实验电路上。

主要技术指标：输入电压 AC 175～265V；
输出电压/电流 ＋5V/2.5A，＋12V/0.5A，－12V/0.5A；
输出功率 25W。

第2章 汇编语言实验程序的建立与执行

学习微型计算机原理必须接触汇编语言，因此必须学习汇编语言程序的设计、调试和运行，并进行相应的实验。本章讨论汇编语言实验程序的建立与执行。

2.1 编辑和运行汇编源程序所必备的软件

在 PC 上运行汇编源程序，必须具备以下软件：

(1) DOS 2.0(或 CCDOS)以上版本操作系统；

(2) EDIT 文本编辑程序(或其他文本编辑软件)；

(3) MASM 宏汇编程序；

(4) LINK 连接程序；

(5) CREF 交叉引用文件处理程序(可选)；

(6) LIB 库管理程序(可选)；

(7) DEBUG 调试程序；

(8) QBASIC 编辑程序。

2.2 建立与执行汇编源程序

在 TPC-H 微机接口实验系统中进行各项接口实验，一般都要用汇编语言(或 C 语言)来编写相应的实验程序。以下简要介绍汇编语言程序从建立到执行的过程。

2.2.1 建立与执行汇编源程序基本步骤

用汇编语言编写的程序(即汇编源程序)要在机器上运行，必须经过以下几个步骤：

(1) 在 DOS 环境下，调用任一编辑程序(如 EDIT)建立与修改编辑源程序(扩展名必须为.asm)；

(2) 用宏汇编程序(MASM)对汇编源程序进行汇编，生成相应的目标文件(扩展名为.obj)；

(3) 用连接程序(LINK)对目标文件进行再定位和链接，生成可执行文件(扩展名为.exe)；

(4) 运行可执行文件。

经过步骤(1)～(3)之后,可执行文件已生成并存放在磁盘上。此时,在DOS提示符下直接输入文件名(可不带扩展名.exe),即可将该文件从磁盘上装入内存立即执行。

然而,设计一个较复杂的汇编源程序,不出现一点错误是不太可能的。如果出现错误,可调用DOS支持下的DEBUG程序(调试程序),对可执行文件进行动态跟踪调试运行,找出错误的地方。当发现错误后,要重复上述(1)～(4)步,即修改源程序中的错误,重新汇编、连接、运行程序,直至程序运行正确(或符合设计要求)为止。

2.2.2 建立与执行汇编源程序的过程细节

建立汇编语言源程序,是程序开发的一步。可以使用的文本编辑器,有DOS下的EDIT,Windows下的记事本,或者是MASM自带的PWB(Programmer Work Bench),但不能用Word或写字板。下面以DOS下的EDIT为例来说明。

启动计算机,打开C盘,查看其中是否有MASM文件夹。然后从屏幕上选择"开始"→"运行",在弹出的对话框中输入cmd,进入到DOS状态的命令行模式,输入命令cd\、cd masm、cd bin、masm,屏幕显示masm的版本信息,以及编译方法。

在编译中,输入源程序的文件名时,如果源程序就在当前目录下,只输入文件名即可;如果启动EDIT时该文件已存在,源程序在其他目录下,则一定要输入源程序的路径,指明其盘符和子目录,将该文件调入编辑器内。

在当前目录下,可通过键盘输入自己编写的源程序并存盘,得到扩展名为.asm的汇编源程序文件。

再按2.2.1节所述步骤,对文件进行汇编、连接、运行。

各命令格式如下(假定所有文件都在C:\MASM>目录下)。

1. 用EDIT编辑汇编源程序

命令格式为:

```
C:\MASM>EDIT[文件名]
```

其中,文件名为可选项。例如:

```
C:\MASM>EDIT
```

如果要带文件名,则必须是带有.asm扩展名的文件名全称。例如:

```
C:\MASM>EDIT Display.asm
```

若输入过程有错误或对源程序进行汇编、连接、运行的过程中发现错误,都可以利用EDIT的一些命令对输入的源程序文件进行修改,修改完成后,再选择File菜单中的Save As命令保存。编辑完成后,选择File菜单中的Exit命令退出EDIT,返回DOS系统。

2. 用 MASM 对源程序进行汇编

源程序建立后，可以用 Microsoft 宏汇编程序(MASM. exe)对它进行汇编。通过汇编生成可重定位的二进制代码目标文件。

汇编过程中汇编程序一般采用两遍扫描的方法。第一遍扫描源程序产生符号表、处理伪指令等；第二遍扫描产生机器指令代码、确定数据等。如果源程序中有语法错误，则汇编结束时汇编程序将指出源程序中的错误。编程者根据出错提示信息修改源程序，直到通过为止。应该指出的是，汇编正确通过，只能说明源程序没有语法错误，但不能说明算法上或其他方面没有问题。

汇编完成后便建立扩展名为. obj 的目标文件，并且根据选择也可同时建立. lst 列表文件和. crf 交叉索引文件。

对源程序进行汇编的过程有以下两种形式。

1) 提问方式

在 DOS 状态下输入 MASM 命令，调入宏汇编程序之后即在屏幕上显示如下信息：

```
C:\MASM>MASM
Microsoft ® Macro Assembler Version 5.00
Copyright © Microsoft Corp 1981-1985.1987 All rights reserved.
Source lilenamc[.ASM]:Display                  ;输入源程序文件名 Display'.ASM
Object filename [Display.OBJ]:                 ;汇编后得到目标文件名 Display.obj
Source Listing [NUL.LST]:Display,              ;输出列表文件(可选)
Cross-frcnce [NUL.CRF]:Display                 ;输出交叉索引文件(可选)
0 Warmng errors                                ;警告性错误数目
0 Severe errors                                ;严重错误数目
```

汇编程序运行后首先显示版本号，然后依次有 4 个提示。其中，第 1 个提示询问要汇编的源程序文件名。用户根据提示输入源文件名 Display(可不带. asm 扩展名)后，出现第 2 个提示，询问目标程序文件名，括号内的信息为系统规定的默认文件名(即 Display. obj)，通常直接按回车键，表示采用默认文件名。接着出现第 3 个提示，询问是否要建立列表文件(默认为空)，若要，则输入文件名；若不要，则直接按回车键。最后发出第 4 个提示，询问是否要建立交叉索引文件(默认为空)；若要，则输入文件名；若不要，则直接按回车键。在回答了第 4 个询问之后，汇编程序便对汇编源程序进行汇编。若汇编过程中发现源程序中有语法错误，则给出错误的行号和错误信息的提示，最后列出警告错误数及严重错误数。此时，应分析错误，然后再调用 EDIT 加以修改，改正后重新汇编，直至汇编后无错误为止。

2) 命令行方式

命令行格式为：

```
C:\MASM>MASM 源文件名,目标文件名,列表文件名,交叉索引文件名;
```

格式中扩展名都可不给出，汇编程序会按照默认情况使用或产生。若只想对部分提示给出回答，则在相应位置用逗号隔开；若不想对剩余部分回答，则用分号结束。例如，以下的命令与前面的分行回答是等效的。

```
C:\MASM>MASM Display,  ,Display,Display;
```

该命令行表示调用 MASM 程序对源文件 Display.asm 进行汇编，生成目标文件 Display.obj，列表文件 Display.lst 和交叉索引文件 Display.crf。

再如：

```
C:\MASM>MASM Display;(后面各项均不列出)
```

该命令行表示调用 MASM 程序对源文件 Display.asm 进行汇编，仅生成目标文件 Display.obj。

3. 执行链接程序(LINK)

用宏汇编程序 MASM 对源程序进行汇编后产生的二进制目标文件(.obj 文件)还不能直接在 PC 上运行，因为在该目标文件中有可浮动的相对地址(逻辑地址)，必须经过链接程序(LINK)连接后才能执行。链接程序(LINK)的功能是把一个或多个独立的目标程序模块装配成一个可重定位的可执行文件，即扩展名为.exe 的文件。此外，还可产生一个内存映像文件，扩展名为.map。

执行链接程序 LINK 的过程与执行汇编程序 MASM 类似，也有两种方式。

1) 提问方式

在 DOS 状态下输入 LINK 回车(或 LINK Display 回车)，调入链接程序 LINK，在屏幕上显示版本信息后，依次提出 4 个问题。以 Display.obj 为被链接的目标文件为例，显示如下：

```
C:\MASM>LINK
Microsoft ® Overlay Linker Version 3.60
Copyright © Microsoft Corp 1983·1987 All rights reserved
Object Modules [.OBJ]:Display                ;输入目标文件 Display.obj
Run File[DISPLAY.EXE]:                       ;建立 Display.exe 文件
List File[NUL.MAP]:Display                   ;建立 Display.map 文件
Libraries [.LIB]                             ;连接其他程序库文件
```

LINK 程序运行后首先询问要连接的目标文件名，操作员输入文件名作为回答(此处为 Display)，如果有多个要连接的目标文件，应一次输入。各目标文件名之间用“+”号隔开，最后按回车键。第 2 个提示，询问要产生的可执行文件的文件名，一般直接按回车键表示采用方括号内规定的默认文件名。第 3 个提示，询问是否要建立内存地址映像文件，输入文件名再按回车键表示要建立；直接按回车键表示不要建立。最后询问是否用到库文件，如果没有库文件，则直接按回车键即可(如果用户自己建立了库文件，则输入库文件名)。

回答以上询问后，LINK 便开始进行连接。若连接过程有错，则显示错误信息。此时，应根据错误性质，重新调用 EDIT 编辑程序修改源程序，重新汇编、连接，直至无错误为止。

2）命令行方式

命令行格式为：

```
C:\MASM>LINK 目标文件名,执行文件名,内存映像文件名,库文件名;
```

格式中扩展名都可不给出，LINK程序会按默认情况使用和产生。若只想对部分提示给出回答，则在相应位置用逗号隔开；若不想对剩余部分作答，则用分号结束。例如：下列命令行与前边的分行回答操作是等效的。

```
C:\MASM>LINK Display,  ,Display;
```

该命令行表示执行LINK程序对目标程序文件Display.obj进行连接，生成可执行文件DISPLAY.exe（默认值）和内存映像文件Display.map。

再如：

```
C:\MASM>L1NK Display;
```

该命令行表示执行LINK程序对Display.obj文件进行连接，仅生成一个可执行文件DISPLAY.exe。如果除DISPLAY.exe文件外，还要产生Display.map文件，则在分号前加两个逗号。如：

```
C:\.MASM>LINK Display,  ,  ;
```

运行LINK程序后，即产生两个输出文件：一个是可执行文件DISPLAY.exe；另一个是扩展名为.map的内存映像文件，它指出每个段在内存中的地址分配情况及长度。通常，在DOS状态下用TYPE命令显示打印出来。例如：

```
C:\MASM>TYPE Display.MAP
Start     Stop      Length    Name
00000H    0000FH    0010H     DATA
00010H    0004FH    0040H     STACK
00050H    0005FH    0010H     CODE
Origin  Group
Program entry point at 0005:0000
```

从内存映像文件可知，源程序Display中定义了3个段：数据段（DATA）起始地址为00000H，终止地址为0000FH，长度为0010H字节；堆栈段（STACK）起始地址为00010H，终止地址为0004FH，长度为0040H字节；代码段（CODE）起始地址为00050H，终止地址为0005FH，长度为0010H字节。

4. 运行程序

当用链接程序LINK将目标程序文件（.obj）连接定位成功后，在磁盘上就已生成一个可执行文件（.exe）。此时，即可在DOS状态下运行该文件。其执行操作如下：

```
C:\MASM>DISPLAY   或   C:\MASM>DISPLAY.EXE
```

在源程序Display中如果有显示结果的指令，则执行程序后可以在屏幕上或打印机上看到执行结果;如果没有显示结果的命令,要想看到结果,则只有通过 DEBUG 程序来查看了。

2.3 调试程序 DEBUG 及其使用

在上述编写和运行汇编源程序的过程中,会遇到一些错误和问题,需要对源程序进行分析和调试。通常采用 DEBUG 调试程序。DEBUG 是专为汇编语言设计的交互式的机器语言程序的调试工具。它有较强的功能,能使程序设计者接触到机器内部,可以单步执行程序,也可以在程序中设置断点,能观察和修改寄存器和内存单元的内容,并能监视目标程序的执行情况,便于寻找程序的错误。

2.3.1 DEBUG 程序的调用

以 Windows 为操作系统的 PC 都带有 DEBUG 调试程序。当 PC 进入 MS-DOS 工作方式后,就可以调用 DEBUG 调试程序了。

1. 调用格式

```
C:\MASM>DEBUG[d:][Path][filename.ext]
```

其中,[]的内容为可选项;[d:]为驱动器号,指要调入 DEBUG 状态下的可执行文件所在的驱动器;[Path]为路径,指要调入 DEBUG 状态下的可执行文件所在的目录或子目录;[filename.ext]指要调入 DEBUG 状态下的可执行文件的文件名,该文件名的扩展名只能是.exe 或.com,即 DEBUG 只能对扩展名为.exe 和.com 的文件进行调试。

在启动 DEBUG 时,如果输入文件名,则 DEBUG 程序就把指定文件装入内存,用户可以通过 DEBUG 的命令对指定文件进行调试。如果没有带文件名,则可以当前内存的内容工作,或者用命名命令(Name)或装入命令(Load)把需要的文件装入内存,然后再通过 DEBUG 命令进行调试。

当启动 DEBUG 程序成功后,屏幕上出现“-”提示符,说明系统已进入 DEBUG 状态。

2. DEBUG 程序对寄存器和标志位的初始化

在调入 DEBUG 程序后,各寄存器和标志位置成为以下状态:

(1) 段寄存器(CS、DS、ES、SS)置于自由存储空间的底部,也就是 DEBUG 程序结束后的第一个段;

(2) 指令指针(IP)置为 0100H;

(3) 堆栈指针置于段的结尾处或是装入程序的临时底部。哪一个更低,SP 就指向哪一个;

(4) 余下的寄存器(AX、BX、CX、DX、BP、SI 和 D1)均置为 0,但是,若调用 DEBUG 时包含一个要调试的可执行文件名,则 CX 中包含以字节表示的文件长度;若文件大于

64KB,则文件长度包含在 BX 和 CX 中(高位部分在 BX 中);

(5) 标志位都置为清除状态;

(6) 默认磁盘的传送地址置成代码段的 80H;

注意:若由 DEBUG 调入的程序具有扩展名为.exe 的文件,则 DEBUG 必须进行再分配,把段寄存器、堆栈指针置为程序中所规定的值。

2.3.2 DEBUG 命令的有关规定

(1) DEBUG 命令都是由一个英文字母,后面跟着一个或多个有关参数组成的。

(2) 命令和参数可以用大写或小写或混合方式输入。

(3) 命令和参数之间以及参数与参数之间可以用定界符(逗号或空格)分隔。

下列命令是等效的:

```
dcs:100  110
d cs:100  110
d.cs:100.110
```

(4) 每一个命令,只有按了回车键以后才有效。

(5) 参数中的地址和数据均用十六进制数表示,但十六进制数据后面不跟“H”标志。

(6) 可以用 Ctrl 和 Break 键来停止一个命令的执行,返回到 DEBUG 的提示符“—”下。

(7) 若一个命令产生相当多的输出行,则为了能在屏幕上看清输出内容,可在显示过程中用 Ctrl+Num Lock 键暂停上卷动作,也可通过按任意键来继续上卷动作。

2.3.3 DEBUG 的主要命令

1. 汇编命令 A

格式:

```
A[address]
```

格式中的[address],可以是[段寄存器名]:[偏移地址];也可以是[段地址]:[偏移地址];或者只有[偏移地址];或者缺省。

该命令允许输入汇编语言语句,并能把它们汇编成机器代码,相继地存放在从指定地址单元开始的存储区中。若在命令中没有指定地址,但前面用过汇编命令,则接着上一个汇编命令汇编结果存放的最后一个单元开始存放。若前面未用过汇编命令,则从 CS:100 单元开始存放。若输入的语句中有错误,则 DEBUG 会显示 Error 信息,然后重新显示现行的汇编地址,等待新的输入。

注意:DEBUG 把输入的数字看成十六进制数,如果要输入十进制数,则应说明,如:100D。

2. 显示内存单元内容的命令 D

格式：

```
D[address]或 D[range]
```

格式中 address 为地址,range 为地址范围。

该命令能显示指定范围的内存单元的内容。显示的内容为两种形式：一种为十六进制内容(每一字节用两位十六进制数显示)；另一种是用相应的 ASCII 码字符显示,句号“。”表示不可显示的字符。

3. 修改内存单元内容的命令 E

有两种格式：

(1) E[address][list]；

(2) E[address]。

格式中 address 为地址,1ist 为内容列表。

第(1)种格式可以用给定的内容表来代替指定存储单元的内容,如：

```
-EDS:1 00  F3 'XYZ'8D
```

其中 F3、X、Y,Z 和 8D 各占一个字节,该命令可以用这 5 个字节来代替内存单元 DS：O100 到 0104 的原先内容。内容表中的内容可以是一个字节的十六进制数,也可以是用单引号括起来的一串字符。

第(2)种格式则是采用逐个单元相继修改内存单元的内容的方法,如：

```
-E CS:100
```

则可以显示为：1 8E4：0100 89

如果想把该单元的内容修改为 78,则可直接输入 78,再按空格键,可接着显示下一单元的内容如下：

```
18E4:0100   89 78 1B
```

这样,可不断修改相继内存单元的内容,直至按回车键结束该命令为止。

4. 检查和修改寄存器内容的命令 IR

它有 3 种格式：

(1) R；

(2) R[register name]；

(3) RF。

格式中的 register name 为寄存器名。

第(1)种格式是显示 CPU 内所有寄存器内容和标志位状态。如：

```
-r
```

```
AX=0000 BX=0000 CX=010A DX=0000 SP=FFFE BP=0000 SI=0000 DI=0000
DS=18E4ES=18E4 SS=18E4CS=18E4IP=0100 NV UP DI PL NZ NA PO NC
18E4:0100C70604023801   MOV WORD PTR[024],0138 DS:0204=0000
```

第(2)种格式是显示和修改某个寄存器内容，如：

```
-r ax
```

则系统显示如下：

```
AX  F1F4
```

即 AX 寄存器中当前内容为 F1F4，如果不修改，则按回车键，否则，可输入欲修改的内容，如：

```
-r bx
BX 0369
:059F
```

则把 BX 寄存器的内容修改为 059F。

第(3)种格式是显示和修改标志位状态，如：

```
-r F
```

则系统显示为：

```
OV  DN  El  NG  ZR  AC  PE  CY
```

此时，如不修改其内容，则可按回车键，否则，可输入欲修改的内容。

注意：对于状态标志寄存器 FLAG 是以位的形式显示的，8 个状态标志的显示次序和符号，如表 2-1 所示。

表 2-1　8 个状态标志的显示次序和符号

标 志 位	状　态	显示形式(置位/复位)
溢出标志 OF	有/无	OV/NV
方向标志 DF	增/减	DN/UP
中断标志 IF	开/关	EI/DI
符号标志 SF	负/正	NG/PL
零标志 ZF	零/非零	ZR/NZ
辅助进位 AF	有/无	AC/NA
奇偶标志 PF	偶/奇	PE/PO
进位标志 CF	有/无	CY/NC

5. 跟踪与显示命令 T

有两种格式：

```
(1) T[=address]                          ;逐条指令跟踪
(2) T[=address][value]                   ;多条指令跟踪
```

第(1)种格式是执行一条指定地址处的指令后停下来，显示 CPU 所有寄存器的内容和全部标志位的状态。如果未指定地址，则从当前 CS：IP 开始执行。

第(2)种格式是从指定地址起，执行 *n* 条指令后停下来，*n* 由 value 指定。

6. 反汇编命令 U

有两种格式：

```
(1) U[address];
(2) U[range]。
```

第(1)种格式是从指定地址开始，反汇编 32 个字节。如果命令中没有指定地址，则从上一个 u 命令的最后一条指令的下一单元开始显示 32 个字节。

第(2)种格式是对指定范围的存储单元的内容进行反汇编。范围可以由起始地址、结束地址来规定，也可以由起始地址与长度来规定。

7. 运行命令 G

格式：

```
G[=address1 ][address2[address3…] ]
```

其中，地址 1 指定了运行的起始地址，如不指定，则从当前 CS：IP 开始运行；后面的地址均为断点地址，当指令执行到断点时，就停止执行并显示当前所有寄存器及标志位的内容和下一条将要执行的指令。

8. 退出 DEBUG 命令 Q

格式：

```
Q
```

程序调试完后退出 DEBUG，返回到 DOS 状态下。

2.4 汇编语言程序设计实验

实验 1 DEBUG 调试汇编语言程序的方法

1. 实验目的

(1) 熟悉汇编语言在 DEBUG 模式下编辑、汇编、调试、生成的全过程。

(2) 掌握部分常用的 DEBUG 命令，对 DEBUG 调试环境有一个直观的认识。

2. 实验原理及相关知识

参看本书 2.3 节调试程序 DEBUG 及其使用。

3. 实验内容

在 DEBUG 中调试如下两段代码：

```
(1)   mov  ax,fedc
      mov  bx,cdae
      add  ax,bx
      sub  ax,bx
(2)   MOV  AH,01
      INT  21
Sub   al,20
      MOV  DL,AL
      MOV  AH,02
      INT  21
```

4. 实验步骤

第(1)段的代码调试过程：

① 单击开始菜单→运行，在弹出的对话框中输入 CMD 命令，进入黑屏的 DOS 状态，屏上显示光标和命令行模式。

② 在命令行窗口中输入 debug 回车。

③ 进入 debug，可以看到 DEBUG 模式的标示和命令行模式是不一样的。

④ 这时在 debug 中输入命令：A100，进入编辑状态，如图 2-1 所示。

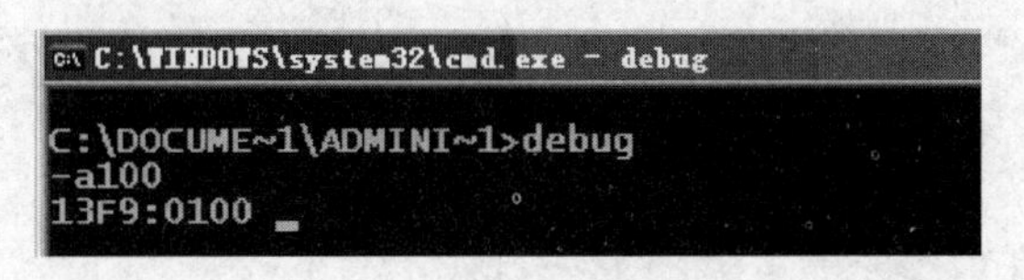

图 2-1　①～④步骤

⑤ 这时我们可以看到在窗口中显示出 13F9:0100 这样一个提示，那么这个 13F9 代表的是段地址，而 0100 是偏移地址，那么也就是我们的指令将从这个地址开始存放(不同的计算机在不同的时间可能会分配的段地址会有些不同)。

⑥ 输入第(1)段代码，输入完后按两次回车结束。接着输入命令 t=100 4，开始调试，如图 2-2 所示。

⑦ 注意观察 AX，和 BX 以及 PSW 寄存器的值变化。

第(2)段代码调试过程：

① 按照调试第(1)段代码的过程，使用命令 a100 输入第(2)段代码；

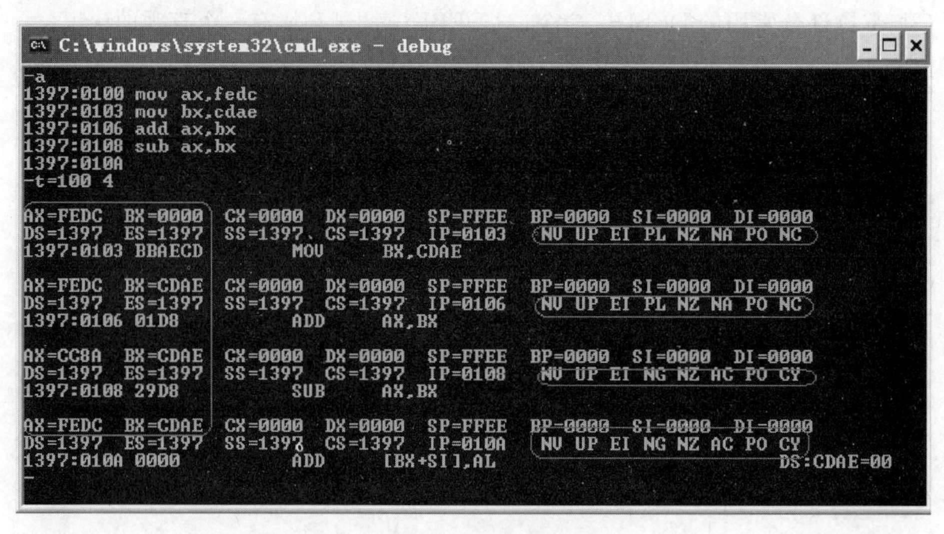

图 2-2 ⑥步骤

② 由于第(2)段代码中调用了中断不能直接调试,需在 debug 中编译存盘成.com 的文件格式运行,以下介绍这中调试方式;

③ 首先输入完代码后,输入如下命令

R CX

0c

N demo.com(demo.com 是编译后的存盘的文件名,可以自己随意定)

W

Q

此时界面如图 2-3 所示。

```
C:\windows\system32\cmd.exe - debug
2008-07-07  18:40    <DIR>          Stationery
2008-06-03  19:41    <DIR>          Swing
2001-07-25  09:28         1,286,144 tcc.dll
2001-07-25  09:40         1,470,464 tcpp.dll
2008-07-01  14:33    <DIR>          temp
2008-07-07  19:09    <DIR>          WINDOWS
              14 File(s)      6,657,728 bytes
              11 Dir(s)   5,361,627,136 bytes free

C:\>debug
-a
1397:0100 mov ah,01
1397:0102 int 21
1397:0104 sub al,20
1397:0106 mov dl,al
1397:0108 mov ah,02
1397:010A int 21
1397:010C
-r cx
CX 0000
:0c
-n demo.com
-w
Writing 0000C bytes
-
```

图 2-3 ③步骤

当显示 Writing 0000C bytes 表示存盘成功。

④ 退出 debug 后，在 dos 状态下调用该程序，如图 2-4 所示。

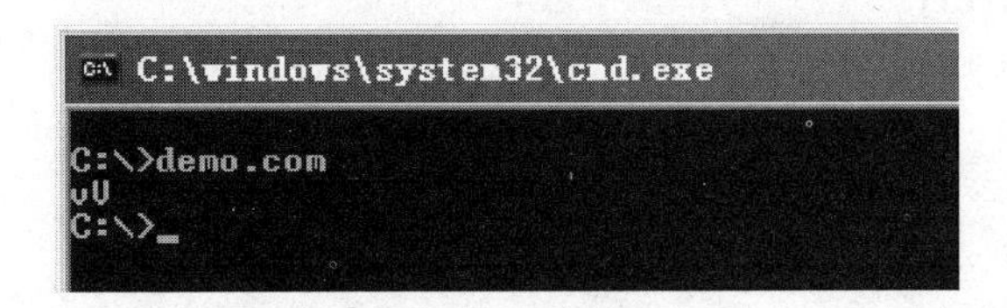

图 2-4　④步骤

输入一个小写 v 输出大写 V，实现大小写转换。

5. 实验记录

记录程序调试过程出现的问题及解决过程。注意观察 AX，BX 以及 PSW 等寄存器的值变化，并加以简要说明。

实验 2　传送指令

1. 实验目的

(1) 熟悉 8086 传送指令的格式。

(2) 熟悉 MOV、POP、PUSH、XLAT 等指令的使用方法。

(3) 熟悉 MASM 编译过程。

2. 实验原理及相关知识

温习 8086 传送指令。

3. 实验内容

在 Masm 中调试如下代码。

```
data SEGMENT
wvar DW ?,?
xvar DW 5286H
data ENDS
code SEGMENT
  ASSUME DS:data,CS:code
start:
      MOV  AX,data
      MOV  DS,AX
      MOV  AX,5286H
      MOV  AX,xvar
      MOV  BX,OFFSET xvar
```

```
        MOV  AX,[BX]
        MOV  BX,OFFSET wvar
        MOV  AX,4[BX]
        MOV  BX,OFFSET wvar
        MOV  SI,4
        MOV  AX,[BX+SI]
        MOV  BX,2
        MOV  SI,2
        MOV  AX,wvar[BX+SI]
        push ax
        pop  bx
        MOV  AH,4ch
        INT  21h
code ENDS
END start
```

4. 实验步骤

(1) 首先在记事本中输入代码,然后以.asm格式保存至C盘MASM中。

(2) 确认计算机上已安装MASM编译器,然后使用汇编语言编译程序,编译源代码产生.obj文件,如图2-5所示。

```
C:\masm> masm demo.asm
```

```
C:\masm>masm demo.asm

C:\>lh C:\WINDOWS\system32\mscdexnt.exe

C:\>lh C:\WINDOWS\system32\redir

C:\>lh C:\WINDOWS\system32\dosx

C:\>
Invalid keyboard code specified
Microsoft (R) Macro Assembler Version 5.00
Copyright (C) Microsoft Corp 1981-1985, 1987.  All

Object filename [demo.OBJ]:
Source listing  [NUL.LST]:
Cross-reference [NUL.CRF]:

  49630 + 414706 Bytes symbol space free

     0 Warning Errors
     0 Severe  Errors

C:\masm>
```

图2-5 (2)步骤

(3) 使用Link连接.obj文件产生.exe文件,如图2-6所示。

(4) 调试。由于这个程序没有输出,所以要在DEBUG中进行调试。确定在C:\masm>目录下输入如下命令。

```
C:\masm>link demo.obj

Microsoft (R) Overlay Linker  Version 3.60
Copyright (C) Microsoft Corp 1983-1987.  All rights r

Run File [DEMO.EXE]: demo.exe
List File [NUL.MAP]:
Libraries [.LIB]:
LINK : warning L4021: no stack segment

C:\masm>_
```

图 2-6　(3)步骤

```
Debug demo.exe
```

进入 Debug 后输入如下命令，观察结果，如图 2-7 所示。

```
L
U
G
```

```
-l
-u
13A6:0100 64            DB      64
13A6:0101 61            DB      61
13A6:0102 7461          JZ      0165
13A6:0104 205345        AND     [BP+DI+45
13A6:0107 47            INC     DI
13A6:0108 4D            DEC     BP
13A6:0109 45            INC     BP
13A6:010A 4E            DEC     SI
13A6:010B 54            PUSH    SP
13A6:010C 0D0A77        OR      AX,770A
13A6:010F 7661          JBE     0172
13A6:0111 7220          JB      0133
13A6:0113 44            INC     SP
13A6:0114 57            PUSH    DI
13A6:0115 203F          AND     [BX],BH
13A6:0117 2C3F          SUB     AL,3F
13A6:0119 0D0A78        OR      AX,780A
13A6:011C 7661          JBE     017F
13A6:011E 7220          JB      0140
-
```

图 2-7　实验结果

5. 实验记录

记录程序调试过程出现的问题及解决过程。注意观察 AX、BX 以及 PSW 寄存器的值变化。并加以简要说明。

实验 3　逻辑与移位指令

1. 实验目的

(1) 掌握 8086 逻辑指令的使用，注意区分汇编语言中逻辑指令与其他指令的不同，理解并掌握按位逻辑的概念。

(2) 掌握移位指令的使用，了解不同的操作数之间不同的移位方式。

2. 实验原理及相关知识

温习 8086 逻辑指令和移位指令。

3. 实验内容

(1) 假定 AL 中值为 78H，将 AL 中低 4 位与高 4 位交换。

(2) 假定 AL 中值为 90H，将 AL 中的 D0 位和 D7 位交换，D3 位和 D4 位交换。

4. 实验步骤

给出本实验内容的参考程序如下。

实验内容一：

(1) 编程思路分析：用自己的语言加以说明。

分析示例：将 AL 中的值进行高 4 位与低 4 位交换，可以使用循环移位指令。

(2) 编写程序，参考程序：

```
MOV  AL,78H
MOV  CL,4
ROL  AL,CL
```

实验内容二：

(1) 编程思路分析：用自己的语言加以说明。

分析示例：通过分析我们可以知道如果一次实现 D0 和 D7 位交换以及 D3 和 D4 位交换是很困难的。我们可以采取先将 AL 的值分别赋值到 BL 和 DL 中去，然后对 BL 中的值除 D0 位和 D7 位外其他值都屏蔽为 0，进行 D0 位 D7 位交换，同样对 DL 也进行上述方式处理。将处理完后的 DL 和 BL 的值叠加至 AL 中。

(2) 编写程序，参考程序：

```
MOV  AL,90H
MOV  BL, AL
MOV  DL, AL
AND  BL, 80H
AND  DL, 01H
ROL  BL, 1
ROR  DL, 1
OR   BL, DL
MOV  DL, AL
AND  DL, 10H
SHR  DL, 1
OR   BL, DL
MOV  DL,AL
AND  DL,08H
SHL  DL,1
```

```
OR   BL,DL
MOV  AL,BL
```

(3) 调试。

① 打开 EMU8086 模拟器,在编辑区域中输入如上所示代码 1。

② 确认代码输入无误后,单击工具栏上的 emulate 按钮,编译执行,如图 2-8 所示。

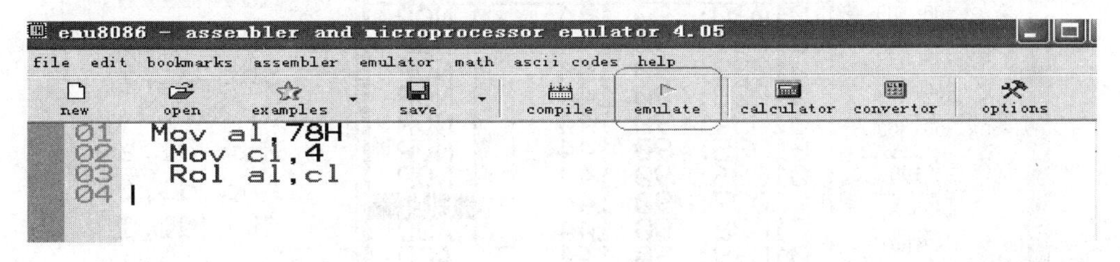

图 2-8　②步骤

③ 在弹出的 emulate 窗口中,单击 RUN 按钮,开始执行代码。观察窗口左侧的寄存器栏从中我们可以看到 8086 所有的寄存器在执行程序时值的变化,如图 2-9 所示。

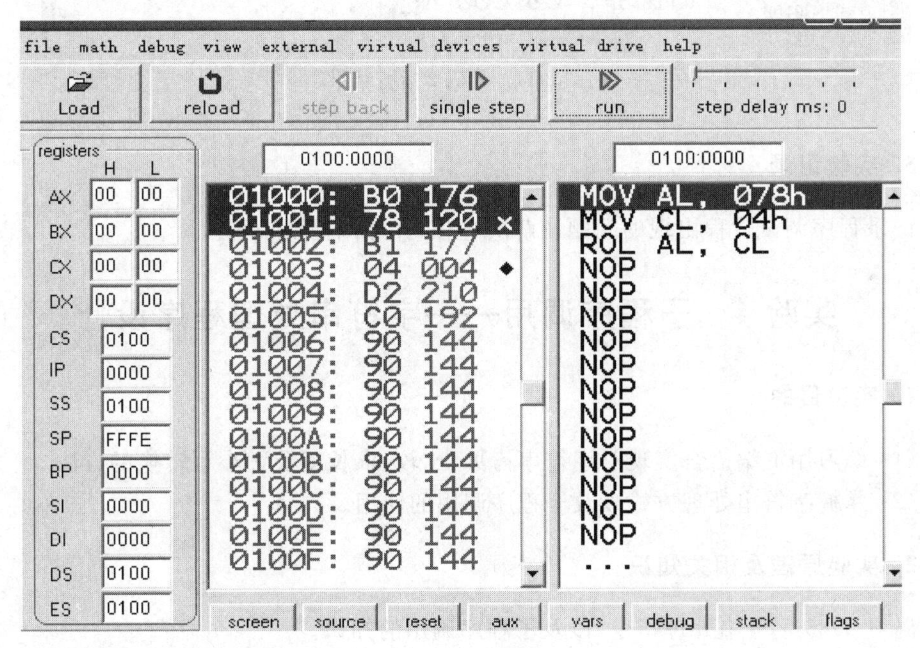

图 2-9　③步骤

(4) 测试运行结果,如图 2-10 所示。

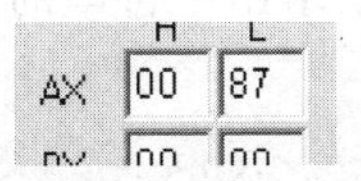

图 2-10　运算结果

按照调试代码 1 的步骤方法调试代码 2,并测试运行结果,如图 2-11 所示。

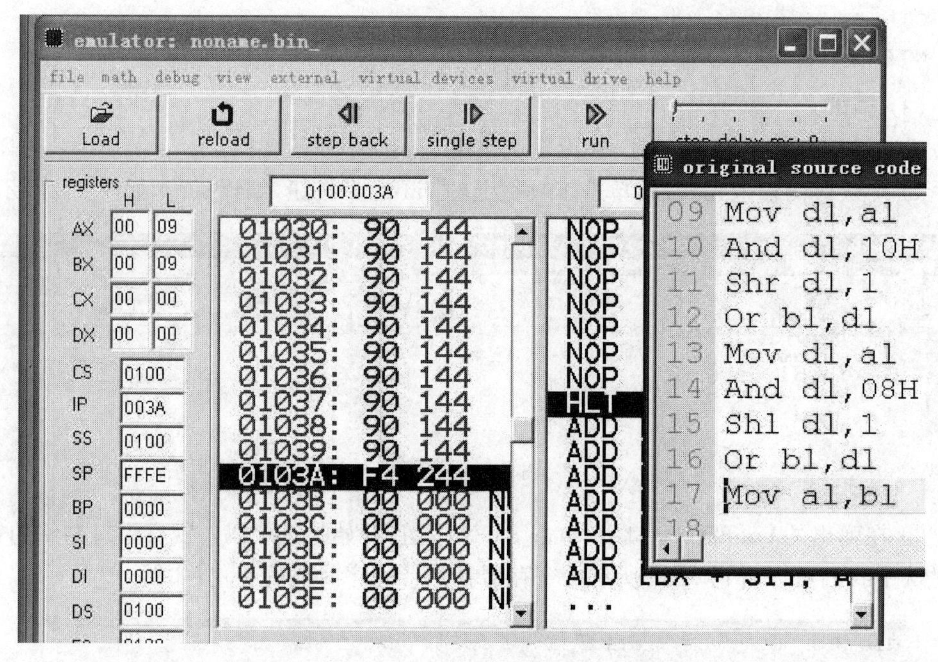

图 2-11　代码 2 运行结果

5. 实验记录

记录程序调试过程出现的问题及解决过程,并加以简要说明。

实验 4　子程序调用——字符串处理程序设计

1. 实验目的

(1) 练习用汇编语言实现对字符串拷贝、比较、求长度及大小写转换的方法。
(2) 掌握字符串处理方式以及子程序调用的使用。

2. 实验原理及相关知识

温习 8086 字符串处理指令,以及子程序调用的知识。

3. 实验内容

编程实验“从键盘输入一字符串,求出字符串的长度”的功能。

4. 实验步骤

(1) 编程思路分析:用自己的语言加以说明。
分析示例:
从键盘输入一字符串可以通过调用中断 01 号功能,首先实现输入单个字符,然后利用 STOB 串存储指令和循环，实现输入多个字符，也就是输入字符串。当用户按回车时，输入结束。

（2）编写程序，参考程序。

```
DATA   SEGMENT
          STR      DB  100  DUP(?)
          COUNT    DB  ?
DATA   ENDS
CODE   SEGMENT
          ASSUME   CS:CODE,DS:DATA
START:  MOV       AX,DATA
        MOV       DS,AX
        MOV       ES,AX
        LEA       DI,STR
        CALL      INPUT                 ;调用输入子程序
        LEA       SI,STR
        CALL      COUNTPRC              ;调用字符串统计子程序
        MOV       AH,4CH
        INT       21H
        COUNTPRC PROC                   ;统计字符串长度子程序
        CLD
        MOV       CL,0
LOP2:   LODSB
        CMP       AL,0DH
        JZ        QUIT
        INC       CL
        JMP       LOP2
QUIT:   MOV       COUNT,AL
        RET
        COUNTPRC ENDP
        INPUT     PROC                  ;输入子程序
        CLD
LOP1:   MOV       AH,01
        INT       21H
        STOSB
        CMP       AL,0DH
        JZ        ENDSTR
        JMP       LOP1
ENDSTR: RET
        INPUT     ENDP
CODE    ENDS
        END       START
```

（3）程序调试：打开 EMU8086 输入以上代码，测试相应的结果，如图 2-12 所示。

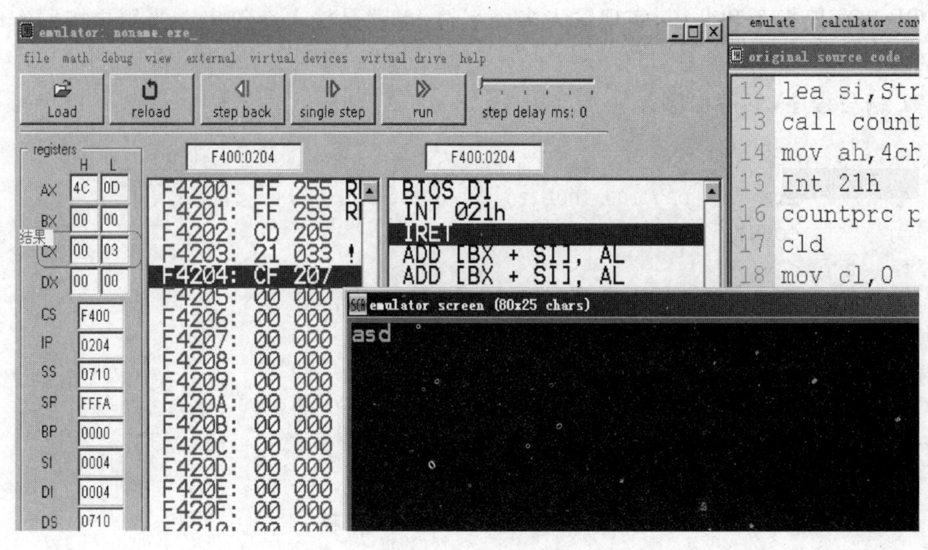

图 2-12 实验 4 结果

5. 实验记录

记录程序调试过程出现的问题及解决过程,并加以简要说明。

实验 5 中断处理程序开发

1. 实验目的

(1) 掌握中断调用原理、中断向量表的概念及作用。
(2) 了解在中断服务程序的开发流程,及技术要领。

2. 实验原理及相关知识

温习中断调用和中断向量表的相关知识。

3. 实验内容

利用 DOS 中断中的 25H 功能和 35H 功能,修改 8086CPU 的 65H 中断,功能变为在屏幕上显示一字符串'This is New Int 65H No.'。

4. 实验步骤

(1) 编程思路分析:用自己的语言加以说明。

分析示例:中断调用程序大部分都是由 BIOS 和 DOS 系统所提供的,当用户编写自己的中断处理程序时,需考虑到使用的中断号码是否已经被使用;由于中断涉及对硬件底层的直接操作,难度较高;而且从 Windows 2000 开始系统采用纯 32 位模式,DOS 模式都由 32 系统来模拟出来,所以修改中断难以实现,程序也难以通过编译。利用 EMU8086

模拟器可以通过模拟的方式进行编译，实现修改中断的效果。

(2) 编写程序，参考程序。

```
CODE     SEGMENT
         ASSUME   CS:CODE,DS:CODE
START:   MOV      AL,65H                       ;取出原有 65H 号中断保存
         MOV      AL,35H
         INT      21H
         PUSH     ES
         PUSH     BX
         MOV      AX,SEG  LIST
         MOV      DS,AX
         MOV      DX,OFFSET  LIST
         MOV      AL,65H
         MOV      AH,25H                       ;指定新的中断地址
         INT      21H
         INT      65H
         MOV      AH,4CH
         INT      21H
STRING   DB       'THIS  IS  INT65H NO.',0DH,0AH,'$'
         LIST     PROC                         ;中断处理子程序
         PUSH     AX
         PUSH     BX
         PUSH     CX
         PUSH     DX
         PUSH     SI
         PUSH     DI
         PUSH     BP
         PUSH     DS
         PUSH     ES
         STI
         PUSH     CS
         PUSH     DS
         MOV      DX,OFFSET  STRING
         MOV      AH,09H
         INT      21H
         CLI
         POP      ES
         POP      DS
         POP      BP
         POP      DI
         POP      SI
         POP      DX
         POP      CX
```

```
        POP      BX
        POP      AX
        IRET
  LIST  ENDP
     CODE  ENDS
     END   START
```

(3) 程序调试：调试步骤类似实验1。

5. 实验记录

记录程序调试过程出现的问题及解决过程,并加以简要说明。

实验6 磁盘处理程序

1. 实验目的

(1) 了解BIOS调用与DOS中断在磁盘调度处理方式,熟悉DOS磁盘调用的步骤。
(2) 试着编写一个DOS磁盘调用程序。

2. 实验原理及相关知识

温习BIOS调用和DOS磁盘调用的相关知识。

3. 实验内容

编程实现从键盘输入20个字符存放到利用扩充文件管理方式建立的文件中。

4. 实验步骤

(1) 编程思路分析：用自己的语言加以说明。
(2) 编写程序,参考程序。

```
        data   segment
        fname db 'c:\masm\file1.dat',0
        dat    db 80h dup(0)
        dat1   db 80h dup(0)
data ends
code segment
        assume cs:code,ds:data,es:data
start:  mov    ax,data
        mov    ds,ax
        mov    es,ax
        mov    dx,offset fname
        mov    cx,0
        mov    ah,3ch
```

```
        int   21h
        mov   si,ax
new:    mov   bx,0
        mov   cx,14h
era:    mov   ah,01h
        int   21h
        mov   dat[bx],al
        inc   bx
        loop  era
        mov   dat[bx],0ah
        mov   dx,offset dat
        mov   cx,14h
        mov   bx,si
        mov   ah,40h
        int   21h
        mov   bx,si
        mov   ah,3eh
        int   21h
        mov   ah,4ch
        int   21h
  code ends
end start
```

5. 实验记录

记录程序调试过程出现的问题及解决过程，分析与编程思路的联系，详细注释所编程序。

实验 7　编程综合练习

1. 实验目的

通过本次实验掌握汇编语言的程序开发步骤，即从分析—设计—编写整个流程。

2. 实验原理及相关知识

温习 ASCII 码的相关知识。

3. 实验内容

将一个有符号十进制数，转换为 ASCII 码形式的二进制数输出。

4. 实验步骤

(1) 分析问题。对于有符号数，要考虑符号位的处理。处理流程是：

① 首先判断数据是零、正数或负数,若是零,则显示“0”退出;

② 若是是负数,显示“—”号,并求数据的绝对值;

③ 接着将数据除以10,余数加30H转换为ASCII码,压入堆栈;

④ 重复③步,直到余数为0结束;

⑤ 依次从堆栈弹出各位数字显示。

(2) 设计算法,涉及子程序调用、数码转换、堆栈操作、循环操作。

(3) 编写程序,参考程序。

```
DATA      SEGMENT
          ARRAY    DW  1204,2334,8975
DATA      ENDS
CODE      SEGMENT
          ASSUME   DS:DATA,CS:CODE
START:    MOV      AX,DATA
          MOV      DS,AX
          LEA      BX,ARRAY
          MOV      CX,3
AGAIN:
          CALL     OUTSTREAM
          INC      BX
          INC      BX
          CALL     ENTER
          LOOP     AGAIN
OUTSTREAM          PROC
          PUSH     AX
          PUSH     BX
          PUSH     DX
          MOV      AX,[BX]
          TEST     AX,AX
          JNZ      WRITE1
          MOV      DL,30H
          MOV      AH,02
          INT      21H
          JMP      WRITEEND
WRITE1:   MOV      BX,10
          PUSH     BX
WRITE2:   CMP      AX,0
          JZ       WRITE3
          XOR      DX,DX
          DIV      BX
          ADD      DL,30H
          PUSH     DX
          JMP      WRITE2
```

```
WRITE3:  POP      DX
         CMP      DL,10
         JE       WRITEEND
         MOV      AH,02
         INT      21H
         JMP      WRITE3
WRITEEND: POP     DX
         POP      BX
         POP      AX
         RET
OUTSTREAM        ENDP

ENTER PROC
         PUSH     DX
         MOV      AH,02H
         MOV      DL,0DH
         INT      21H
         MOV      DL,0AH
         INT      21H
         POP      DX
         RET
ENTER    ENDP
         MOV      AH,4CH
         INT      21H
CODE ENDS
         END      START
```

(4) 程序调试,程序调试结果如图 2-13 所示。

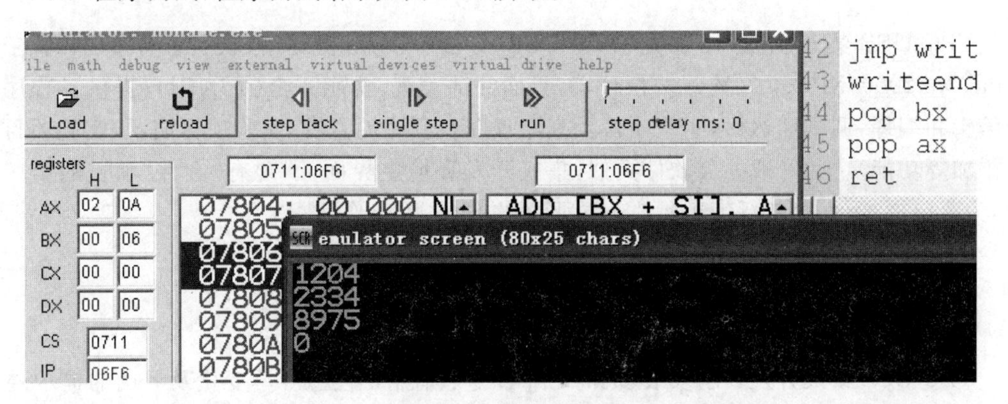

图 2-13　实验 7 结果

5. 实验记录

记录程序调试过程出现的问题及解决过程,分析与编程思路的联系,详细注释所编程序。

第3章 TPC-USB集成软件开发环境

较早期程序设计的各个阶段都要用不同的软件来进行处理，如先用字处理软件编辑源程序，然后用链接程序进行函数、模块连接，再用编译程序进行编译，开发者必须在几种软件间来回切换操作。现在的编程开发软件将编辑、编译、调试等功能集成在一个桌面环境中，这样就大大方便了用户。

集成开发环境(Integrated Development Environment，IDE)也有人称为 Integration Design Environment、Integration Debugging Environment)是一种辅助程序开发人员开发软件的应用软件。IDE 通常包括编程语言编辑器、编译器/解释器、自动建立工具、通常还包括调试器。有时还会包含版本控制系统和一些可以设计图形用户界面的工具。许多支持面向对象的现代化 IDE 还包括了类别浏览器、物件检视器、物件结构图。虽然目前有一些 IDE 支持多种编程语言(例如 Eclipse、NetBeans、Microsoft Visual Studio)，但是一般而言，IDE 主要还是针对特定的编程语言而量身打造(例如 Visual Basic、汇编语言、C 和 C++ 等)。

3.1 TPC-USB 集成开发环境软件包

TPC-USB 集成开发环境是 TPC-USB 实验系统所配套的软件。本软件基于 Windows 2000/XP/2003/W7-32 位环境，界面简洁美观，功能齐全(它为用户提供了程序的编辑和编译，调试和运行，实验项目及其原理图及程序的查看、实验项目演示，实验项目的添加等功能)。和一般办公软件类似，集成开发环境主界面上，含有“文件”项目的第一行，为菜单栏，下面第二行为工具栏。再下面的区域，为工作区。

3.2 集成开发环境软件的安装

TPC-USB 集成开发环境安装步骤如下(注意：请用户注意屏幕变化及界面的提示)。

(1) 从随机所带光盘目录中找到 SETUP. exe 文件，鼠标双击该文件会出现“安装信息界面”(为确保安全，建议先将光盘文件拷贝到硬盘某文件夹中，在硬盘上运行 SETUP. exe 文件)。

(2) 根据屏幕提示，输入用户名、公司名和序列号后，单击“下一步”，会出现安装选择画面。请用户选择“安装类型”，有典型、压缩、制订 3 种。

其中,“典型”安装是指安装主程序、实验演示程序和帮助文件。“压缩”是指只安装主程序和帮助文件,不安装实验演示程序。“制定”是在“主程序”、“实验演示”、“帮助文件”3 个文件中选择你需要的安装。建议在教师实验机中选“典型”安装,在学生实验机中选“压缩”安装。选择好以后,单击“下一步”,程序将自动将软件安装到你的机器上。

3.2.1　用户程序的编辑和编译

TPC-USB 集成开发环境软件支持汇编程序(.asm 文件)类型的程序开发。除了一般的编辑功能外,本软件还支持语句高亮显示,语法错误提示等功能,大大提高了程序的可读性。用户编辑好程序并保存后,即可方便地进行编译。

1. 新建一个源程序

在当前运行环境下,依次选择菜单栏中的“文件”、“新建”,会出现源程序编辑窗口,新建一个尾缀为“.asm”文件名后保存。

2. 打开一个源程序

当前运行环境下,依次选择菜单栏中的“文件”、“打开”,弹出文件选择窗口。

在窗口中“文件类型”的下拉菜单中选择“ASM 文档(*.asm)一项,程序即显示当前目录下所有的 asm 文档,单击要选择的文件。单击“取消”则取消新建源文件操作。

3. 编辑源程序

本软件提供了基本的编辑功能,并实现了实时语句高亮。基本的编辑功能有:撤销、剪切、复制、粘贴、全选、查找、替换等。

4. 保存源程序

当前运行环境下,依次选择菜单栏中的“文件”、“保存”,或选择“另存为”,并在提示下输入文档的名称及选择保存的路径,单击确定后保存。

3.2.2　编译源程序

1. 编译调试窗口

在当前运行环境下,选择菜单栏中的“查看”菜单,单击编译调试窗口选项或是单击工具栏中的“输出窗口”按钮则可对输出栏的进行显示。若当前环境显示编译调试窗口,则单击查看输出窗口选项即可隐藏该窗口,编译调试输出窗口选项即消失;若当前隐藏编译调试窗口,则单击输出窗口选项即可显示该窗口,编译调试窗口将显示。

2. ASM 编译

1) 汇编+链接

在当前运行环境下,选择菜单栏中的“项目”菜单,选择汇编+链接选项则程序对当前

ASM源文件进行汇编与链接,编译调试窗口中输出汇编与链接的结果,若程序汇编或链接有错,则详细报告错误信息。双击输出错误,集成开发环境会自动将错误所在行代码高亮显示。

2) 开始+执行

在当前运行环境下,选择菜单栏中的“项目”菜单,选择开始+执行选项则程序对当前ASM源文件执行,程序自动运行。

3.2.3 用户程序的调试和运行

1. ASM程序的调试

汇编语言程序的调试中必然要查寄存器名称及其在当前程序中的对应值,本运行环境下给出了寄存器窗口。

在当前运行环境下,选择工作区的“寄存器”菜单,寄存器窗口即可显示。寄存器窗口中显示主要的寄存器名称及其在当前程序中的对应值,若值为红色,即表示当前寄存器的值。调试时,单步执行,寄存器会随每次单步运行改变其输出值,同样以红色显示。

1) 开始调试操作

在“选项”屏幕菜单中,“编译选项”选择“调试”,然后进行程序的编译和链接,编译和链接成功之后,调试工具将会显示,也可以在“项目”中选择“开始/结束调试”。即可开始进行程序的调试。

在ASM程序正常链接之后,选择菜单栏中的“开始/结束调试”菜单,选择开始调试选项,则对源程序进行反汇编,进入ASM的调试状态,并在寄存器窗口中显示主要的寄存器的当前值。

2) 设置/清除断点操作

在ASM的调试状态下,对程序代码所在某一行前的灰色列条单击鼠标,即对此行前设置了断点,如果清除断点,只需再在此行前的灰色列条上的断点单击鼠标,此断点标记将被清除。黄色箭头所指的行为当前单步执行到的所在行。设置/清除断点如图3-1所示。

3) 单步

在ASM的调试状态下,选择“项目”菜单栏中的“单步执行”菜单或F11,则程序往后运行一条语句。

4) 退出调试

在ASM的调试状态下,选择“项目”菜单栏中的“开始/结束调试”菜单,程序则退出ASM的调试状态。

5) 命令调试

集成开发环境可以进行命令的调试,如图3-1所示。调试时,输出窗口可以输出编译信息、命令信息、内存查看信息、栈查看信息等。

6) 连续运行

在ASM的调试状态下,选择“项目”菜单栏中的“连续运行”菜单或F5,则程序连续运

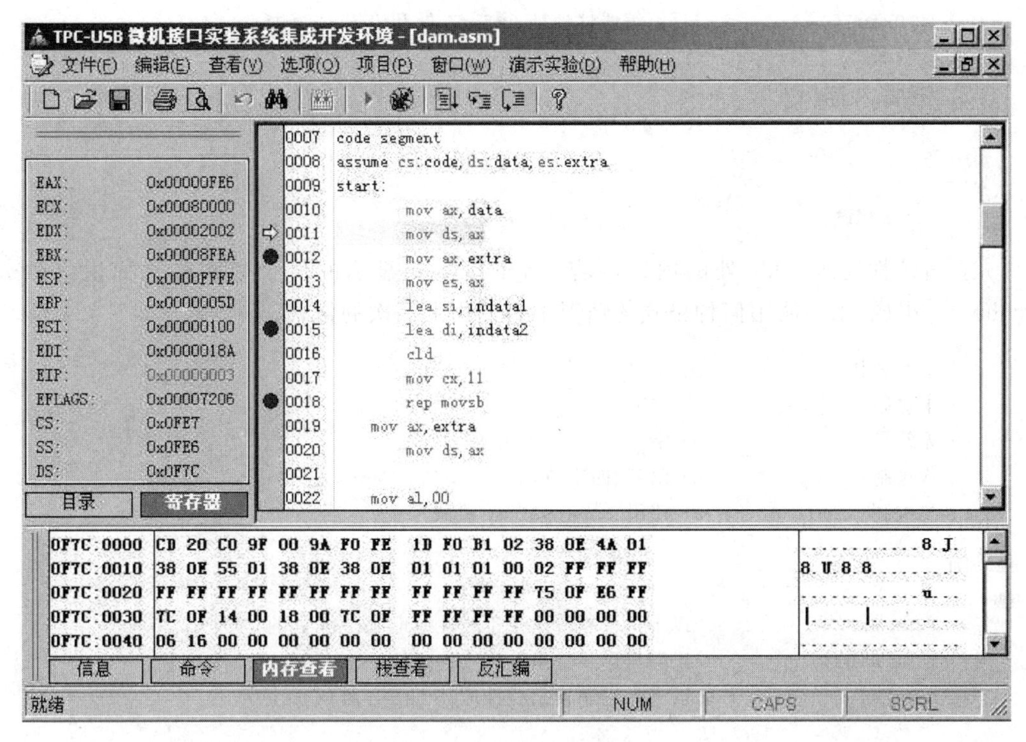

图 3-1　设置/清除断点

行，直至碰到断点或程序运行结束。

3.2.4　常用调试命令

调试指令与 DUBUG 稍有区别，具体调试命令如下。

bochs 提供了强大的命令行调试功能，本集成开发环境在其之上包装了一个简便易用的图形界面。如果这个界面不能满足您的要求，还可以使用命令栏直接输入调试命令与 bochs 交互。所有调试命令 bochs 都提供了简要的用法说明，输入 help 即可查看，例如：

help ‘cmd’(带引号)可查看命令 cmd 相关的帮助。

下面是一些常用的命令说明及示例。

1. 反汇编(u)

用法：

```
u [/count] start end
```

反汇编给定的线性地址，可选参数 count 是反汇编指令的条数。

例：

```
u                          ;反汇编当前 cs:ip 所指向的指令
u /10                      ;从当前 cs:ip 所指向的指令起,反汇编 10 条指令
```

```
u /12 0xfeff              ;反汇编线性地址 0xfeff 处开始的 12 条指令
```

2. 查看内存(x)

用法:

```
x /nuf addr
```

查看线性地址 addr 处的内存内容。nuf 由需要显示的值个数和格式标识[xduot cbhw m]组成,未指明用何种格式的情况下将使用上一次的格式。

```
x: 十六进制               c: 字符
d: 十进制                 b: 字节
u: 无符号                 h: 字
o: 八进制                 w: 双字(四字节)
t: 二进制                 m: 使用 memory dump 模式
```

例:

```
x /10wx 0x234             ;以十六进制输出位于线性地址 0x234 处的 10 个双字
x /10bc 0x234             ;以字符形式输出位于线性地址 0x234 处的 10 个字节
x /h 0x234                ;以十六进制输出线性地址 0x234 处的 1 个字
```

3. 查看寄存器(info reg)

用法:

```
info reg                  ;查看 CPU 整数寄存器的内容
```

4. 修改寄存器(r)

用法:

```
r reg=expression          ;reg 为通用寄存器,expression 为算术表达式
```

例:

```
r eax=0x12345678          ;对 eax 赋值 0x12345678
r ax=0x1234               ;对 ax  赋值 0x1234
r al=0x12+1               ;对 al  赋值 0x13
```

5. 下断点(lb)

用法:

```
lb addr                   ;下线性地址断点
```

例:

```
lb 0xfeff                 ;在 0xfeff 下线性地址断点,0f00:eff 所处线性地址就是 0xfeff
```

6. 查看断点情况(info b)

用法：

```
info b
```

7. 删断点(del n)

用法：

```
del n                   ;删除第 n 号断点
```

例：

```
del 2                   ;删除 2 号断点,断点编号可通过前一个命令查看
```

8. 连续运行(c)

用法：

```
c
```

在未遇到断点或是 watchpoint 时将连续运行。

9. 单步(n 和 s)

用法：

```
n
```

执行当前指令,并停在紧接着的下一条指令。如果当前指令是 call、ret,则相当于 Step Over。

```
s [count]               ;执行 count 条指令
```

10. 退出(q)

用法：

```
q
```

C 语言程序的调试：大多数实验所用的程序需要用到配套的 Visual Studio 生成的静态链接库(. lib)或动态链接库(. dll)文件,因此本软件采用了 Visual C++ 的调试系统。由于版权问题,本软件没有提供 Visual C++ 的编译和调试器,需要用户自己安装。

3.2.5　实验项目的查看和演示

本软件提供了实验项目的查看和演示功能,包括实验说明、实验原理图、实验流程图、ASM 程序,并可以运行实验程序,使用户能方便快捷地了解感兴趣的实验。示例如

图 3-2 所示。

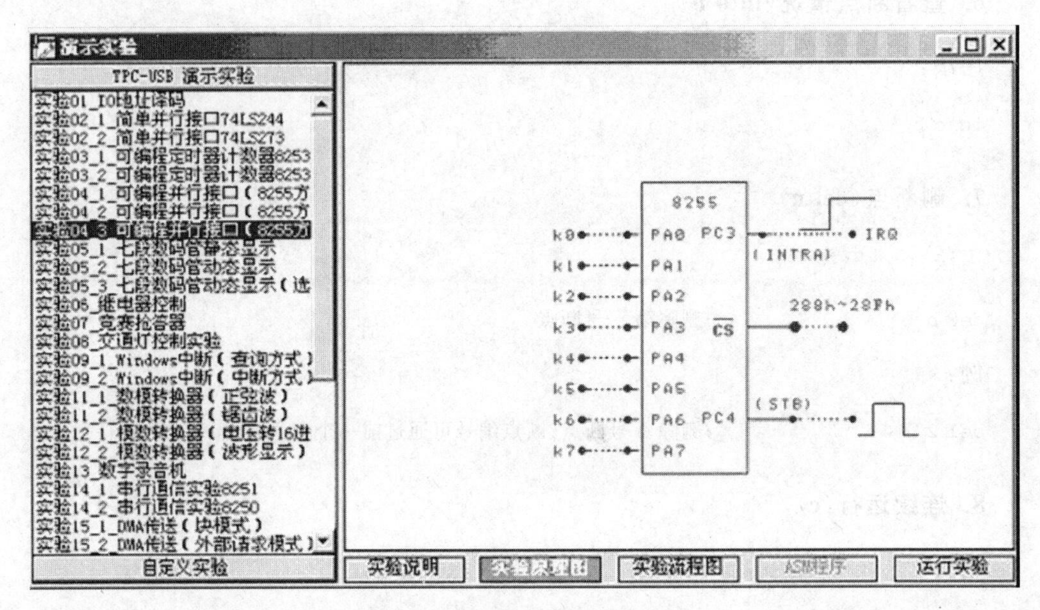

图 3-2 实验项目的查看和演示

每个实验项目都有几个子项,包括实验说明、实验原理图、实验流程图、ASM 程序和运行实验。单击对应子项,即可查看对应的项目说明或 ASM 程序源文件。例如:双击"运行实验"子项,即可执行对应实验的可执行程序。

3.2.6 实验项目的添加和删除

除预定义的 26 个常用实验外,本软件还支持自定义实验,方便用户扩展实验内容。被添加的实验将作为"自定义实验"的子类,之后便能在演示实验中查看,查看方式和预定义实验相同。

1. 添加实验

在当前运行环境下,选择菜单栏"演示实验"菜单选项,在下层目录中选择自定义实验选项,则出现 TPC-USB 自定义实验对话框,如图 3-3 所示。用户可以对自定义实验进行添加和删除操作。单击添加实验按钮,则弹出添加实验对话框,如图 3-3 中部所示。

用户可以直接输入目标文件地址或是通过右侧的浏览按钮来选择文件,需要注意的是,添加实验项目时,实验名称和可执行程序是必不可少的。

2. 删除实验

自定义实验是可以删除的。在当前运行环境下,选择菜单栏中的"演示实验"菜单,选择自定义实验选项,在自定义实验对话框中选定待删除的实验,单击删除实验按钮,则弹出确认对话框,确认后选定的实验将被删除,否则取消删除操作。

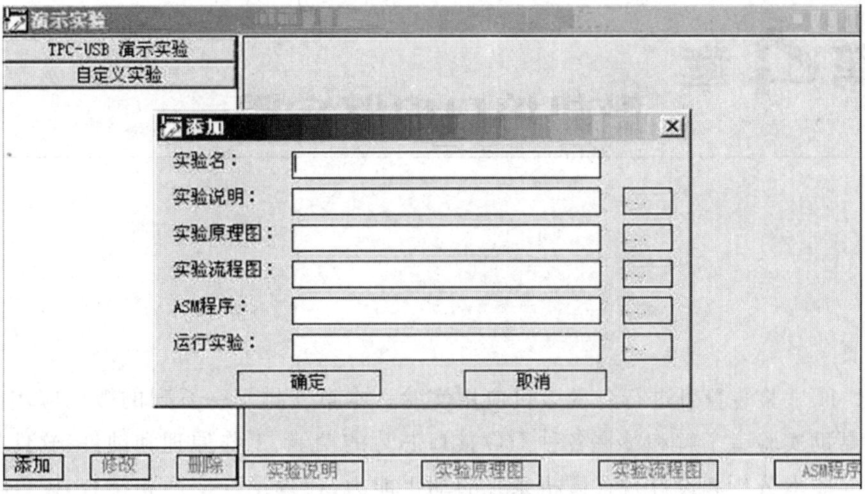

演示实验
TPC-USB 演示实验
自定义实验
添加
实验名：
实验说明：
实验原理图：
实验流程图：
ASM程序：
运行实验：
确定　取消
添加　修改　删除　实验说明　实验原理图　实验流程图　ASM程序

图 3-3　自定义实验对话框

3.2.7　集成开发环境帮助菜单

集成开发环境帮助菜单方便教师和学生对软件使用,芯片查询、使用说明、常用命令查询等,如图 3-4 所示。

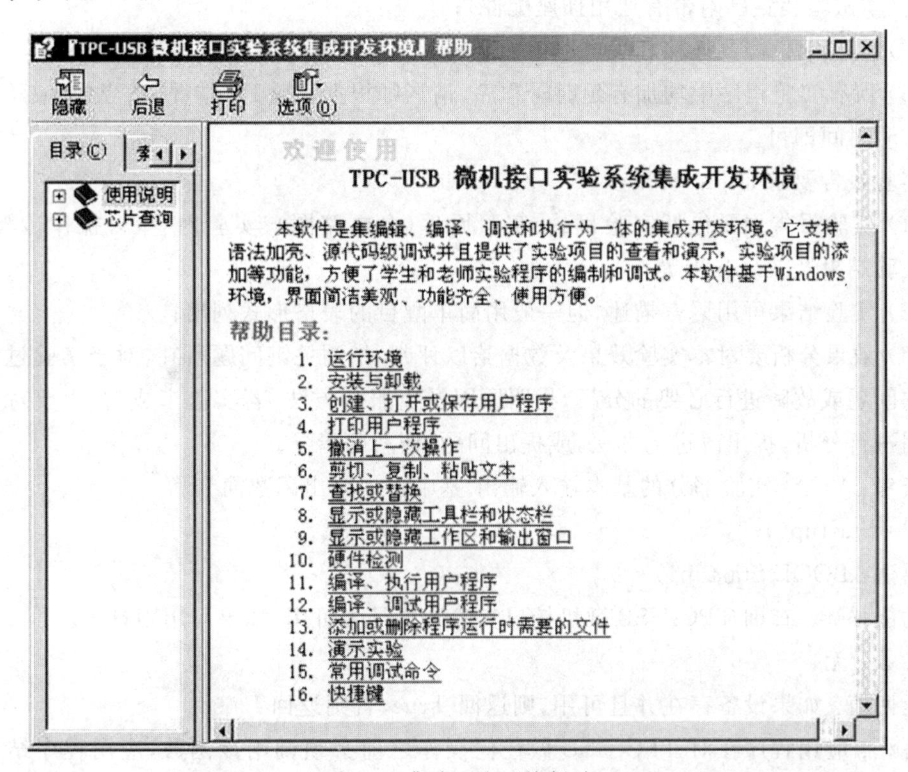

图 3-4　集成开发环境帮助

第4章 微机接口电路实验

TPC-H 试验装置可进行各种微机应用实验。本章安排了一系列的微机应用单元实验内容,帮助实验者了解和掌握各种 I/O 接口芯片的功能、工作原理和硬件、软件接口技术,培养实验者分析和设计现代微机系统的动手能力,使理论与实践相结合,硬件与软件相结合。下面对各实验的基本原理及有关芯片作一简单介绍。

在介绍中,关于编程,分别采用汇编语言和 VC++ 语言描述,采用 VC++ 语言描述的部分用下划线字体排版。

需要说明的是:

(1) 实验电路介绍中如果注明"利用通用插座",则说明该芯片不在实验台上,需要另外插上(本试验装置已附带有通用插座配件);

(2) 实验中只需要连接相关电路上的虚线部分;

(3) 所有实验程序中均加有延时子程序,请老师根据实验 PC 情况,适当加、减延时程序的延时时间即可。

实验报告要求如下:

(1) 实验报告主要包括实验目的、实验原理(含电路图)、实验内容(含操作步骤、程序)、实验结果及效果分析等;

(2) 实验结果可用语言描述,但一般用简单醒目的表格形式列出;

(3) 效果分析要对本实验效果及数据给以评判,指明关键问题所在,对于实验过程中出现的问题或故障进行必要的分析,指明原因及克服的方法,若实验未成功,也要对可能的原因进行分析,提出改进的办法,或提出问题,请教师指导。

备考:VC++ 实验部分的基本输入输出-基本输入输出函数简介。

(1) Startup();

语法:BOOL Startup()

功能描述:查询 TPC-USB 微机接口实验装置是否可用,如果可用则打开。

参数:无。

返回值:如果设备存在并且可用,则返回 True,否则返回 False。

备注:应用程序在对 TPC-USB 做任何操作之前必须调用该函数,应用程序结束时必须使用 Cleanup 函数关闭该设备。

(2) void Cleanup();

语法：void Cleanup()

功能描述：关闭设备。

参数：无。

返回值：无。

备注：应用程序结束时必须使用 Cleanup 函数关闭该设备。它和 Startup 成对使用。

(3) PortReadByte();

语法：BOOL PortReadByte(DWORD address, BYTE * pdata);

功能描述：读 TPC-USB 某个的 IO 端口值。

参数：

address,指明要读的 IO 端口地址；

pdata,该函数执行完后,address 所指明的端口值被填入该地址。

返回值：如果读成功,则返回 True,否则返回 False。

备注：应用程序使用该函数前必须先调用 Startup 函数。

例子：

```
BYTE data;
DWORD address=0x283;
if(!Startup())
{
//ERROR  ..出错处理
}
if(!PortReadByte(address,&data))
{
//ERROR  .. 出错处理
}
//SUCCESS  ..成功,此时 data 里存放地址为 address 的 IO 端口的值
```

(4) PortWriteByte();

语法：BOOL PortWriteByte(DWORD address, BYTE data);

功能描述：将给定值写入 TPC-USB 所指明的 IO 端口。

参数：

address,指明要写的硬件 IO 端口地址；

data,该函数执行完后,data 将被写入 address 所指明的 IO 端口。

返回值：如果读成功,则返回 True,否则返回 False。

备注：应用程序使用该函数前必须先调用 Startup。

例子：

```
BYTE data;
DWORD address=0x283;
if(!Startup())
    {
```

```
    //ERROR  ..出错处理
        }
        if(!PortReadByte(address,&data))
        {
    //ERROR  ..出错处理
        }
        //SUCCESS  ..此时已经将值data写入address所指明的IO端口
```

约定：在“实验电路介绍”中凡注明“利用通用插座”，均为实验台上已固定电路。

实验1 I/O地址译码

1. 实验目的

掌握I/O地址译码的工作原理。

2. 实验原理及相关知识

预习问答：什么是接口？接口的分类？说明I/O接口的编址(寻址)问题。

实验说明：Intel X86CPU中的端口访问。

在PC系列中，I/O端口与存储器分开单独编址。采用专门的输入/输出指令寻址I/O端口。

(1) 8086/8088采用IN和OUT指令访问端口。

(2) 80286和80386/80486还支持INSB/INSW和OUTSB/OUTSW指令访问端口。80286、80386/80486引入了I/O端口直接与内存之间的数据传送指令：INSB/INSW和OUTSB/OUTSW指令。

若在INSB/INSW和OUTSB/OUTSW指令前加上重复前缀REP时，则在I/O端口与RAM存储器之间可进行成批的数据传送。

实验电路如图4-1所示，在实验电路板上，右边是D触发器74LS74(实验台上已有)，左边是PC的总线，分接各门电路和地址译码器74LS138，译码输出端Y0～Y7由实验箱上“I/O地址”输出端引出，每个输出端包含8个地址，Y0：280H～287H；Y1：288H～28FH；…当CPU执行I/O指令且地址在280H～2BFH范围内，译码器被选中，必有一根译码线输出低电平(负脉冲)。

至于语句OUT DX,AL使用寄存器AL取输出端口地址DX的低8位，是指令规范的。例如，执行下面两条汇编语言指令：

```
MOV  DX,2A0H
OUT  DX,AL                        ;(或 IN  AL,DX)
```

Y4输出一个负脉冲，执行下面两条指令：

```
MOV  DX,2A8H
OUT  DX,AL                        ;(或 IN  AL,DX)
```

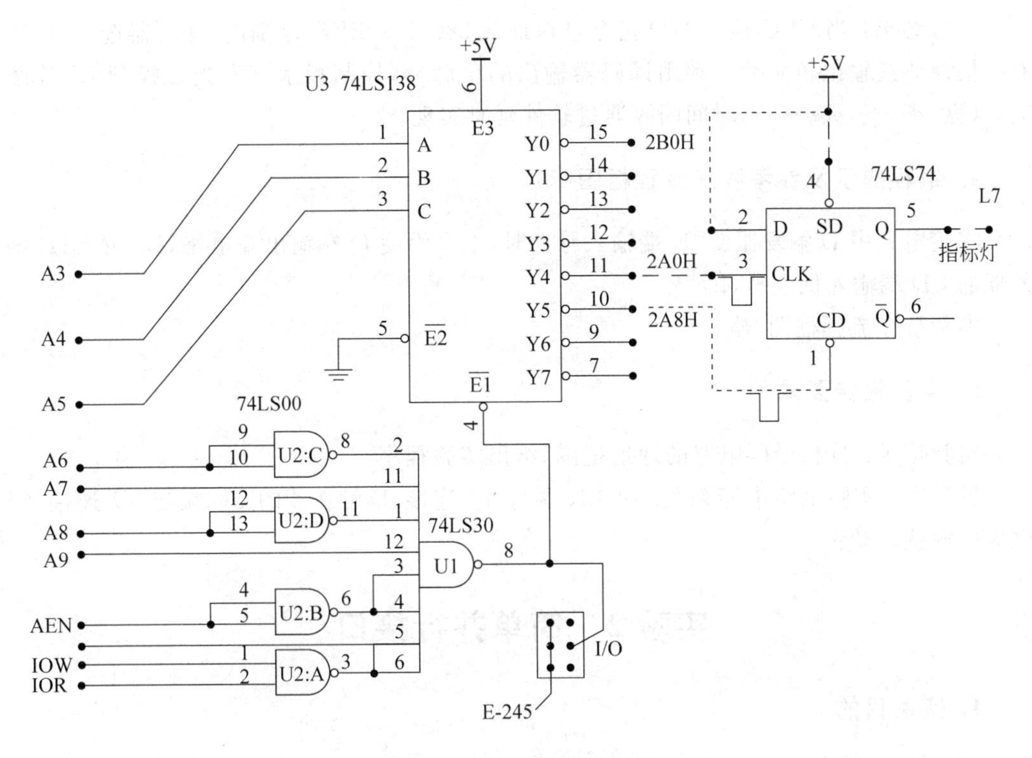

图 4-1　I/O 地址译码电路

Y5 输出一个负脉冲。

或用 VC++ 语言描述：执行下面一条指令

```
PortWriteByte(OX2a0,OX10);
```

Y4 输出一个负脉冲，执行下面一条指令

```
PortWriteByte(OX2a8,OX10);
```

Y5 输出一个负脉冲。

利用这个负脉冲控制指示灯 L7（实验台上已有）闪烁发光（亮、灭、亮、灭……），时间间隔通过软件延时实现。

3. 实验内容

为行文简洁，将“元件 X 的引脚 Y”采用“Y/X”代替，下同，不赘。

连线：连接图 4-1 所示电路上的虚线部分。即

CLK/D 触发器——Y4（即 2A0H-2A7H）/微机 IO 地址；

CD（即$\overline{R_D}$）/D 触发器——Y5（即 2A8H-2AFH）/微机 I/O 地址；

SD（即$\overline{S_D}$）/D 触发器——+5V，D/D 触发器——+5V；

Q/D 触发器——逻辑笔或灯 L7。

运行程序：YMQ 地址译码。

运行结果：当CPU执行I/O指令且地址在280H～2BFH范围内，译码器选中时，必有一根译码线输出负脉冲。利用译码器输出的负脉冲，控制指示灯发光二极管L7连续闪烁(亮，灭，亮，灭……)，时间间隔通过软件延时实现。

4. 编程提示及参考程序流程框图

实验电路中D触发器CLK端输入脉冲时，上升沿使Q端输出高电平，L7发光；D触发器的CD端输入低电平，L7灭。

参考程序流程框图，略。

5. 实验报告要求

实验记录：分析译码电路的地址范围，给出实验程序。

思考题：实验电路中D触发器CLK端与Y1连接，D触发器的CD端与Y7连接，程序应做哪些改动?

实验2　简单并行接口

1. 实验目的

掌握简单并行接口的工作原理及使用方法。

2. 实验原理及相关知识

预习问答：什么是并行接口？简述并行接口的接口特性。

实验说明如下。

(1) 图4-2左图所示的是简单并行输出接口电路图连接线路(74LS273插通用插座，74LS32用实验台上的或门)。74LS273为8D触发器，8个D输入端分别接微机的数据总线D0～D7，8个Q输出端接LED显示电路L0～L7。

(2) 图4-2右图所示的是简单并行输入接口电路图连接电路(74LS244插通用插座，74LS32用实验台上的或门)。74LS244为3态8位缓冲器，8个数据输入端分别接逻辑电平开关K0～K7，8个数据输出端分别接数据总线D0～D7。74LS244一般用作总线驱动器。74LS244设有锁存的功能。地址锁存器就是一个暂存器，它根据控制信号的状态，将总线上地址代码暂存起来。8086/8088数据和地址总线采用分时复用操作方法，即用同一总线既传输数据又传输地址。当锁存器接到该信号后将地址/数据总线上的地址锁存在总线上，随后才能传输数据。锁存器是一个很普通的时序电路，如触发器。通常用作地址锁存器的芯片有74LS373、74HC373、74LS244等。

3. 实验内容

(1) 按图4-2左图连接线路(虚线为实验所需接线，74LS32为实验台逻辑或门)。

(2) 编程从键盘输入一个字符或数字，将其ASCII码通过这个输出接口输出，根据8

个发光二极管发光情况验证正确性。

(3) 按图 4-2 右图连接电路(虚线为实验所需接线,74LS32 为实验台逻辑或门)。

(4) 用逻辑电平开关 K0～K7 预置某个字母的 ASCII 码,编程输入这个 ASCII 码,并将其对应字母在屏幕上显示出来。

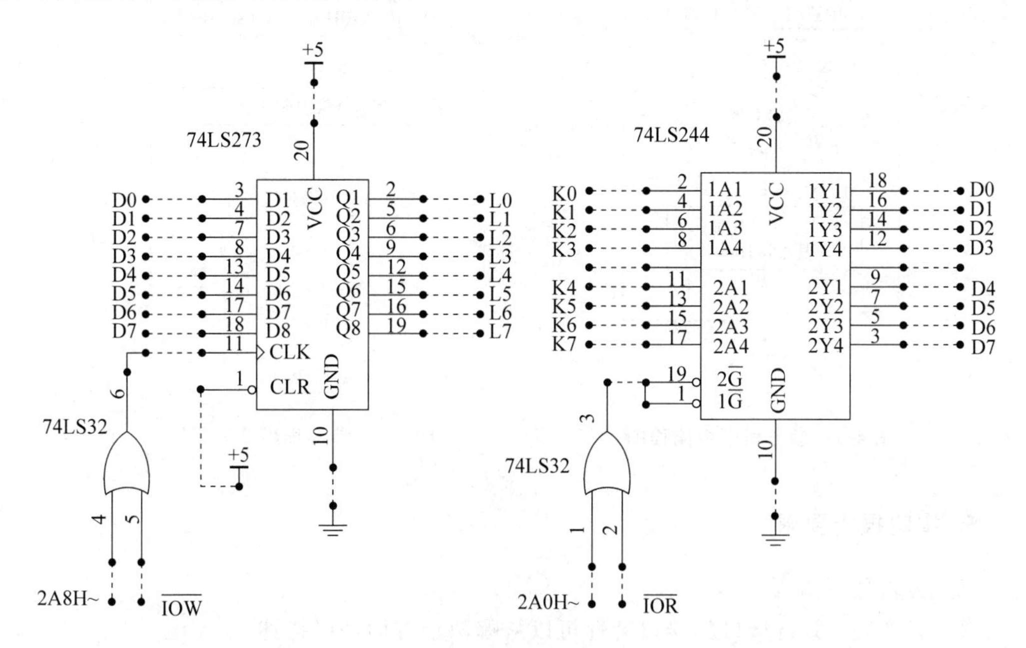

图 4-2　简单并行接口

4. 编程提示及参考程序流程框图

(1) 上述并行输出接口的地址为 2A8H,并行输入接口的地址为 2A0H,通过上述并行接口电路输出数据需要 3 条汇编语言指令:

```
MOV  AL,数据
MOV  DX,2A8H
OUT  DX,AL
```

或一条 VC++ 语言指令

```
PortWriteByte(OX2a8,BYTE data);
```

通过上述并行接口输入数据需要 2 条汇编语言指令:

```
MOV  DX,2ADH
IN   AL,DX
```

或需要一条 VC++ 语言指令:

```
PortWriteByte(OX2a0,& data);
```

(2) 参考流程图见图4-3和4-4。

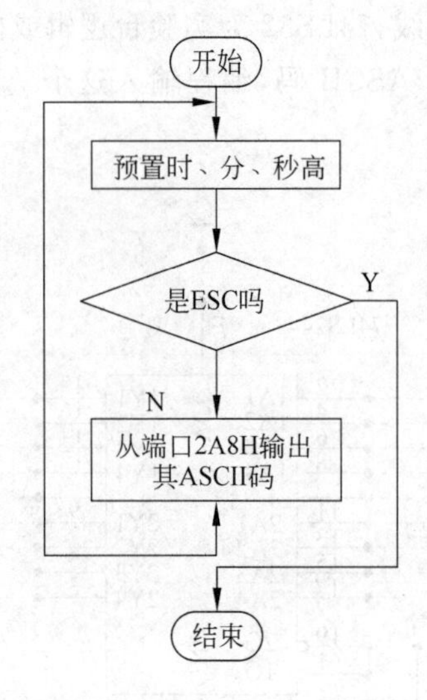

图4-3　参考程序1流程图

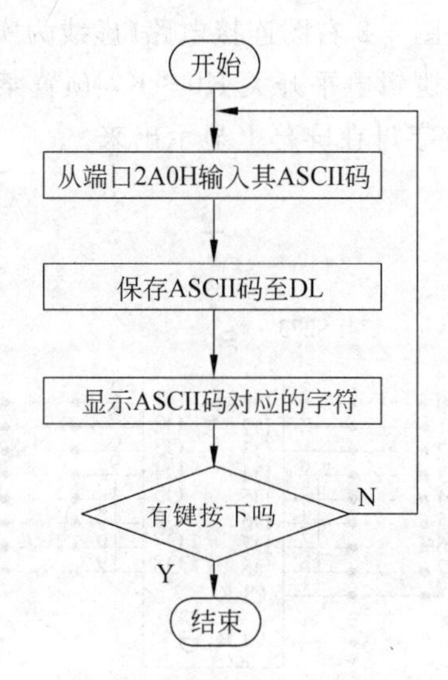

图4-4　参考程序2流程图

5. 实验报告要求

(1) 分析程序编写流程。

(2) 思考题:并行接口的接口特性可以从哪两个方面加以描述?

实验3　可编程定时器/计数器8254(8253)的原理及应用

1. 实验目的

(1) 掌握8254(8253)的基本工作原理。

(2) 熟悉8254(8253)的各种工作方式。

(3) 掌握8254(8253)的编程方法,学会8254(8253)的基本应用。用示波器观察不同方式下的波形。

2. 实验原理及相关知识

预习问答:实现定时和计数有哪两种方法?可编程定时器/计数器8254/8253有什么特点?你知道计数器的6种工作方式和控制字吗?8254控制字的读回命令与锁存命令的区别?请复习主教材第10章相关内容。

实验说明:(1)图4-5是8253芯片内部结构和外部接口连线示意图。图4-5中的CPU是具有8位数据线的处理器。3个定时器/计数器由地址线的A1、A0选择。但对于具有16位数据线的处理器,如8086,若要保证8253各端口接入CPU的偶地址端口,须将8086 CPU的地址总线的A0置为0,将A2连到8253的A1,将A1连到8253的A0。

其余的地址线同$M/\overline{IO}$(或经过逻辑门电路)连到I/O译码电路,译码后连到8253的

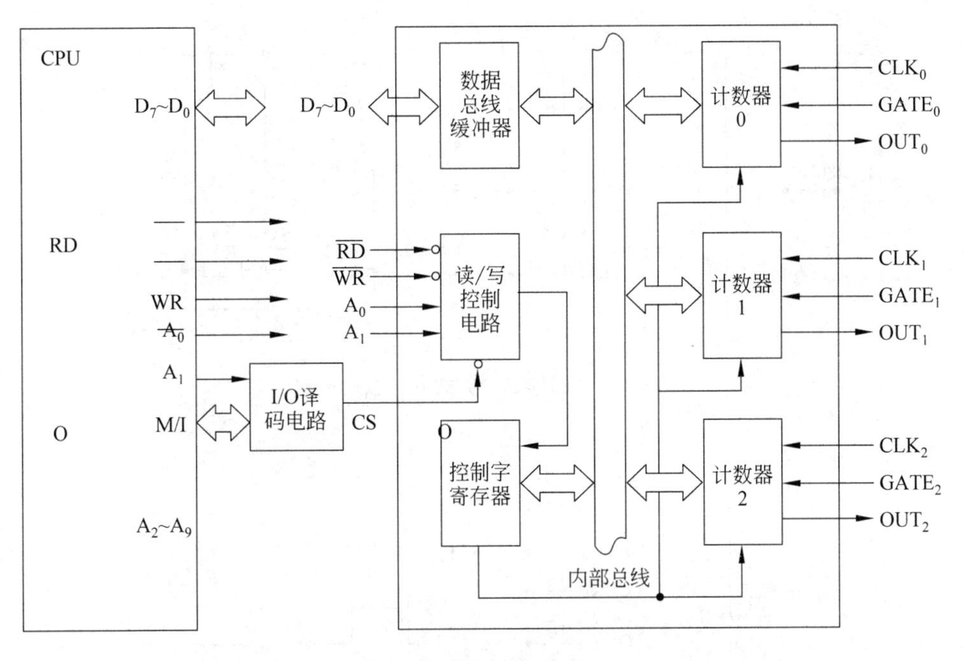

图 4-5　8253 芯片内部结构和外部接口连线示意图

片选信号端口$\overline{CS}$，低电平有效。$\overline{RD}$为读信号，低电平时读取所选的某个计数器中的内容。$\overline{WR}$为写信号，低电平时 CPU 才能将控制字写入计数器 8253 的控制字寄存器中。

计数器有 6 种工作方式和控制字。

(2) 计数器的初始化。使用 8253 芯片，接好电路连上电源后，它是不能工作的。必须对芯片用程序初始化，就是用 CPU 的输出指令向其控制字寄存器写入控制字，来选择计数器、工作方式和计数数制，使其输出端 OUT 变为规定的初始状态，并使计数器清零，还要写入计数初值。

由于计数过程中门控信号 GATE 的电平变化、计数初值的重新设置都会对实际计数造成影响，因此，最终的 OUT 波形可能各种各样，实现的控制关系各不相同。实验过程中，门控信号 GATE 的电平高低变化可通过电平开关来控制。

时钟脉冲 CLK 的发出可通过单脉冲发生器来实现。OUT 的电平变化可用逻辑笔来观察。OUT 的波形可通过其电平变化与时钟脉冲 CLK 的个数关系画出。

3. 实验内容

(1) 按图 4-6 所示连接电路，将计数器 0 设置为方式 0，计数器初值为 N(N$\leqslant$0FH)，用手拨动图示开关，逐个输入单脉冲，编程使计数值在屏幕上显示，并观察在方式 0 下计数器初值写入后计数器的输出端 OUT 电平变化与时钟脉冲(单脉冲)个数的关系。

(2) 按图 4-7 所示连接电路，将计数器 0、计数器 1 分别设置为方式 3，计数初值根据需要设定，用逻辑笔观察通过计数器串联使用，在 OUT 端获得的指定频率的电平信号(定时实验)。

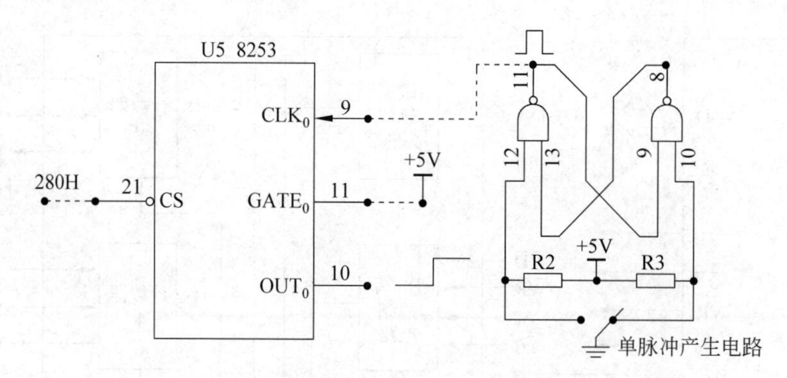

图 4-6　8254(8253)方式 0 计数的电路

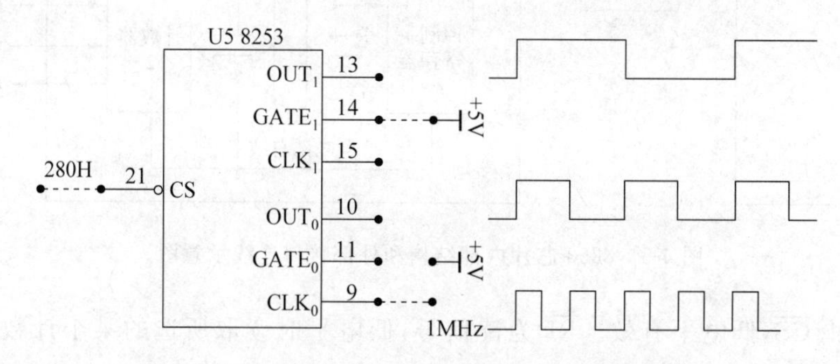

图 4-7　8254(8253)级联和方式 3 方式实验电路图

(3) 按图 4-8 连接电路,将计数器 0 设置为方式 3(方波),计数器设置为方式 2(分频)。实现计数器 0 输出方波,计数器 1 输出计数器 0 输出方波的分频波形。

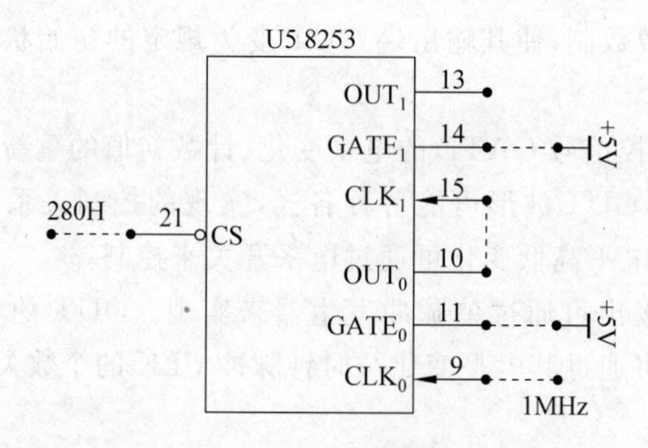

图 4-8　8253 芯片分频实验电路

人机交互界面设计:实现在显示屏幕上提示输入计数器 0(方波)的参数和计数器 1(分频信号)的参数,如下所示:

counter1:________

counter2:________

continue? (y/n)________

实现用键盘直接输入修改程序中方波的参数和分频信号的参数，以改变方波的宽度，分频信号的周期和分频数，不需重新修改源代码。用示波器观察计数器 0 和计数器 1 的输出波形及其关系，并在纸上画出 CLK_0、OUT_0、OUT_1 的波形。

4. 编程提示及参考程序流程框图

(1) 8254(8253)控制寄存器地址　283H
计数器 0 地址　280 H
计数器 1 地址　281H
CLK 0 连接时钟　1MHz

(2) 编程中要注意当控制字中设置只读/写高字节或只读/写低字节时，初始值为 1 字节；当控制字中设置先读/写低字节，后读/写高字节时，初始值为两字节，分两次传送。

(3) 编程中还要注意：①锁存命令只能锁存一个计数器的计数值；②读回命令能够锁存多个计数器的状态值和计数值。当同时锁存状态值和计数值时，第一条输入指令读回的是状态值，第二条输入指令读回的是计数值。

(4) 参考程序流程如图 4-9 所示。

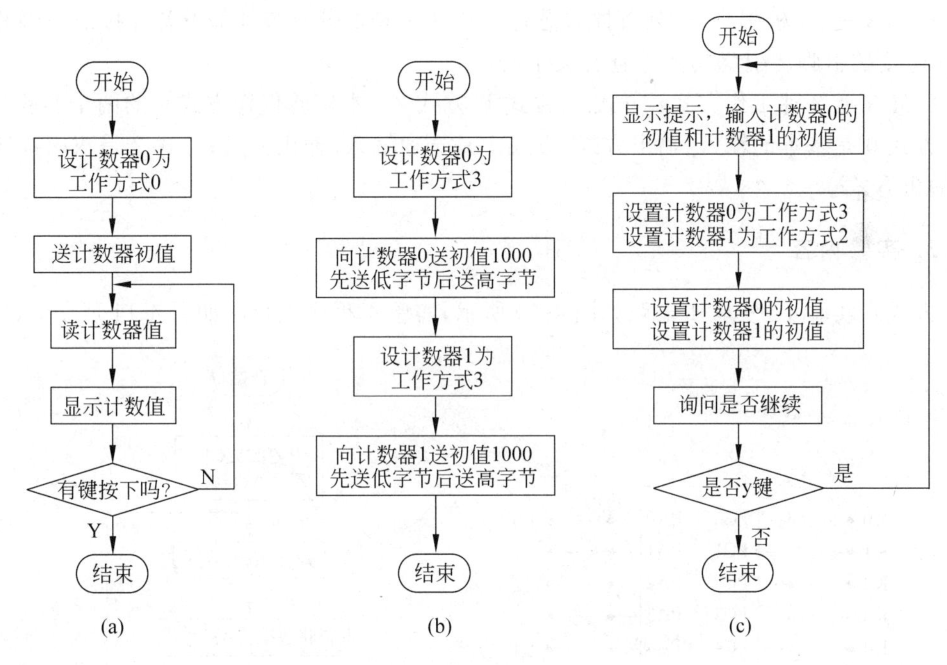

图 4-9　8253 芯片实验程序流程图

5. 实验报告要求

效果分析中要对实验所涉及的 8254(8253)的各种计数方式的特点、GATE 端电平变化对计数过程的作用、OUT 端输出波形与计数值之间的关系、计数过程中改变计数值的结果及8254(8253)级联方式的特点等进行必要的分析。

实验4 可编程并行接口的原理与应用(8255A方式0)

1. 实验目的

(1) 通过实验,掌握8255A工作于方式0以及设置A口为输出口,C口为输入口的方法。

(2) 掌握8255 3个数据端口与被测IC芯片的硬件连接方法。

(3) 通过实验掌握用8255A并行口模拟集成电路测试仪,对集成电路进行逻辑测试的方法。

2. 实验原理及相关知识

预习问答:解释译码与编码?说明74LS138是3-8译码器的引脚和功能。理解可编程并行接口8255A的工作方式及应用。

实验说明:本实验用8255A并行口模拟集成电路测试仪,以测试3-8译码器74LS138为例,学习对集成电路进行逻辑测试的方法。

8255A是一种适用于多种微处理器可编程的8位通用并行输入/输出接口芯片。

8255A是40根引脚,双列直插式芯片。这些引脚可分成与外部设备连接的引脚和与CPU连接的引脚。引脚功能可查有关手册。

8255A有3种工作方式:方式0、方式1、方式2。本实验仅作方式0的两个实验。

方式0是基本的输入/输出方式;方式1是选通输入/输出方式;方式2是双向选通输入/输出方式。

3. 实验内容

方式0实验1:实验1电路如图4-10所示,实验1程序流程图如图4-11所示。8255

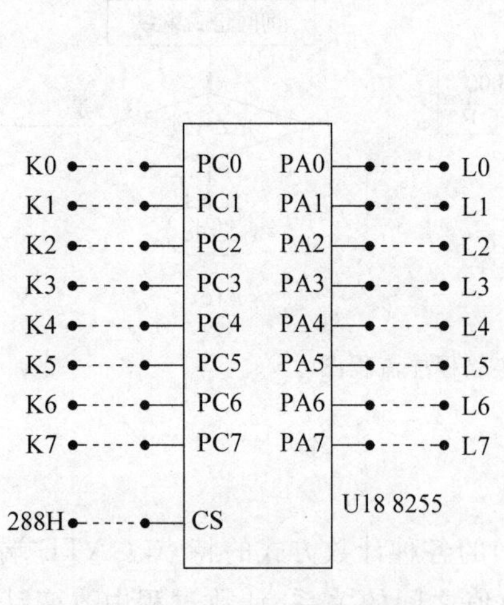

图4-10 8255实验1电路

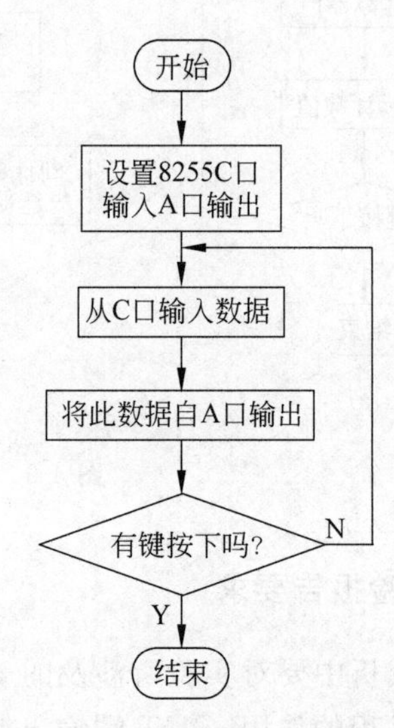

图4-11 8255实验1程序流程图

芯片的 C 口作输入端，接逻辑电平开关 K0～K7，8255 芯片的 A 口作输出端，接 LED 显示电路 L0～L7。编程从 8255C 口输入数据，再从 A 口输出。

方式 0 实验 2：学习用 8255 并行口模拟集成电路测试仪，对集成电路进行逻辑测试的方法。按图 4-13 连接硬件电路，以测试 3-8 译码器 74LS138 为例。图 4-12 为 74LS138 芯片引脚图。

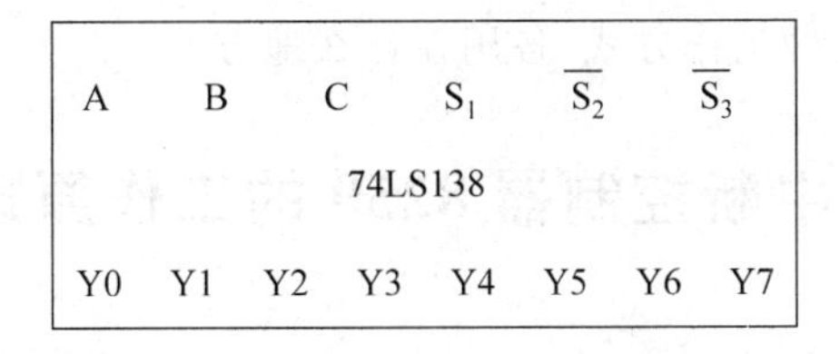

图 4-12 74LS138 芯片引脚

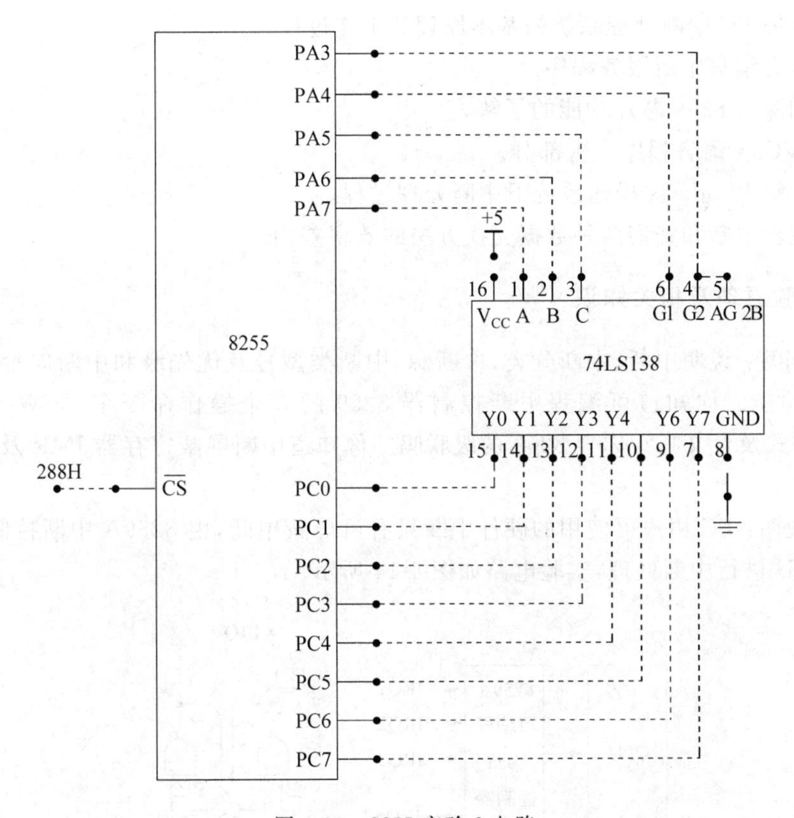

图 4-13 8255 实验 2 电路

4. 编程提示及参考程序流程框图

(1) 8255 控制寄存器端口地址 28BH，A 口的地址 288H，C 口的地址 28AH。参考程序流程图(见图 4-11)。

(2) 人机交互界面设计：将集成电路 74LS138 芯片的引脚图显示在微机屏幕上，然后提问：

```
Test Again？(Y/N)','$'
```

实验2程序流程图为图4-13所示。

5. 实验报告要求

思考题：8255A有几种工作方式，各用在什么地方？

实验5　中断控制器8259的工作原理及应用

1. 实验目的

采用汇编语言程序实验部分。

(1) 掌握PC中断处理系统的基本原理和工作过程。

(2) 学会编写中断服务程序。

(3) 加深对8259芯片功能的了解。

采用VC++语言程序实验部分。

(1) 了解Windows操作系统下中断处理过程。

(2) 比较中断和查询两种数据交换方法的效率差别。

2. 实验原理及相关知识

预习问答：说明中断、中断分类、中断源、中断类型号及优先级和中断向量的概念以及相应的功能。你知道可编程中断控制器8259的3个操作命令字OCW_1、OCW_2和OCW_3的格式及含义吗？你会8259的级联吗？你知道中断屏蔽寄存器IMR及中断结束方式吗？

实验说明：PC用户可使用的硬件中断只有可屏蔽中断，由8259A中断控制器管理。它配合CPU进行中断处理，实验电路如图4-14所示。

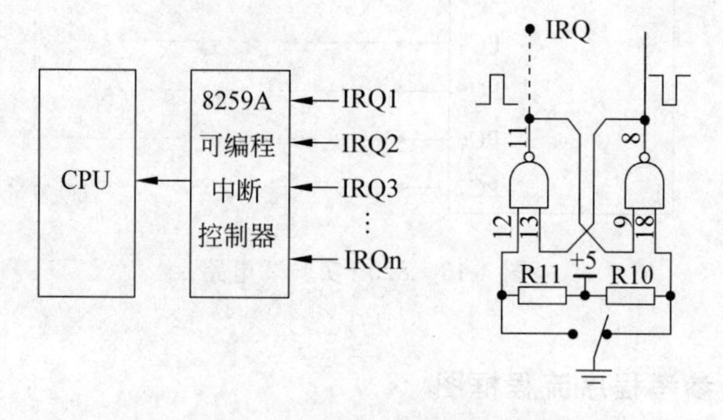

图4-14　中断实验单脉冲电路

在8259A进入正常工作之前，必须对系统中的8259A进行初始化。初始化命令字已在微机系统初始化程序中设置完毕，实验者不用另行设置。

考虑到仪器通用性，本实验装置在接口卡上设有一个跳线开关(JP)，可以根据不同的需要选择将 IRQ_2、IRQ_3、IRQ_4、IRQ_7之一引到实验台上的 IRQ 插座上，跳线方法前面已介绍(见本书 2.1 节)，出厂设置的是 IRQ_7。TPC-USB 实验板上，只引出了一根线 IRQ，进行中断实验时，所用中断类型号由跳线开关选择。

3. 实验内容

1) 采用汇编语言程序实验部分

实验电路如图 4-14 所示，直接用本实验台的单脉冲电路发出脉冲作为中断请求信号(只需连一根导线，例如连到 IRQ_2上，由跳线开关决定)。

(1) 每按一次单脉冲按钮就会产生一次中断，并在屏幕上显示一串字符“TPCA Interrupt!”，中断 N=10 次后程序退出(中断次数也可自定)。

(2) 实验内容 2：每按一次单脉冲按钮产生一次中断。要求在 IRQ_2的中断服务程序中用特殊方式产生 IRQ_7 中断，中断的结果是在屏幕上显示一次“THIS IS A TRQ_7 INTRUPT!”

说明：在实验开始前，先将接口卡的跳线开关跳到 IRQ_2上，产生 IRQ_2 中断后再将跳线开关跳到 IRQ_7上，以便产生IRQ_7 中断。

(3) 实验内容 3：每按一次单脉冲按钮就会产生一次中断，要求用查询中断方式检查请求中断的设备，并在屏幕上显示当前请求服务的最高中断优先级的中断源。

2) 采用 VC++ 语言程序实验部分

用查询和中断方式分别实现控制指示灯，实验电路如图 4-15 所示。要求直接用手动产生的单脉冲作为中断请求信号，每按一次单脉冲产生一次中断，让指示灯显示一秒钟的 0x55，否则让指示灯显示 0xAA。然后在任务栏比较中断和查询方式下 CPU 利用率的差别。

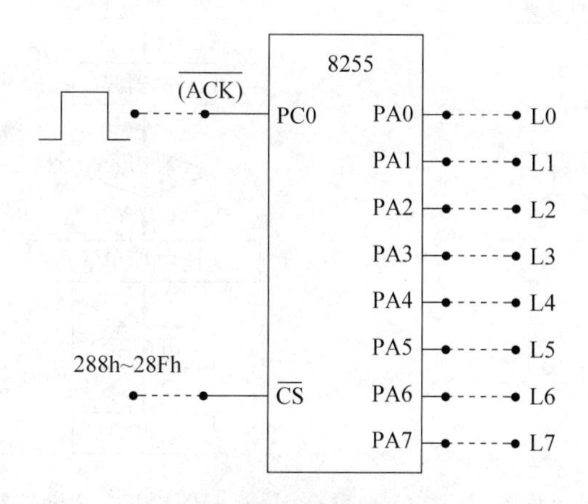

图 4-15　中断实验单脉冲电路

(1) 用查询方法。

将 8255 的 A 口设为输出接指示灯，C 口设为输入，将 PC0 接正脉冲输入。

(2) 用中断方法。

将8255的A口设为输出。不过IRQ直接接到单脉冲电路的正脉冲端。

4. 编程提示及参考程序流程框图

1) 采用汇编语言程序实验部分编程提示及参考程序流程框图

(1) 本实验采用的是PC内的8259A,其偶地址为20H,奇地址为21H。

(2) 实验者在进行实验内容1的编程时,要根据中断类型号设置中断向量,在设置中断向量时首先要将原有的中断向量用功能35H读取并保存,在程序退出时,再用功能25H恢复。此外,8259A中断屏蔽寄存器IMR对应位要清零(允许中断),中断服务结束返回前要使用中断结束命令:

```
MOV  AL,20H
OUT  20H,AL
```

中断结束返回DOS时应将IMR对应位置1,以关闭中断。

(3) 编制实验内容2中IRQ_2的中断服务程序。在程序中某处可先把IRQ_2屏蔽,然后把ESMM和SMM都置1,进入特殊屏蔽方式。在特殊屏蔽方式中显示这是IRQ_7中断。在退出特殊屏蔽方式时先把ESMM置1、SMM置0后允许IRQ_2中断,然后退出特殊屏蔽方式回到一般屏蔽方式。

程序中IRQ_2的主程序流程可参考图4-16。IRQ_7的中断控制流程如图4-17所示。

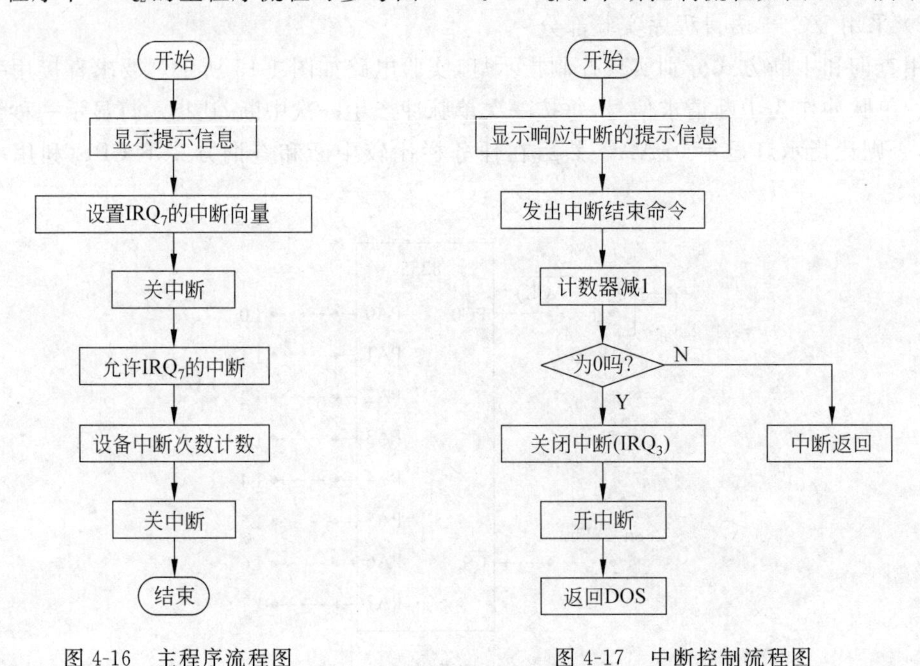

图4-16　主程序流程图　　　图4-17　中断控制流程图

(4) 对实验内容3的编程提示:先编制单脉冲产生中断程序,然后再将OCW_3中的P位置1,用IN 20H,AL读出查询字,最后在屏幕上显示最高中断优先级的中断源。

(5) 查询最高中断优先级的程序流程图和特殊屏蔽中断服务程序流程图参考程序流

程分别如图 4-18 和图 4-19 所示。

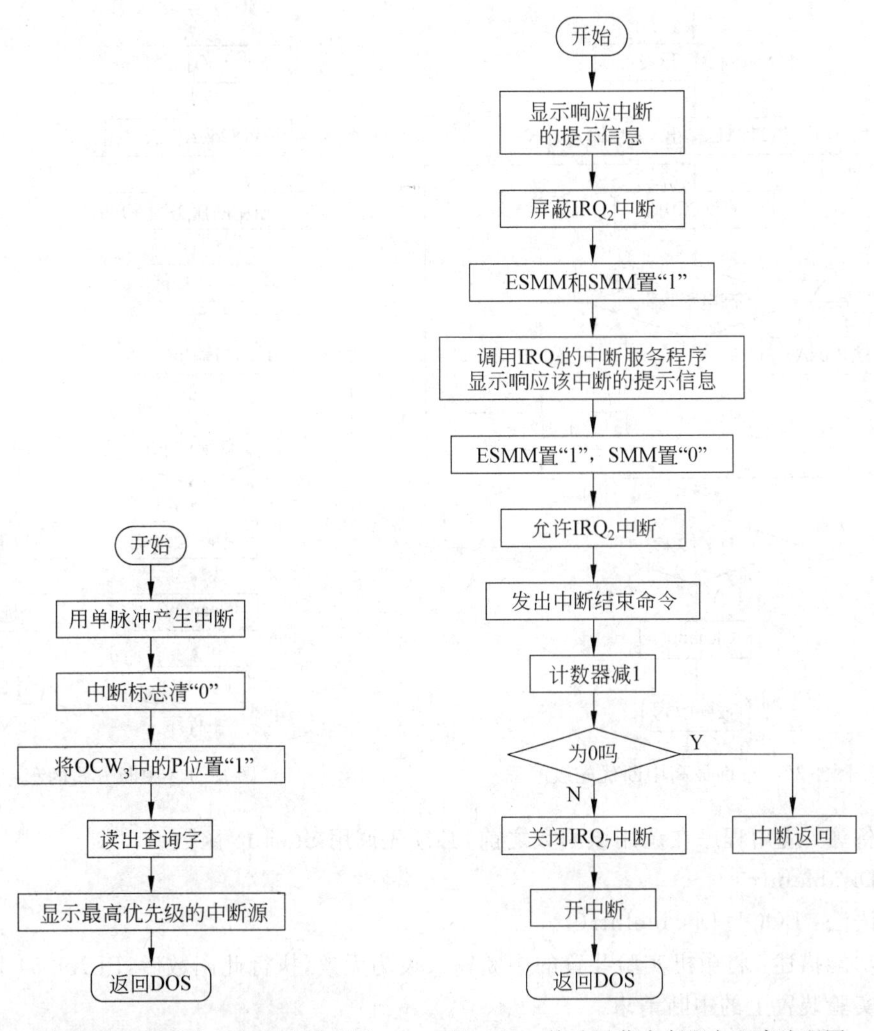

图 4-18　查询最高中断优先级的程序流程图　　　图 4-19　特殊屏蔽中断服务程序流程图

2）采用 VC++ 语言程序实验部分编程提示及参考程序流程框图

(1) 查询方式流程图(见图 4-20)。

(2) 中断方式流程图(见图 4-21)。

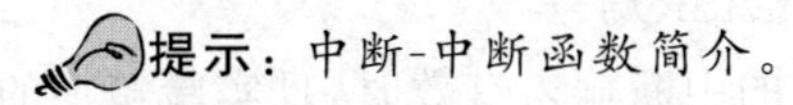
提示：中断-中断函数简介。

EnableIntr

语法：BOOL EnableIntr()。

功能描述：将微机实验装置的中断输入设为有效，执行此函数后，PLX9054 将接受微机实验装置上的中断请求，然后根据该请求申请一个 PCI 中断。

参数：无。

返回值：如果成功，则返回 True，否则返回 False。

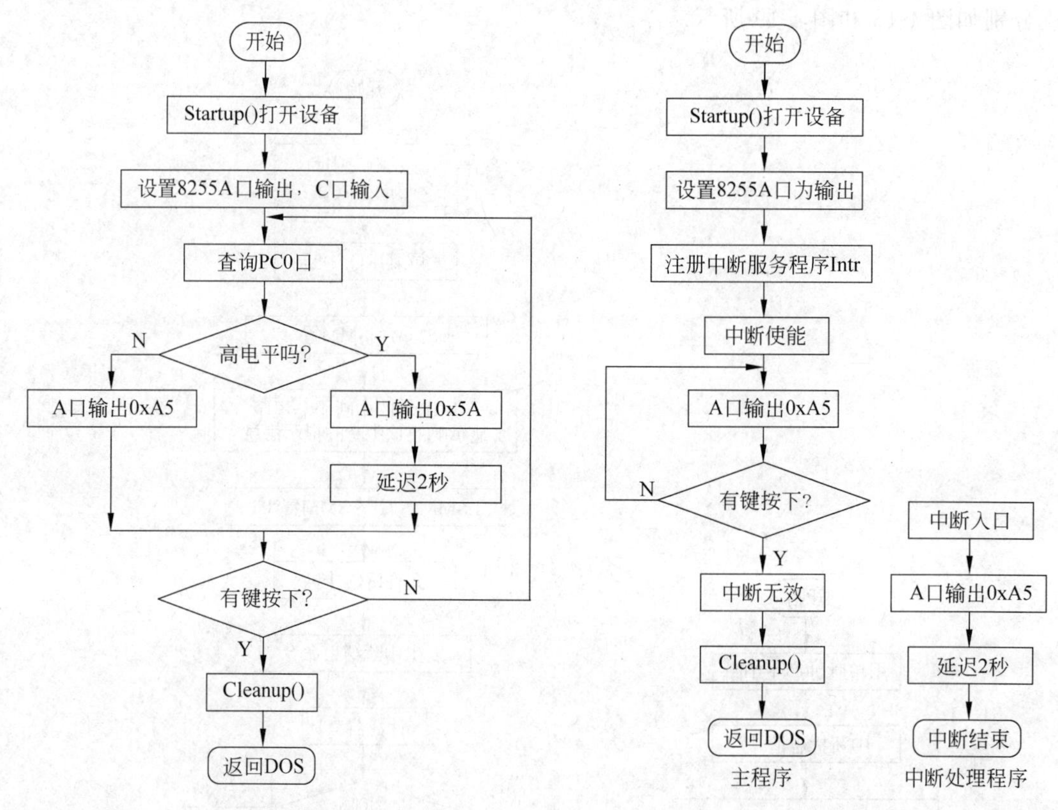

图 4-20　查询最高中断优先级的程

图 4-21　中断方式的程序

备注：应用程序在调用该函数之前，必须先调用 Startup 函数。

DisableIntr

语法：BOOL DisableIntr()。

功能描述：将微机实验装置的中断输入设为无效，执行此函数后，PLX9054 将不响应微机实验装置上的中断请求。

参数：无。

返回值：如果成功，则返回 True，否则返回 False。

备注：应用程序在调用该函数之前，必须先调用 Startup 函数。

RegisterISR

语法：BOOL RegisterISR(ISR_ROUTINE pfuncISR)。

功能描述：注册中断服务程序，当微机实验箱上的中断输入有效时，且实验箱上的中断输入开放，程序将会执行该中断服务程序。

参数：pfuncISR，该参数即为中断服务函数名。

返回值：如果成功，则返回 True，否则返回 False。

备注：应用程序在调用该函数之前，必须先调用 Startup 函数。

5. 实验报告要求

思考题：详述对 8259 的编程方法及本实验的编程思路。

实验 6　串 行 通 信

1. 实验目的

(1) 了解串行通信的基本原理。

(2) 掌握串行接口芯片 8251 的功能和接口方法。

(3) 学习串行通信程序的编制。掌握 8251 查询和中断方式的编程方法。

2. 实验原理及相关知识

预习问答：什么是串行通信？串行接口芯片 8251 的功能和接口方法有哪些？怎样进行 8251 查询？8251 中断方式的编程方法要点是什么？

实验说明：可编程串行接口芯片型号较多，常用的有 Intel 公司生产的 8251A，TNS 公司生产的 8250，Motorola 公司生产的 8654 等，其芯片结构和工作原理大同小异。微机系统以可编程串行接口芯片为核心，配上 I/O 地址译码电路、电平转换电路等辅助电路，可以组成 RS232 接口电路。对 RS232 接口电路编程就是对可编程串行接口芯片的编程。

8251A 的外部引脚如图 4-22 所示，其内部结构如主教材图 10-11 所示。

Intel 8251 的接口信号可分为两组：一组为与 CPU 的接口信号；另一组为与外设(或调制解调器)接口信号。

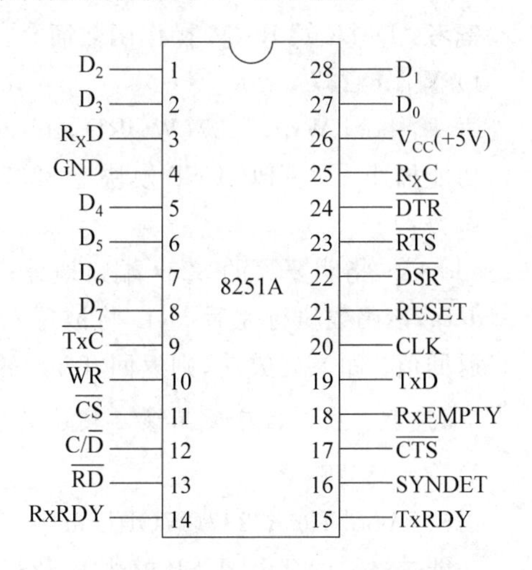

图 4-22　8251A 的引脚图

3. 实验内容

(1) 按图 4-23 连接好电路。8251A 插到通用插座，它的左边各接线端口接到计算机的 CPU(图 4-23 中省略未画)。图 4-23 中 8253 计数器用于产生 8251 的发送和接收时钟，TXD 和 RXD 连在一起。

(2) 编程：要求从键盘输入一个字符到计算机的 CPU，将其 ASCII 码加 1 后发送出去，再接收回来在计算机的屏幕上显示，实现自发自收。

4. 编程提示及参考程序流程框图

(1) 设图 4-23 所示电路 8251 的控制口地址为 2B9H，数据口地址为 2B8H。

(2) 8253 计数器的计数初值＝时钟频率/(波特率×波特率因子)，这里的时钟频率

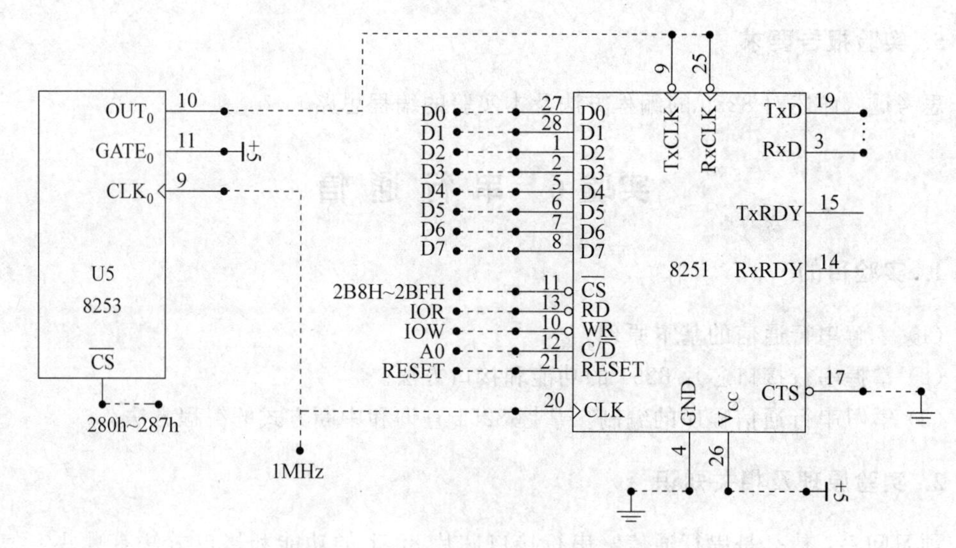

图 4-23　串行通信实验电路的连接

接 1MHz,波特率若选 1200,波特率因子若选 16,则计数器初值为 52。

(3) 收发采用查询方式,参考程序流程图(见图 4-24)。

5. 实验报告要求

思考题:详述对 8251 的编程方法及本实验的编程思路。

备考:DMA 及 RAM 操作函数简介。

1) Write8237

语法:bool Write8237(WORD address, BYTE data)。

功能描述:写 TPC-USB 模块上 8237 的某个端口。

参数:

address,指明要写的 8237 端口地址;

data,该函数执行完后,data 将被写入 address 所指明的 8237 端口。

返回值:如果读成功,则返回 True,否则返回 False。

注意:应用程序使用该函数前必须先调用 Startup 函数。

2) Read8237

语法:bool Read8237(WORD address, BYTE * pdata)。

功能描述:读 TPC-USB 模块上 8237 某个端口值。

参数:

address,指明要读的 8237 端口地址;

pdata,该函数执行完后,address 所指明的端口值被填入该地址。

返回值:如果读成功,则返回 True,否则返回 False。

注意:应用程序使用该函数前必须先调用 Startup 函数。

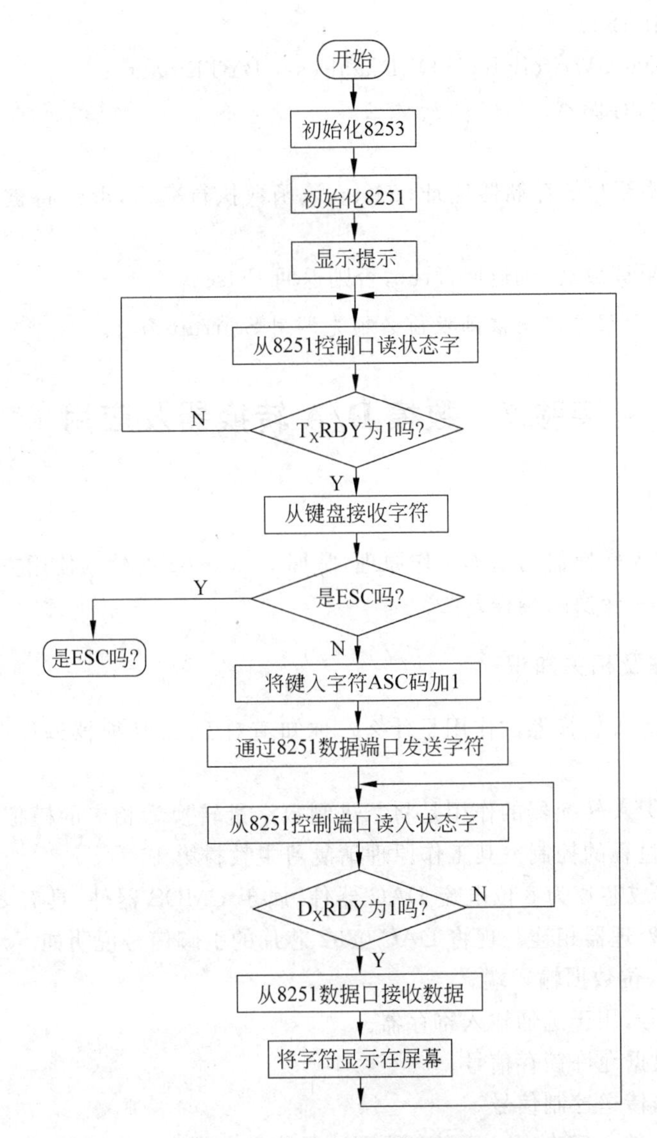

图 4-24　实验参考程序流程图

3）MemReadByte

语法：bool MemReadByte(WORD address，BYTE ＊pdata)。

功能描述：读存储器。

参数：

address，指明要读的存储器地址；pdata，该函数执行完后，address 所指明的端口值被填入该地址。

返回值：如果读成功，则返回 True，否则返回 False。

注意：应用程序使用该函数前必须先调用 Startup 函数。

4) MemWriteByte

语法：bool MemWriteByte(WORD address, BYTE data);

功能描述：写存储器。

参数：

address,指明要写的存储器地址;pdata,该函数执行完后,data 将被填入 address 所指明的存储器地址。

返回值：如果读成功,则返回 True,否则返回 False。

注意：应用程序使用该函数前必须先调用 Startup 函数。

实验 7 数模 D/A 转换器及应用

1. 实验目的

(1) 了解 D/A 转换器的基本工作原理,掌握 DAC0832 芯片的使用方法。

(2) 学习 D/A 转换的编程方法。

2. 实验原理及相关知识

预习问答：D/A 转换器的作用是什么？你知道对 D/A 转换器编程产生连续周期波形的方法吗？

实验说明：D/A 转换器的作用是将二进制数字量转换为相应的模拟量输出,从而实现计算机对物理过程的控制。其工作原理请复习主教材第 10 章。

DAC0832 集成芯片为 8 位电流 DAC 器件,属于 CMOS 器件,具有 8 位分辨率。该芯片可直接与微处理器相连。现将 DAC 0832 芯片的引脚信号说明如下。

DI0～DI7：8 位数据输入端。

$\overline{\text{CS}}$：片选信号,用于选通输入寄存器。

ILE：输入数据允许锁存信号。

$\overline{\text{XFER}}$：数据传送控制信号。

$\overline{\text{WR1}}$/$\overline{\text{WR2}}$：输入寄存/DAC 寄存器写选通信号。其中：信号 WR1、CS 和 ILE 的逻辑组合产生输入寄存器的锁存信号;$\overline{\text{XFER}}$、$\overline{\text{WR2}}$的逻辑组合产生 DAC 寄存器的锁存信号。

U_{ref}：外接参考电压。

R_{FB}：内部反馈电阻。

I_{OUT1}：电流输出端 1,它是为 1 的各位权电流的汇集输出端。

I_{OUT2}：电流输出端 2,它是为 0 的各位权电流的汇集输出端。

注意：$I_{\text{OUT1}}+I_{\text{OUT2}}=$常数

DAC 0832 有两级 8 位缓冲器,可以控制使其工作在 3 种方式下：①输入/输出直通方式；②单缓冲器方式；双缓冲器同步方式。

其中,②和③方式是 DAC 0832 与微机接口最常用的两种基本接口方式。其工作过

程是：输入数据先通过 8 位输入寄存器，再送到 8 位 DAC 寄存器，最后经 8 位 D/A 转换器转换成差动的电流输出。DAC0832 可通过外接运算放大器把转换后的电流变成电压输出，从而可工作在单/双极性输出情况下。

单缓冲器方式多用于只有一路 D/A 转换或虽是多路转换但不要求同步输出的情况。此时，两级缓冲器只有一级具有数据锁存功能。双缓冲器同步方式常用于多路 D/A 转换，而且要求同步进行 D/A 转换输出的情况。在这种方式下，双缓冲器分时锁存，当 DAC 寄存器锁存的数据被转换时，输入寄存器可锁存下次待转换的数据，从而加快了数据采集速度。

本次实验中，ILE 接高电平，当$\overline{CS}$和$\overline{WR1}$信号到来时，数据总线送来的数据就直接输入寄存器；$\overline{WR2}$，和$\overline{XFER}$接地，此时，DAC 寄存器为不锁存状态，输入数据可直接进行 D/A 转换。当$\overline{WR1}$或$\overline{WR2}$信号变高时，此数据就被锁存到输入寄存器中，因此 D/A 转换的输出也保持不变。

为了更好地完成本次实验，要求实验者掌握 D/A 转换的基本原理，DAC 0832 芯片的特性，万用表、示波器的使用方法，DEBUG 命令及应用等。

3. 实验内容

(1) 实验电路如图 4-25 所示，DAC 0832 采用单缓冲方式，具有双极性输出端（U_a和 U_b），利用 DEBUG 输出命令（O 290，数据）输出数据给 DAC0832。用万用表测量单极性输出端 U_a及双极性输出端 U_b的电压，验证数字与电压的线性关系。

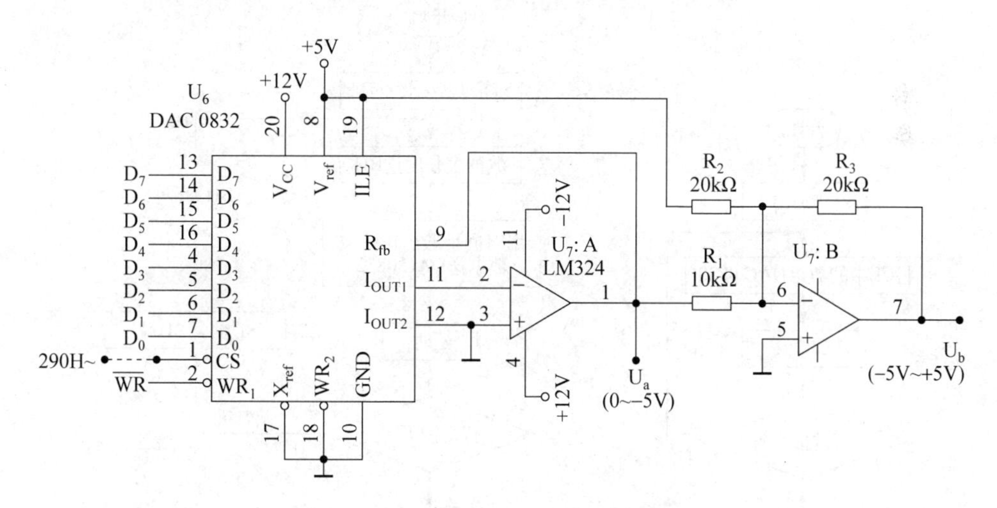

图 4-25　D/A 转换实验电路图

(2) 编程产生连续周期波形（从 U_b输出，用示波器观察）：

锯齿波；正弦波；矩形波：梯形波；三角波。

4. 编程提示及参考程序流程框图

(1) 8 位 D/A 转换器芯片 DAC0832 的口地址为 290H，输入数据与输出电压的关

系为

$$U_a = -U_{ref} \times N/256$$

$$U_b = 2U_{ref} \times N/256 - 5$$

其中,U_{ref}表示参考电压(这里的PC机参考电压为+5V电源);N表示输入数据。

(2) 若要产生锯齿波,只需将输出到DAC 0832的数据由0循环递增,到最大值(自定)后再从0开始继续循环。

(3) 若要产生正弦波,可根据正弦函数建一个正弦数字量表(80H、96H、0AEH、0C5H、0D8H、0E9H、0F5H、0FDH、0FFH、0FDH、0F5H、0E9H、0D8H、0C5H、0AEH、96H、80H、66H、4EH、38H、25H、15H、09H、04H、00H、04H、09H、15H,25H、38H、4EH、66H),取值范围为一个周期,表中数据在16个以上(32个)。

(4) 若要产生矩形波,则可送0并持续若干次(自定),然后送一个较大值持持续同样次数,如此循环下去就可以得到。

(5) 若要产生梯形波,则可送0并持续若干次(自定),然后加1递增,直到最大值(自定),然后再持续若干次(次数与送0的次数相同),接着将最大值逐次减1递减到0,如此不断重复可得到该波形。

(6) 三角波的产生可参照梯形波,但只需输出上升段和下降段。

(7) 参考程序流程如图4-26和图4-27所示(只给出锯齿波和正弦波,其他波形可参照完成)。

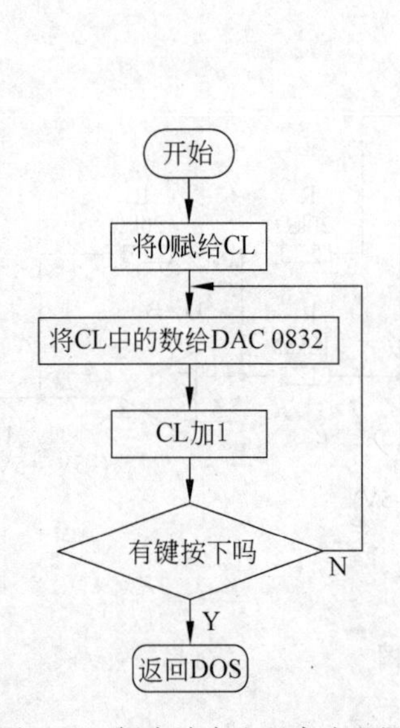

图4-26 锯齿波产生程序流程图

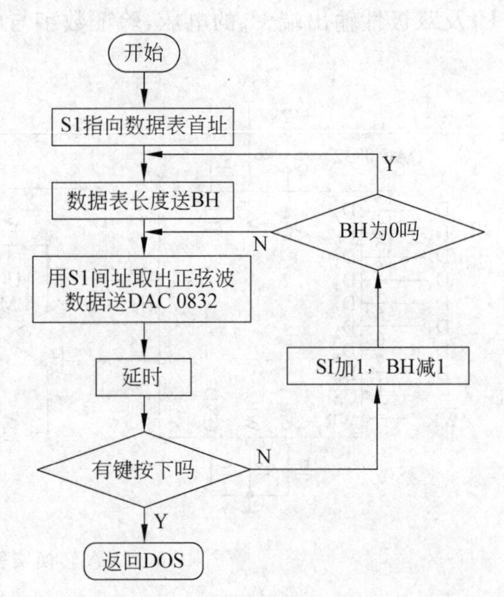

图4-27 正弦波产生程序流程图

5. 实验报告要求

(1) 实验内容的结果用表格表示,并根据此表画出数字和电压的关系图。分析栏中写出与理论公式的比较。

(2) 分析与小结 DAC 0832 的应用编程。

实验 8　模/数(A/D)转换器及应用

1. 实验目的

(1) 了解 A/D 转换的基本原理及工作过程。
(2) 掌握 ADC 0809 的使用方法。
(3) 学会 A/D 转换的编程。

2. 实验原理及相关知识

预习问答：A/D 转换器的作用是什么？你知道 ADC 0809 的使用方法吗？

实验说明：由于微机只能处理数字化的信息，而在实际应用中被控对象常常是连续变换的物理量，因此，微机用于测控系统时需要有能把模拟信号转换成数字信号的接口，以便于能对被控对象进行处理和控制。A/D 转换器就是一种将输入的模拟量转换为数字量的转换器。A/D 转换器主要由采样保持电路和数字化编码电路组成。

ADC 0809 是一种 CMOS 单片 8 位 A/D 转换器，8 路模拟量输入以及地址锁存与译码。设有与微机数据总线相连的 TTL 三态输出锁存器。ADC 0809 可用单一的+5V 电源工作，转换时间约为 100μs。当用单一的+5V 电源时，模拟量输入量程为 0～5V，对应的转换值为 00H～FFH。

ADC 0809 的主要引脚信号说明如下。

IN0～IN7：8 路模拟量输入端(此处只画出 IN0～IN2)。

ADD-A、ADD-B、ADD-C：三位地址线，通过地址译码选通 8 路模拟量输入端中的一路。

CLOCK：外部提供给 ADC 0809 工作的时钟信号。

EOC：A/D 转换结束信号。

ALE：通道地址锁存允许信号。

ENABLE：输出允许信号，用来打开三态输出的数据锁存器。

START：A/D 转换启动信号。

REF(+)、REF(-)：正的和负的参考电压。

ADC 0809 属于采用逐次逼近法的 A/D 转换类型的转换器。其工作过程是：当启动脉冲到来后，控制逻辑首先使 N 位(这里 $N=8$)逐次逼近寄存器(SAR)的最高位置 1，其余位清 0。然后将该值送 D/A 转换器。经 D/A 转换后的输出电压即为满量程电压的 1/2(设为 U_b)。将输入电压 U_i 与 U_b 比较，若 $U_i>U_b$，则最高位不变；若 $U_i<U_b$，则最高位清 0。一次比较完成后，将 SAR 的次高位置 1(前次高位的值不变)送 D/A 转换，新的 U_b 再同 U_i 比较来决定该位为 1 还是为 0……上述过程重复进行直到最低位为止。经 N 次操作后，控制逻辑输出一个转换结束信号，控制缓冲寄存器接收 SAR 的内容，即本次 A/D 转换的结果。该缓冲寄存器的输出接数据总线。

ADC 0809 转换由 START 脉冲信号来启动,脉冲下降沿有效(转换开始)。

当输入通道选择地址线状态稳定后,在 ALE 信号的上升沿将地址线的状态锁存到芯片的地址锁存器中。在转换操作过程中,信号 EOC 保持低电平,当转换结束时变为高电平。该信号主要用来查询 A/D 转换是否结束或者用来作为中断请求信号。

当 ENABLE 被置为高电平时,三态门打开,将数据锁存器的内容输出到数据总线上。

为了更好地完成本次实验,要求实验者掌握 A/D 转换的基本原理,ADC 0809 芯片的特性和使用方法。

3. 实验内容

(1) 实验电路如图 4-28 所示。通过实验台左下角的电位器 RW_1 将输出的 0~5V 直流电压送入 ADC 0809 的 IN_0 通道,利用 DEBUG 的输出命令启动 A/D 转换器(O 0298,0),输入命令读取转换结果(I 0298),验证输入电压与转换后数字的关系。

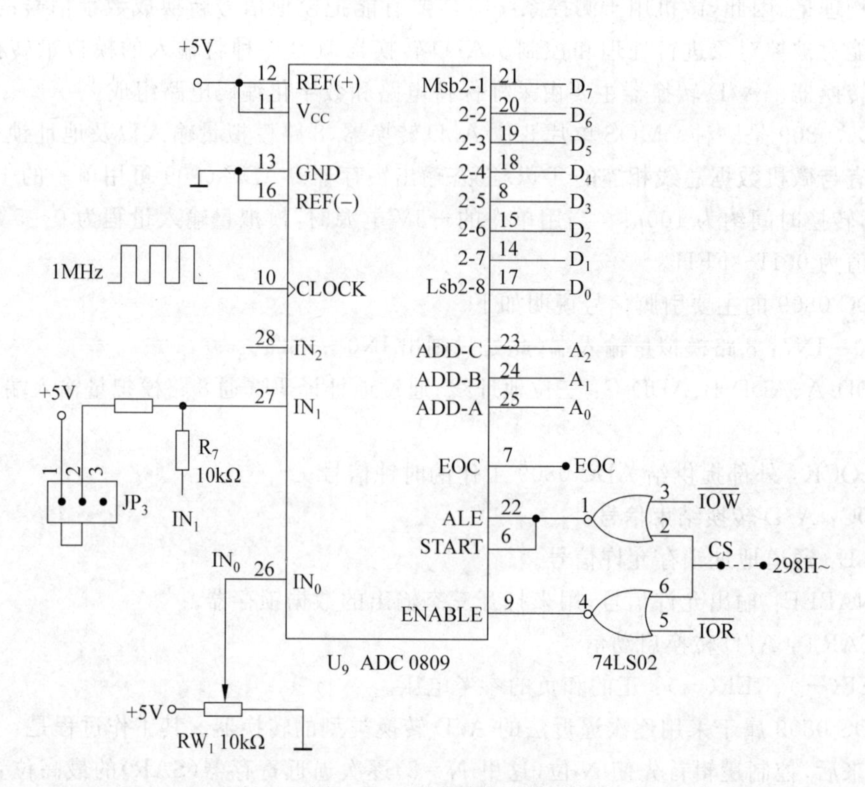

图 4-28 A/D 转换电路

(2) 编程采集 IN_0 输入的电压,在屏幕上显示经 A/D 转换后的数据(采用十六进制)。

(3) 将 JP3 的 1、2 短接,使 IN_2 处于双极性工作方式,并给 IN_1 输入一个低频交流信号(幅度为−5~+5V),编程实现在屏幕上显示该输入交流信号经采集后的数据波形。

4. 编程提示及参考程序流程框图

（1）参考程序流程如图 4-29 和图 4-30 所示。

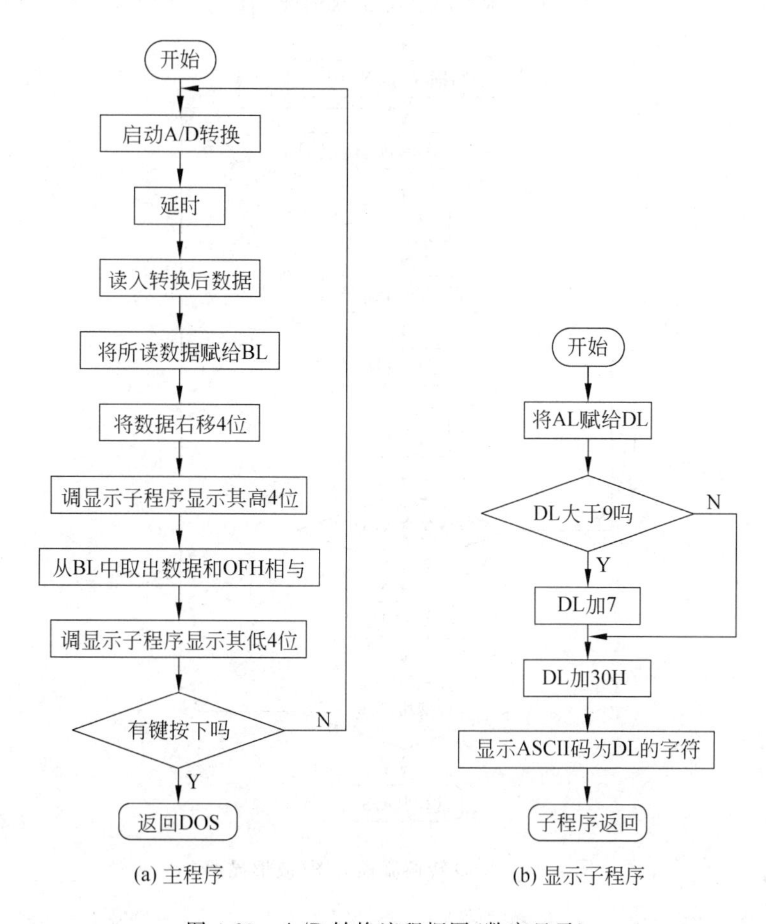

(a) 主程序　　(b) 显示子程序

图 4-29　A/D 转换流程框图(数字显示)

（2）ADC 0809 的 IN_0 口地址为 298H，IN_1 口地址为 299H。

（3）IN_0 单极性输入电压与转换后数字的关系为

$$N = U_i/(U_{REF} \times 256)$$

其中，U_i 为输入电压，U_{REF} 为参考电压，这里的参考电压为 +5V 电源。

（4）一次 A/D 转换的汇编语言程序可以如下。

```
MOV   DX,端口地址
OUT   DX,AL                              ;启动转换
                                         ;延时
IN    AL,DX                              ;读取转换结果
```

一次 A/D 转换的 VC++ 语言程序可以如下。

```
PortWriteByte(口地址,数据);              //启动转换
```

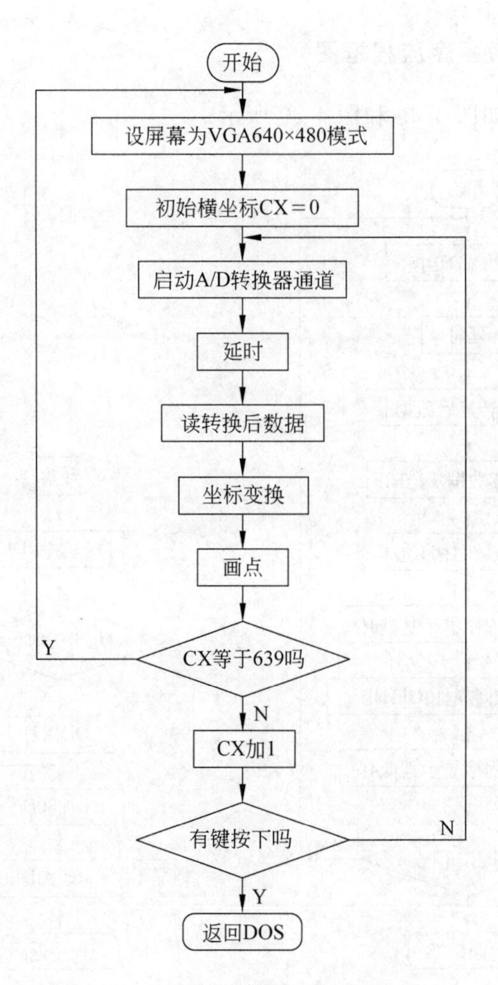

图 4-30 A/D 转换流程框图(波形显示)

```
延时
PortReadByte(口地址,&data);                //读取转换结果放在 data 中
```

5. 实验报告要求

(1) 实验内容的结果用表格表示,并根据此表画出输入电压和转换后数字的关系图。分析栏中写出与理论公式的比较。

(2) 试写出不用延时而用查询或中断方式来判断 A/D 转换是否结束的程序段。

实验 9 DMA 传送

1. 实验目的

(1) 掌握 PC 工作环境下进行 DMA 数据传输(Block MODE 和 Demand Mode 块传送和外部请求传送)的方法。

(2) 学习对 DMA 控制器 8237 的编程方法。

2. 实验原理及相关知识

预习问答：DMA 控制器的作用是什么？什么是 DMA 数据传输块传送和外部请求传送？

实验说明：I/O 设备与计算机之间进行数据传送除了通过 CPU 控制外，还可通过 DMA 控制方式。通过 CPU 进行的数据传送属于程序控制传送。DMA 方式下数据传送在外设与存储器之间直接进行而不需要通过 CPU。它通常用于一次要传送大量数据的场合。

实验中用到的 HM6116 是一种 2K×8 位的高速静态 CMOS 随机存取存储器，其引脚排列见主教材图 6-8(b)。

8237 是 Intel 系列中高性能可编程 DMA 控制器，它允许 DMA 传输速度高达 1.6MB/s。其引脚排列见图 4-31。

引脚	编号	编号	引脚
$\overline{IOR}$	1	40	A7
$\overline{IOW}$	2	39	A6
$\overline{MEMR}$	3	38	A5
$\overline{MEMW}$	4	37	A4
NC	5	36	$\overline{EOP}$
READY	6	35	A3
HLDA	7	34	A2
ADSTB	8	33	A1
AEN	9	32	A0
HRQ	10	31	VCC
$\overline{CS}$	11	30	DB0
CLK	12	29	DB1
RESET	13	28	DB2
DACK3	14	27	DB3
DACK2	15	26	DB4
DREQ3	16	25	DACK0
DREQ2	17	24	DACK1
DREQ1	18	23	DB5
DREQ0	19	22	DB6
GND	20	21	DB7

8237A

图 4-31　DMA 控制器引脚

DMA 方式传送的基本过程如下。

当外部接口中有数据要输入或向外部接口输出数据时，就向 DMA 控制器(DMAC)发一个 DMA 请求。DMA 控制器接到请求后向 CPU 发出总线请求。

如果 CPU 允许让出总线，则发一个总线允许信号。DMA 控制器接到该信号后，就将地址寄存器的内容送到地址总线上，同时发 DMA 应答信号、I/O 读/写信号及内存写/读信号。当提出 DMA 请求的一方收到 DMA 应答信号后，撤除 DMA 请求信号并将数据送到数据总线上(或从总线上接收数据)，从而实现数据在外设与内存之间的传送。在 DMA 传送时，DMA 控制器的地址寄存器的内容要相应修改直至本次传送完毕为止。当 DMA 传送完成时，DMA 控制器撤销对 CPU 的总线请求，交还给 CPU 系统总线的管理和使用权。

74LS273 是一种带清除功能的 8D 触发器(见图 4-32)，D_1～D_8 为数据输入端，Q_1～Q_8 为数据输出端，正脉冲触发，低电平清除，常用作 8 位地址锁存器。DMA 控制器 8237 内有 4 个独立的通道，每个通道包含一对 16 位的地址初值寄存器和地址计数器(占用同一个 I/O 地址)以及一对 16 位的字节数初值寄存器和字节数计数器(占用同一个 I/O 地址)，还包括一个 8 位的方式寄存器。8237 中 4 个通道公用暂存寄存器(PC 不用)、命令寄存器和状态寄存器。此外，8237 内还有 4 个通道各占一位的 DMA 请求寄存器和屏蔽寄存器。

8237 内部共用到 16 个 I/O 端口，分别由上述各类寄存器占用。这些寄存器的寻址由地址码的 A3～A0(共 16 种组合)及读/写命令来区分。其端口地址、软件命令与寄存

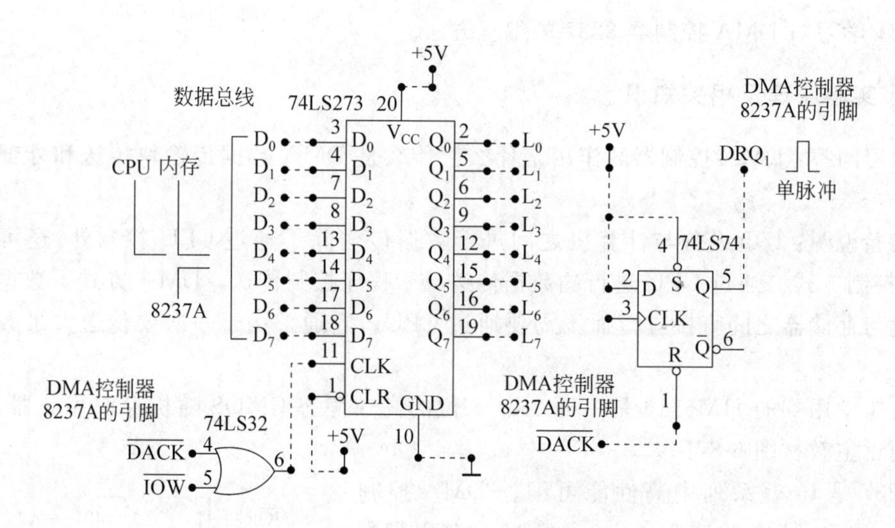

图 4-32 通过 DMA 输出数据

器的对应关系如表 4-2 所示。

PC 中的 DMA 控制器的寻址范围为 00H～0FH(可参见表 4-2)。4 个 DMA 通道中，通道 0 用来对动态 RAM 进行刷新；通道 1 为用户保留；通道 2 和通道 3 分别用来进行软盘驱动器和内存之间的数据传输以及硬盘驱动器和内存之间的数据传输。在 PC BIOS 初始化过程中，控制寄存器的控制字被设置为 00H。因此编编程时不需要对控制寄存器进行设置。

实验前要求掌握 DMA 方式下数据传送的方法、可编程 DMA 控制器 8237 内部各寄存器的格式和含义、8237 方式字及 8237 的初始化等。

3. 实验内容

(1) 按照图 4-32 将内存(即实验箱通用插座 D 区 HM 6116)连接好。再将 74LS273 芯片插入实验台上的通用插座，按图 4-32 所示把电路连接好(74LS74 利用实验台上的 D 触发器)。在内存 6000H：0 开始单元已经存放有 10 个数据，对 DMA 控制器 8237 进行初始化，编程实现每一次 DMA 请求从内存向外设传送一字节数据。

(2) 将 74LS244 芯片插入通用插座，按图 4-33 所示把电路连接好(74LS74 直接利用实验台上的 D 触发器)。在内存 6000H：00 开辟一个 8 字节的数据缓冲区，对 DMA 控制器 8237 进行初始化，编程实现每一次 DMA 请求从外设向内存传送一个字符(ASCII 码)，存入数据缓冲区，并实现在屏幕上不断显示该数据缓冲区的数据。

实验说明：

① DMA 实验应将实验台上跳线开关 JP_1 的 2、3 短接；

② DMA 请求是由单脉冲发生器输入到 D 触发器，由触发器的 Q 端向 DRQ1 发出的。CPU 响应后发出$\overline{DACK}$，将 D 触发器置成低电平以撤销请求。

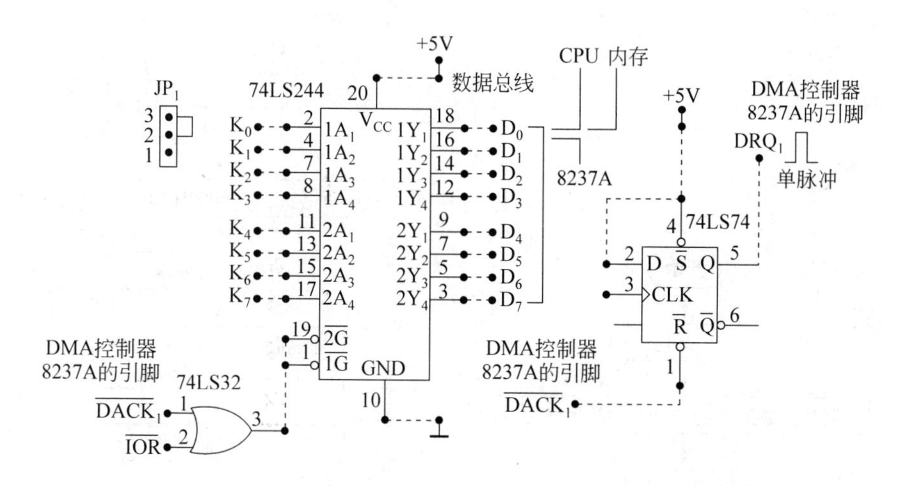

图 4-33 通过 DMA 输入数据

4. 编程提示及参考程序流程框图

(1) 8237 内端口地址分配如下：

通道 1 地址初值寄存器和地址计数器的端口地址为 02H；

通道 1 字节数初值计数器和字节数计数器的端口地址为 03H；

写屏蔽寄存器端口地址为 0AH，写方式寄存器端口地址为 0BH；

清除字节指针寄存器端口地址为 0CH；

页面寄存器的端口地址为 83H。

汇编程序中，为避免与系统的 8237 有冲突，TPC-USB 模块上的 8237 端口范围为 10H～1F，即按通常模式进行 DMA 编程时，对 8237 所有端口均加 10H。TPC-USB 模块上内存范围为 0D4000H-0D7fffH。

(2) PC 的 DMA 控制系统中只支持单字节传送方式。虽然软件请求方式是与块传送方式相对应的，但块的长度要严格限制，通常也设为单字节方式。因此，在传送多个字节时，要用循环一个一个来实现。

(3) 对通道中的字节数计数器进行写入时要分两次进行，先写低字节，后写高字节。

(4) 对字节指针触发器的清 0 只用输出指令即可。

(5) 参考程序流程如图 4-34 和图 4-35 所示。

5. 实验报告要求

(1) 小结 8237 的初始化及使用编程。

(2) 小结 DMA 传送方式的特点。

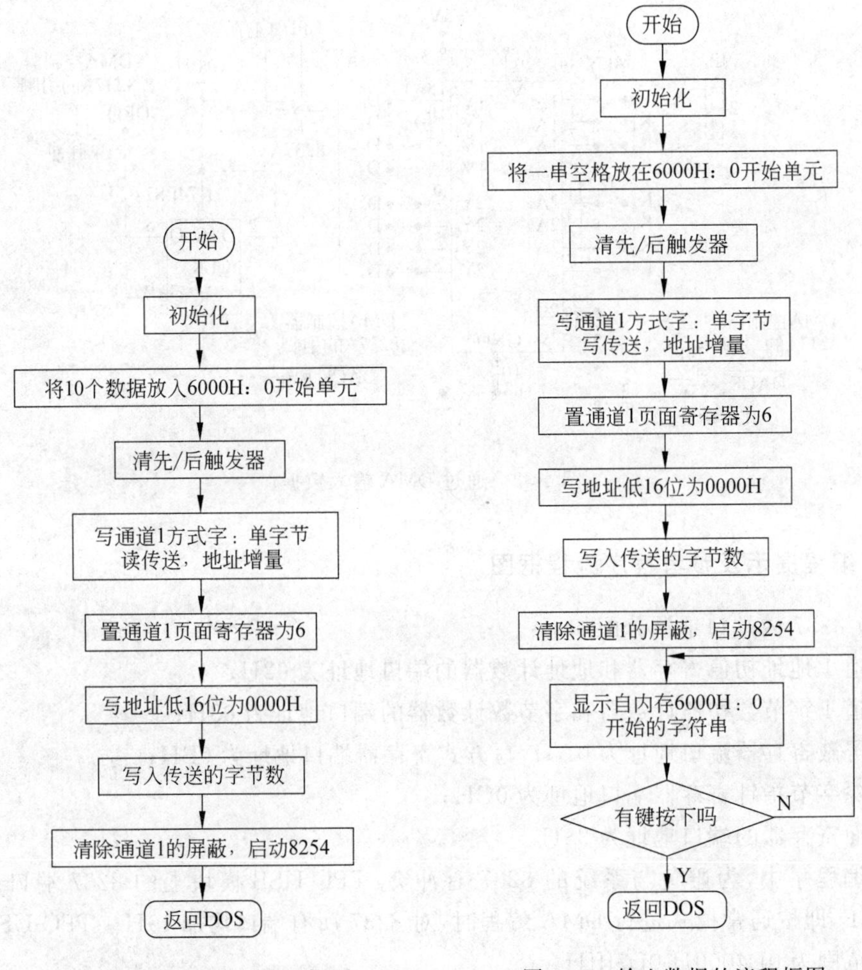

图 4-34　输出数据的流程框图　　　　图 4-35　输入数据的流程框图

实验 10　可编程并行接口的原理与应用(8255A 方式 1)

1. 实验目的

(1) 掌握 8255 工作方式 1 时的使用及编程。

(2) 进一步掌握中断处理程序的编写。

2. 实验原理及相关知识

预习问答：8255 是个什么芯片？说明 8255 的工作方式。

实验说明：参看“实验 4 可编程并行接口 8255A 的原理与应用(方式 0)”中这一部分。

3. 实验内容

(1) 按图4-36的8255方式1的输出电路连好线路。

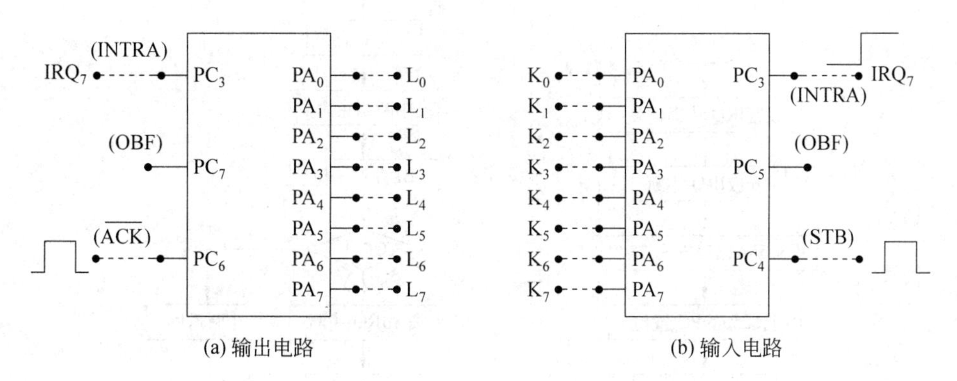

图4-36 8255方式1的输入/输出电路

(2) 编程：每按一次单脉冲按钮产生一个正脉冲使8255产生一次中断请求，让CPU进行一次中断服务：依次输出01H、02H，04H，08H，10H，20H，40H，80H使L0～L7依次发光，中断8次结束。

(3) 按图4-36的8255方式1输入电路连好线路。

(4) 编程：每按一次单脉冲按钮产生一个正脉冲使8255产生一次中断请求，让CPU进行一次中断服务：读取逻辑电平开关预置的ASCII码，在屏幕上显示其对应的字符，中断8次结束。

4. 编程提示及参考程序流程框图

(1) 本次实验内容的编程可参照8259中断实验进行。8255方式1输出和输入都分为主程序和中断服务程序两部分。

(2) 参考程序流程如图4-37和图4-38所示。

5. 实验报告要求

分析和总结8255A方式1的工作特点，特别是输入和输出时各信号之间的配合关系。分析8255方式1时通过C端口读回的状态字。

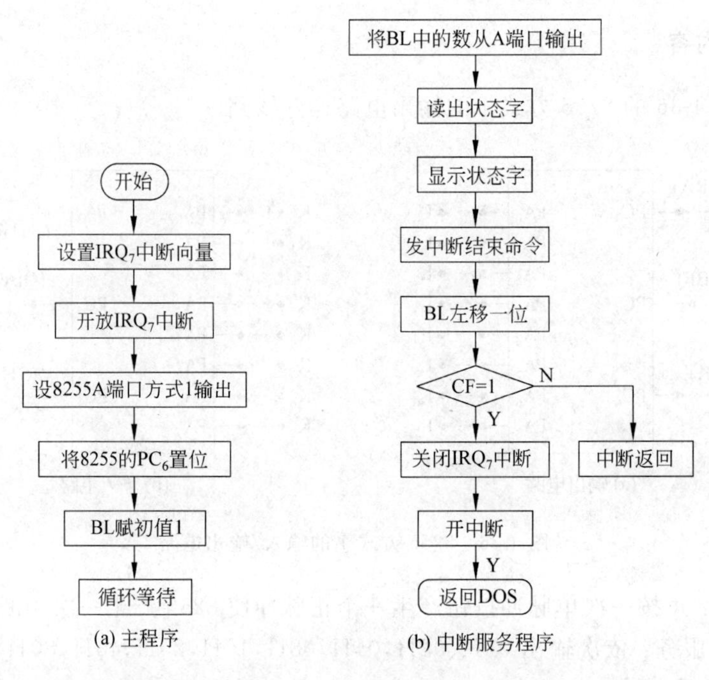

图 4-37 8255 方式 1 输出时的程序流程框图

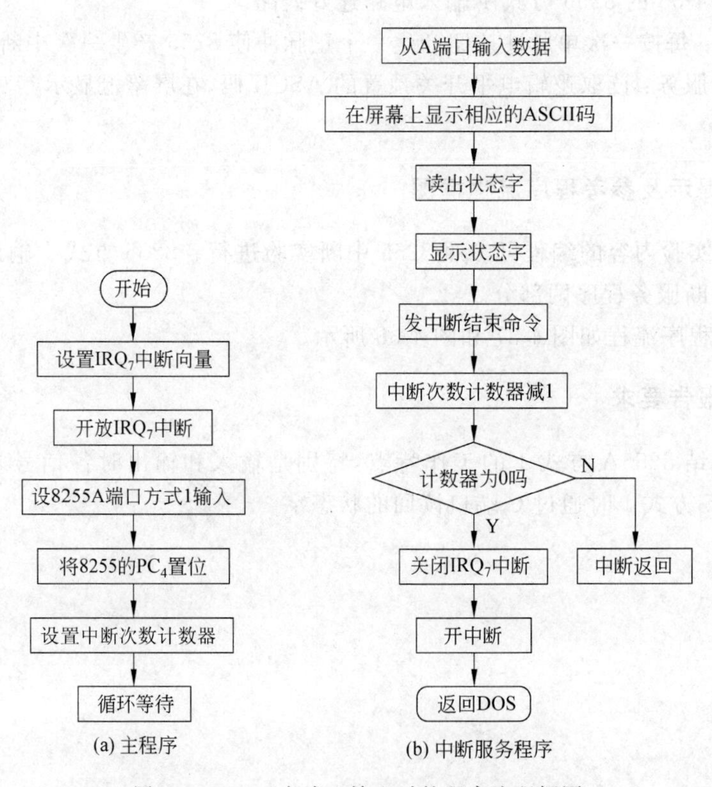

图 4-38 8255 方式 1 输入时的程序流程框图

第5章 微机硬件应用综合设计

本章所列的实验综合性、实用性较强，需要利用多种微机接口和其他单元电路才能实现，目的是通过实验培养分析和解决实际问题的独立工作能力，例如微机系统构建、具体电路的设计、组装与调试，为从事科学研究、项目开发和微机系统维护等方面打下基础。

综合实验1　7段数码管的静态与动态显示

1. 实验目的

(1) 掌握数码管显示数字的原理。

(2) 进一步加深对8255芯片工作于方式0状况的理解。

2. 实验原理及相关知识

预习问答：简述数码管显示数字的原理。

实验说明：配合各种7段显示器专用的7段译码器，是用7只发光二极管(LED)构成的数字显示器(见图5-1)。表5-1给出一种7段译码器的功能表，它接收8.4.2.1二-

a f b e g c d

0　1　2　3　4　5　6　7　8　9

显示字形	g	e	f	d	c	b	a	段码
0	0	1	1	1	1	1	1	3fh
1	0	0	0	0	1	1	0	06h
2	1	0	1	1	0	1	1	5bh
3	1	0	0	1	1	1	1	4fh
4	1	1	0	0	1	1	0	66h
5	1	1	0	1	1	0	1	6dh
6	1	1	1	1	1	0	1	7dh
7	0	0	0	0	1	1	1	07h
8	1	1	1	1	1	1	1	7fh
9	1	1	0	1	1	1	1	6fh

图5-1　十进制数字的LED显示

十进制码,输出逻辑1为有效电位,对应的字段点亮;输出为0时,对应的字段熄灭。显示的逻字形如图5-1所示。表5-1中的a、b、c、d、e、f、g表示图5-1中各数码管上的输入逻辑电平。

表5-1 7段显示译码器功能表

输入				输出						
A_3	A_2	A_1	A_0	*a*	*b*	*c*	*d*	*e*	*f*	*g*
0	0	0	0	1	1	1	1	1	1	0
0	0	0	1	0	1	1	0	0	0	0
0	0	1	0	1	1	0	1	1	0	1
0	0	1	1	1	1	1	1	0	0	1
0	1	0	0	0	1	1	0	0	1	1
0	1	0	1	1	0	1	1	0	1	1
0	1	1	0	1	0	1	1	1	1	1
0	1	1	1	1	1	1	0	0	0	0
1	0	0	0	1	1	1	1	1	1	1
1	0	0	1	1	1	1	1	0	1	1

3. 实验内容

(1) 静态显示:按图5-2连接好电路,将8255的A口PA0~PA6分别与7段数码管的段码驱动输入端a~g相连,位码驱动输入端S1接+5V(选中),S0、dp接地(关闭)。编程实现从键盘输入一位十进制数字(0~9),在7段数码管上显示出来。

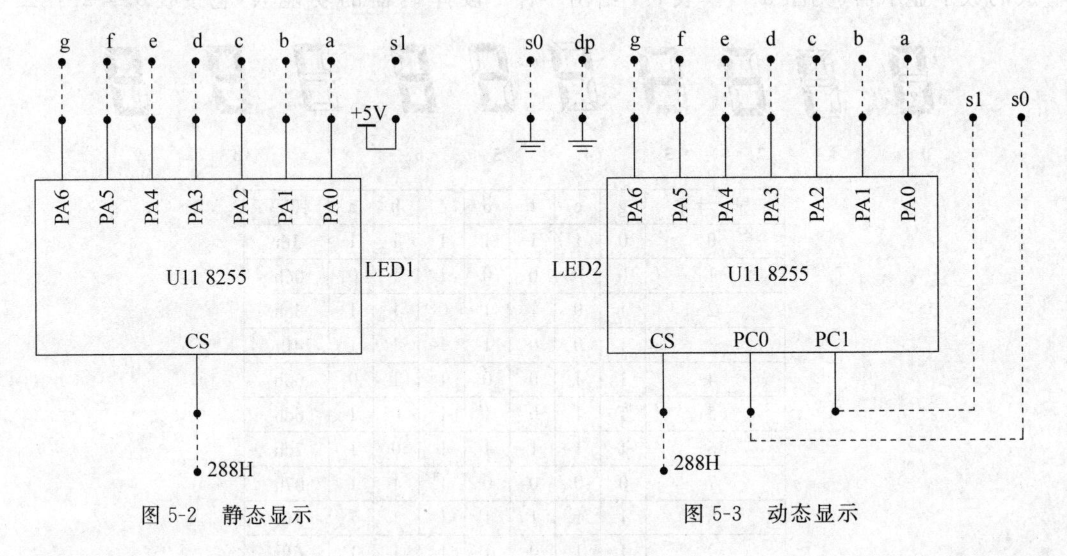

图5-2 静态显示

图5-3 动态显示

(2) 动态显示：按图 5-2 连接好电路，7 段数码管段码连接不变，位码驱动输入端 S1、S0 接 8255 C 口的 PC1，PC0。编程在两个数码管上显示 56。

(3) 动态显示：按图 5-3 所示连接好电路，7 段数码管段码连接不变，位码驱动输入端 S_1、S_0 接 8255C 端口的 PC_1、PC_0，编程实现在 7 段数码管上两位十进制数字的动态循环显示 00～99。

4. 编程提示及参考程序流程框图

提示：实验台上的 7 段数码管为共阴极接法，段码采用同相驱动器，输入端加高电平，选中的数码管亮；位码加反相驱动器，位码输入端高电平选中。参考流程图(见图 5-4 和图 5-5)。

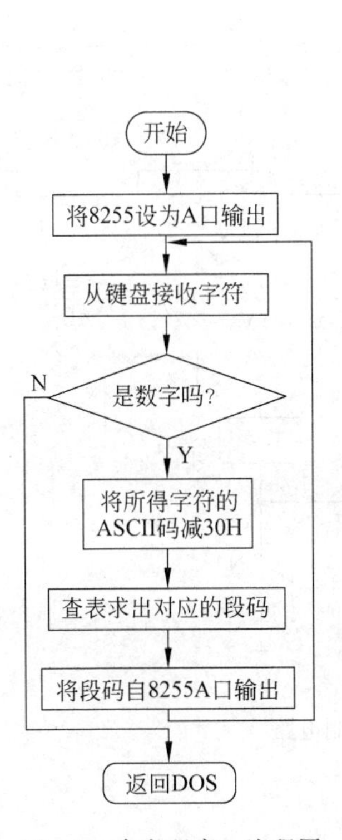

图 5-4　参考程序 1 流程图

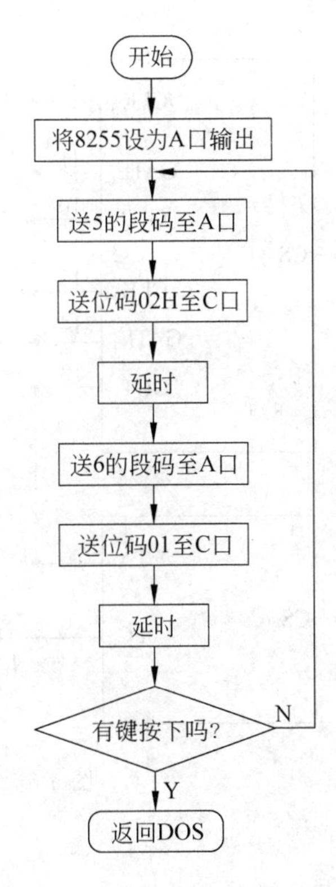

图 5-5　参考程序 2 流程图

5. 实验报告要求

要求包含：分析问题，算法设计，流程图。

综合实验2　继电器控制

1. 实验目的

(1) 了解直流继电器的工作原理及微机控制直流继电器的一般方法。

(2) 进一步熟悉8254(8253)和8255的使用方法。

2. 实验原理及相关知识

预习问答：简述直流继电器的工作原理。

实验说明：8254(8253)和8255芯片前面已讲过，本实验中8254(8253)和8255芯片的左边接微机总线(参看图5-6)。

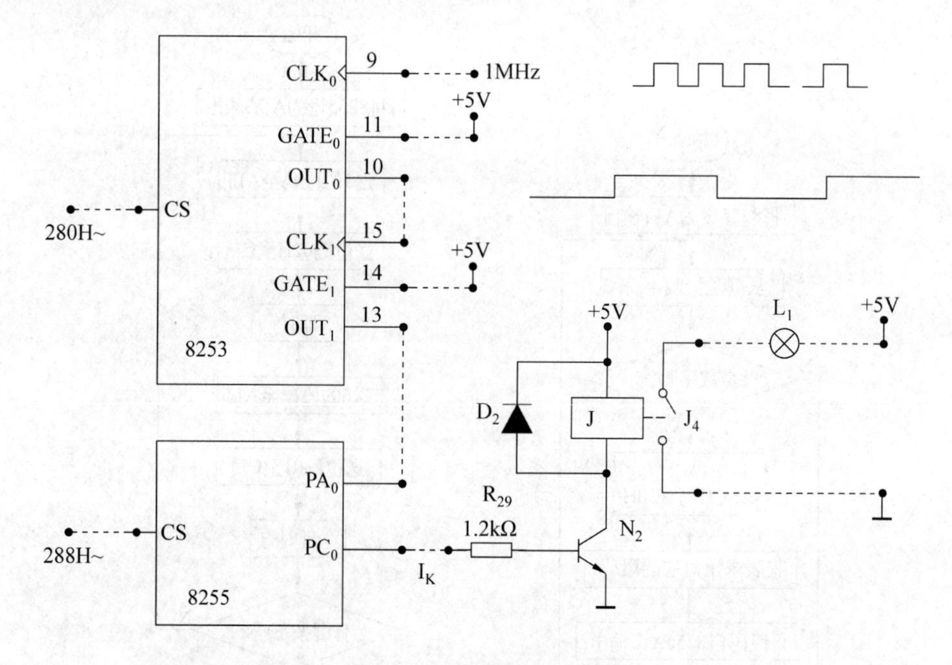

图5-6　继电器控制电路

3. 实验内容

按图5-6所示连接电路。按虚线连接电路：CLK_0 接1MHz，$GATE_0$，$GATE_1$，接+5V，OUT_0 接 CLK_1，OUT_1 接 PA_0，PC_0 接继电器驱动电路的开关输入端 I_K。其中的继电器输出插头 J_4 接实验盒的继电器插头，指示灯 L_1 可用 LED_1。编程实现使用8254(8253)定时，让继电器周而复始地闭合 n(n 自定)秒钟(指示灯亮)，断开 n 秒钟(指示灯熄)。

4. 编程提示及参考程序流程框图

(1) 将 8253 计数器 0 设置为方式 3、计数器 1 设置为方式 0 并联使用,8253 计数器 0 和计数器 1 初值的设置要根据继电器的闭合和断开的时间而定,本实验设置两个计数器的初值(乘积为 5000000)。

(2) 启动计数器工作后,经过 n 秒钟 OUT_1 输出高电平,通过 8255 的 A 口查询 OUT_1 的输出电平,用 C 口 PC_0 输出开关量控制继电器动作。

(3) 当继电器开关量输入端输入 1 时,继电器常开触点闭合,电路接通,指示灯亮,输入 0 时断开,指示灯熄灭。

(4) 参考程序流程如图 5-7 所示。

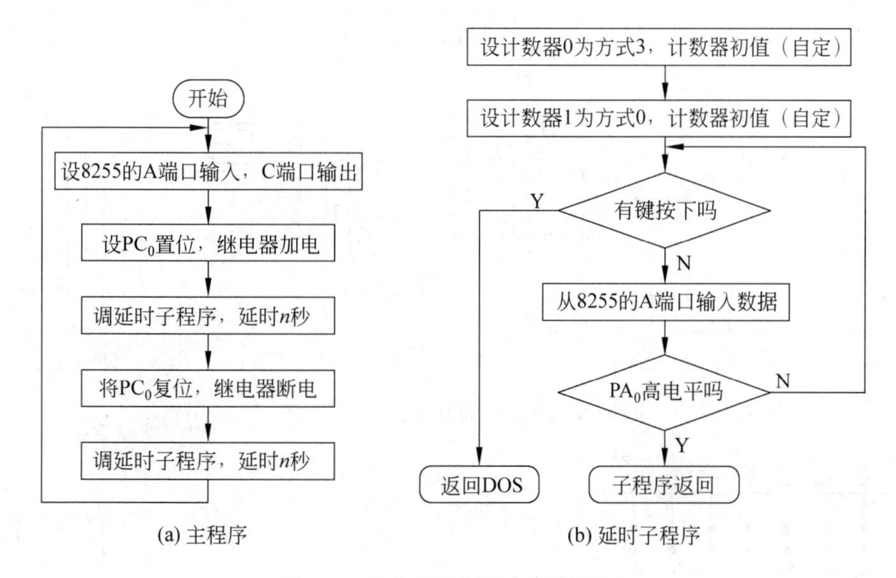

图 5-7　继电器控制程序流程框图

5. 实验报告要求

重点分析 8254(8253)与 8255 连用实现定时控制的方法及 8255 方式 0 状态驱动接口的工作特点。

综合实验 3　竞赛抢答器

1. 实验目的

(1) 了解微机竞赛抢答器的基本原理。

(2) 进一步学习并行接口芯片 8255 的使用。

2. 实验原理及相关知识

预习问答：并行接口芯片 8255 是什么芯片，其工作原理是什么？

实验说明：8255 和 74L244 芯片前面已讲过，本实验中 8255 芯片的片选端 CS 接微机。74L244 芯片作为 8255 和 7 段数码管之间的接口芯片。

3. 实验内容

按图 5-8 所示连接电路。逻辑开关 K_0～K_7 代表竞赛抢答器按钮 0～7 号，当某个逻辑开关置 1 时，相当于某组抢答按钮按下，在 7 段数码管上将其组号(0～7)显示出来，并使扬声器响一下。

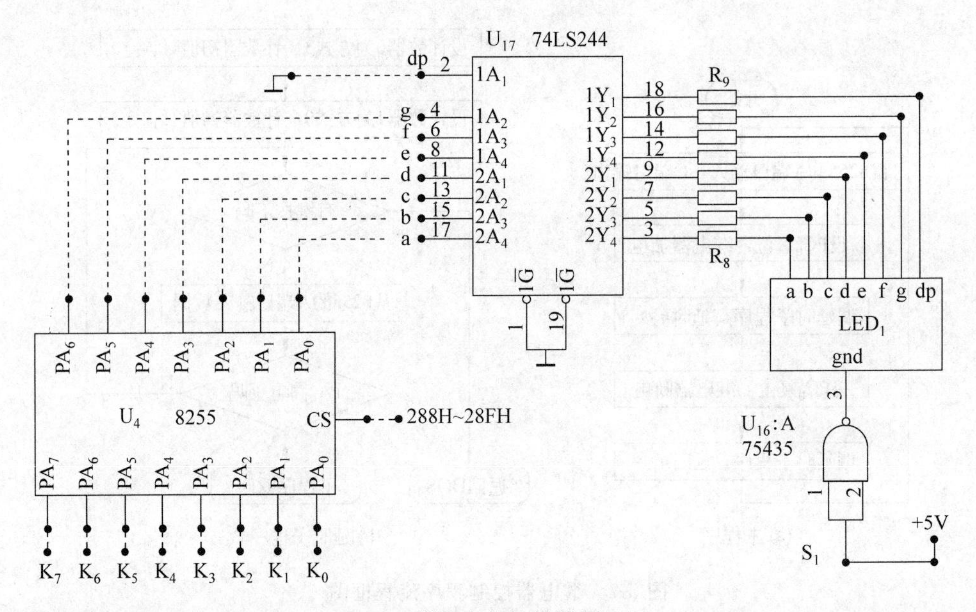

图 5-8 模拟竞赛抢答器原理图

4. 编程提示参考程序流程框图

(1) 设置 8255 为 C 端口输入、A 端口输出。读取 C 端口数据，若为 0，则表示无人抢答；若不为 0，则有人抢答。根据读取的数据可判断其组号。从键盘上按空格键开始下一轮抢答，按其他键程序退出。

(2) 参考程序流程如图 5-9 所示。

5. 实验报告要求

思考题：若要将其变成实用的竞赛抢答器，需要进行哪些改进？

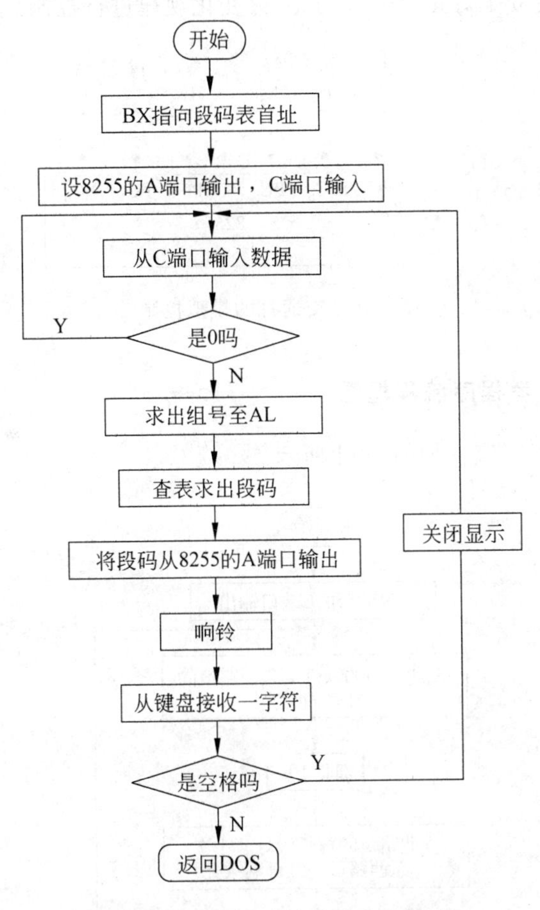

图 5-9 模拟竞赛抢答器流程框图

综合实验 4 交通灯控制

1. 实验目的

通过并行接口 8255 实现十字路口交通灯的模拟控制，进一步掌握对并行口 8255 芯片的使用方法。

2. 实验原理及相关知识

预习问答：你还记得，前面实验中用过的 8255 芯片吗？它有什么用途？

实验说明：本实验中 8255 芯片的片选端 CS 接微机总线。

3. 实验内容

按图 5-10 所示连接线路。片选端 CS 连微机 I/O 地址总线的 Y_1 端。L_7、L_6、L_5 作为南北路口的交通灯与 PC_7、PC_6、PC_5 相连，L_2、L_1、L_0 作为东西路口的交通灯与 PC_2、PC_1、

PC_0相连。编程实现使6个灯按交通灯的亮、灭变化规律进行控制。

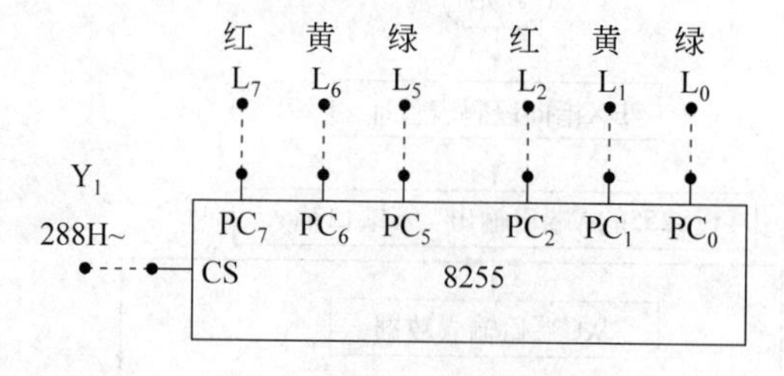

图 5-10 交通灯的模拟控制

4. 编程提示及参考程序流程框图

编程提示及参考程序流程如图5-11所示。

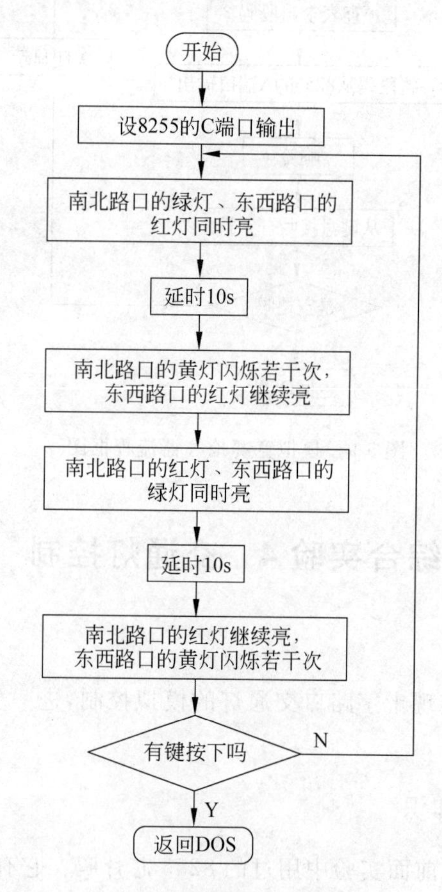

图 5-11 交通灯的模拟控制参考程序流程图

十字路口交通灯的变化规律要求：

(1) 南北路口的绿灯、东西路口的红灯同时亮30s左右；

(2) 南北路口的黄灯闪烁若干次，同时东西路口的红灯继续亮；

(3) 南北路口的红灯、东西路口的绿灯同时亮30s左右；
(4) 南北路口的红灯继续亮、同时东西路口的黄灯亮闪烁若干次；
(5) 转(1)重复。

5. 实验报告要求

假设要根据大小不同路口及车流量的情况设置交通灯控制(最好能根据自己对条件的设定,附上程序段)。谈谈你对本实验的改进意见。

综合实验5　电　子　琴

1. 实验目的

(1) 通过8253产生不同的频率信号,使PC成为简易电子琴。
(2) 了解利用8255A和8253产生音乐的基本方法。

2. 实验原理及相关知识

预习问答：你还记得,前面实验中用过的8253芯片吗？它有什么用途？

实验说明：8255A和8253芯片前面已讲过,本实验中8255芯片和8253芯片的片选端CS接微机输出地址端口。在微机中,常利用8255A芯片作为键盘接口、扬声器接口、8253芯片接口及系统配置开关接口等等用途的并行接口。8253芯片具有分频功能,这是产生乐音的基础。

3. 实验内容

实验电路如图5-12所示,8253的CLK_0接1MHz时钟,$GATE_0$接8255的PA_1,OUT_0和8255的PA_0接到与门的两个输入端,与门的输出端通过K8跳线连接扬声器,编程实现使计算机的数字键1、2、3、4、5、6、7作为电子琴按键,按下即发出相应的音阶的乐音。

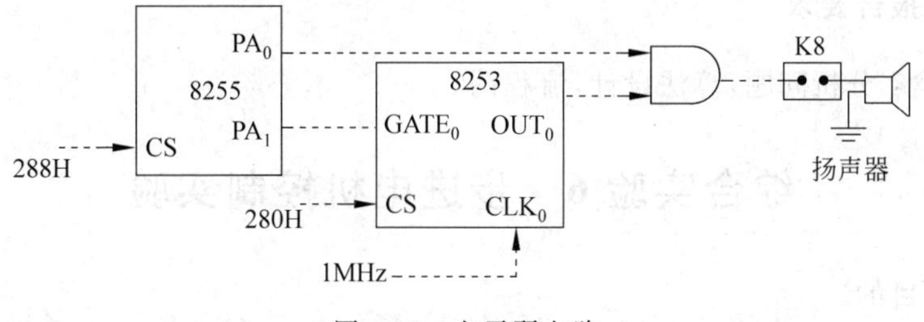

图5-12　电子琴电路

4. 编程提示及参考程序流程框图

参考流程图见图5-13。

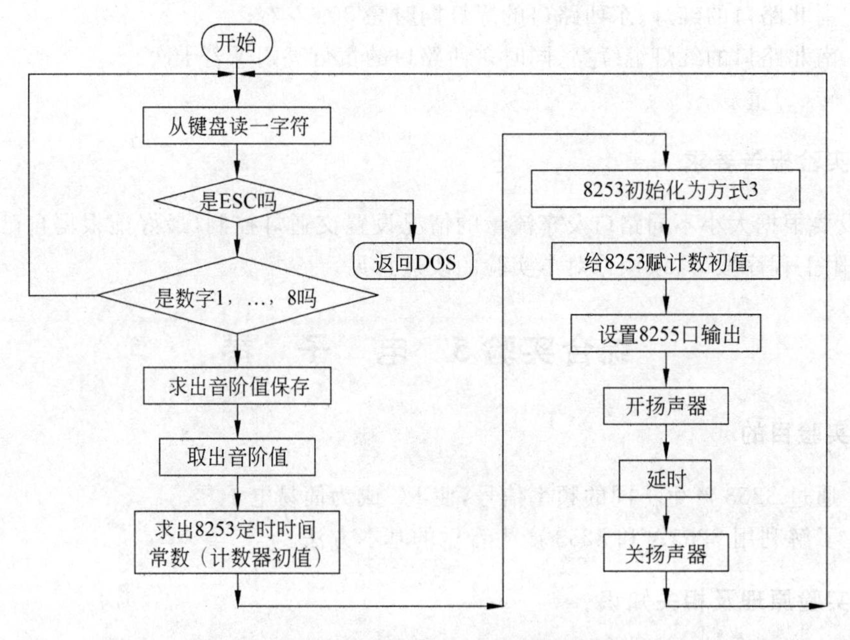

图 5-13　电子琴电路程序流程图

编程提示：利用 8255 的 PA_0 口来施加控制信号给与门，用来控制扬声器的开关状态。再给 8253 芯片设置不同的计数值，使 8253 产生不同频率的波形，使扬声器产生不同频率的音调，达到类似于音阶的高低音变换。对于乐音，每个音阶都有确定的频率(见表 5-2)。

表 5-2　各音阶标称频率值

音　阶	1	2	3	4	5	6	7	$\dot{1}$
低频率(单位：Hz)	262	294	330	347	392	440	494	524
高频率(单位：Hz)	524	588	660	698	784	880	988	1048

5. 实验报告要求

要求包含：分析问题，算法设计，流程图。

综合实验 6　步进电机控制实验

1. 实验目的

(1) 了解步进电机控制的基本原理。

(2) 掌握控制步进电机转动的编程方法。

2. 实验原理及相关知识

预习问答：你还记得物理学中讲过的电磁相互作用吗?

实验说明：步进电机驱动原理是通过对每相线圈中的电流的顺序切换来使电机作步进式旋转。驱动电路由脉冲信号来控制，将电脉冲信号转换成角位移，所以调节脉冲信号的频率便可改变步进电机的转速。当控制电源供给电动机一个电脉冲时，步进电动机即旋转一定的角度，所以它实际上是一种脉冲式电动机。步进电动机相对于其他微型电动机有较大的起动转矩，其位移与输入脉冲数有严格的正比关系，不会引起误差的积累，可以在宽广的范围内借改变脉冲的频率来实现调速，能快速起动、反转和制动。由于有这些优点，步进电动机在数字控制系统中的应用日益广泛。

步进电动机的工作原理简述如下：如图 5-14 所示，在定子上有 A、B、C 3 对磁极，在磁极上绕有线圈，分别称为 A 相、B 相及 C 相。这样的步进电动机称为三相步进电动机。步进电动机的型式很多，按产生转矩的方式不同可分为反应式和励磁式两大类。现就反应式步进电动机作进一步介绍。图 5-14 是反应式步进电动机的简单结构及工作原理图。如果在定子线圈中通以直流电流就会产生磁场，转子是一个带齿的铁芯，若设法使 3 对磁极的线圈依次通电，则 A、B、C 3 对磁极就依次产生磁场吸引转子转动。控制转子转动的方式也有多种，现仅介绍“三相六拍”控制方式。

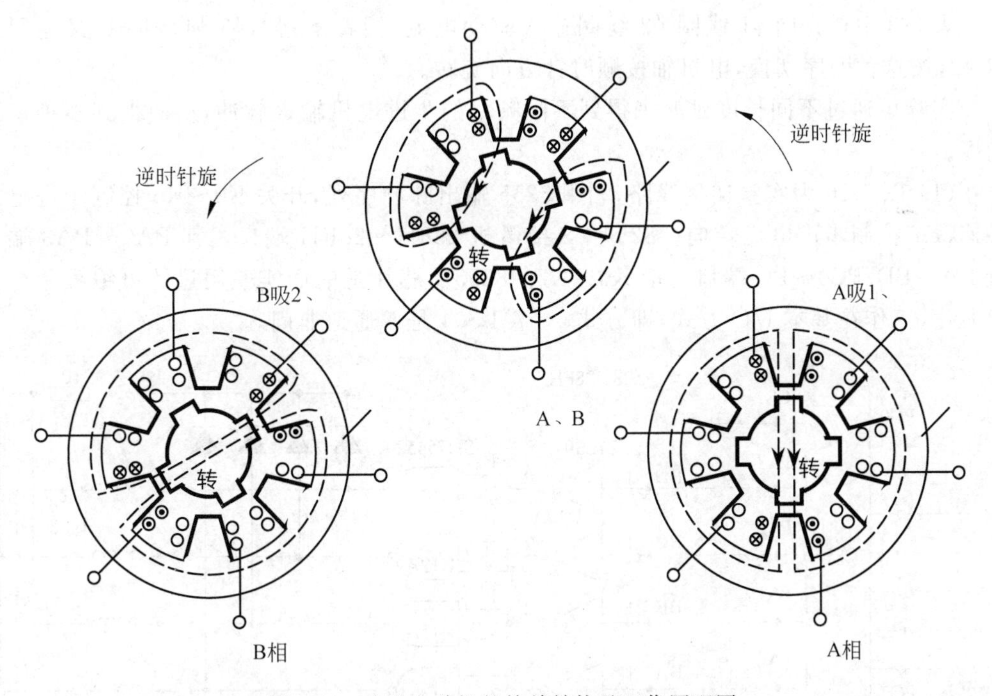

图 5-14　步进电动机的简单结构及工作原理图

三相六拍控制方式的通电顺序是 A→AB→B→BC→C→CA→A…进行，即开始由 A 相线圈通电，而后转为 A、B 两相线圈同时通电，再转为 B 相线圈单独通电，再次转为 B、C 两相线圈同时通电……每前进一步，电动机逆时针转 15°。若将通电顺序反过来，则步进电动机按顺时针方向旋转。这种控制方式因转换时始终保持有一线圈通电,故工作较稳定,在实际中应用较多。

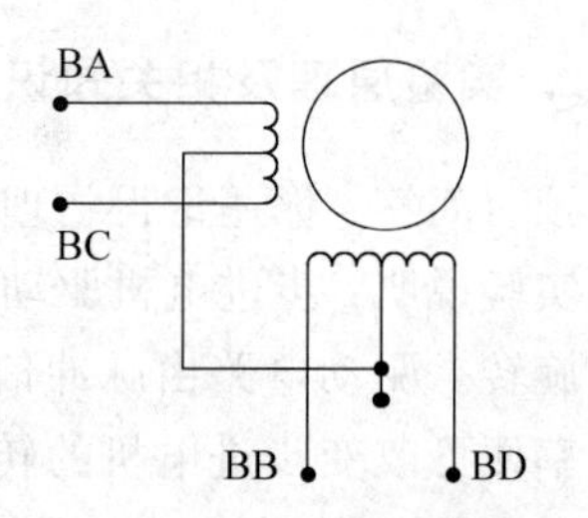

图 5-15 四相步进电动机接线图

3. 实验内容

如图 5-15 所示,本实验使用的步进电机用直流+5V 电压,每相电流为 0.16A,电机线圈由四相组成,即:ϕ1(BA);ϕ2(BB);ϕ3(BC);ϕ4(BD)。驱动方式为二相激磁方式,各线圈通电顺序如表 5-3 所示。

表 5-3 四相步进电动机各线圈通电顺序

顺序 \ 相	ϕ1	ϕ2	ϕ3	ϕ4
0	1	1	0	0
1	0	1	1	0
2	0	0	1	1
3	1	0	0	1

表 5-3 中首先向 ϕ1 线圈-ϕ2 线圈输入驱动电流,接着 ϕ2-ϕ3,ϕ3-ϕ4,ϕ4-ϕ1,又返回到 ϕ1-ϕ2,按这种顺序切换,电机轴按顺时针方向旋转。

实验可通过不同长度延时来得到不同频率的步进电机输入脉冲,从而得到多种步进速度。

(1) 图 5-16 为实验连接线路,利用 8255 输出脉冲序列,开关 K0～K6 控制步进电机转速,K7 控制步进电机转向。8255 CS 接微机 288H～28FH 端口。其 PA0～PA3 端口接 BA～BD;PC0～PC 端口 7 接 K0～K7。8255A 芯片是前面实验用过的可编程并行接口芯片,工作在基本 I/O 方式,即方式 0。74LS04 是 6 通道非门。

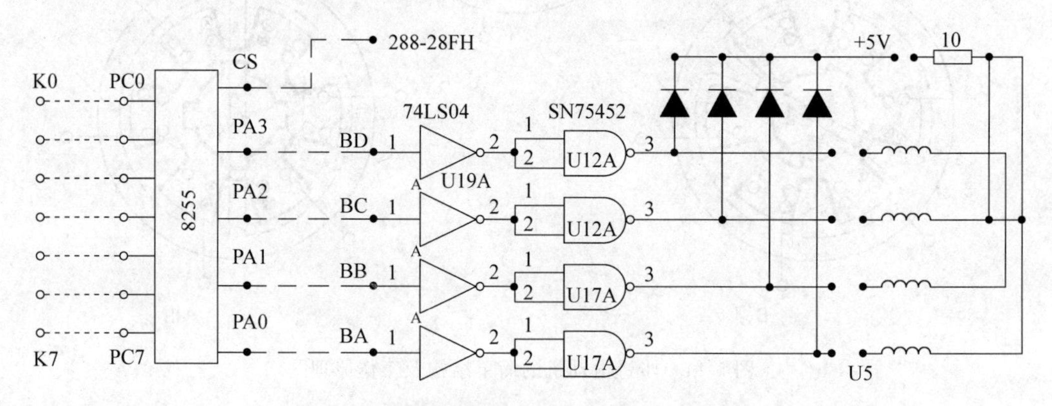

图 5-16 四相步进电动机二相激磁方式接线图

(2) 编程:当 K0～K6 中某一开关为“1”(向上拨)时时步进电机启动。K7 向上拨电

机正转,向下拨电机反转。

4. 编程提示及参考程序流程框图

参考程序流程框图如图 5-17 所示。

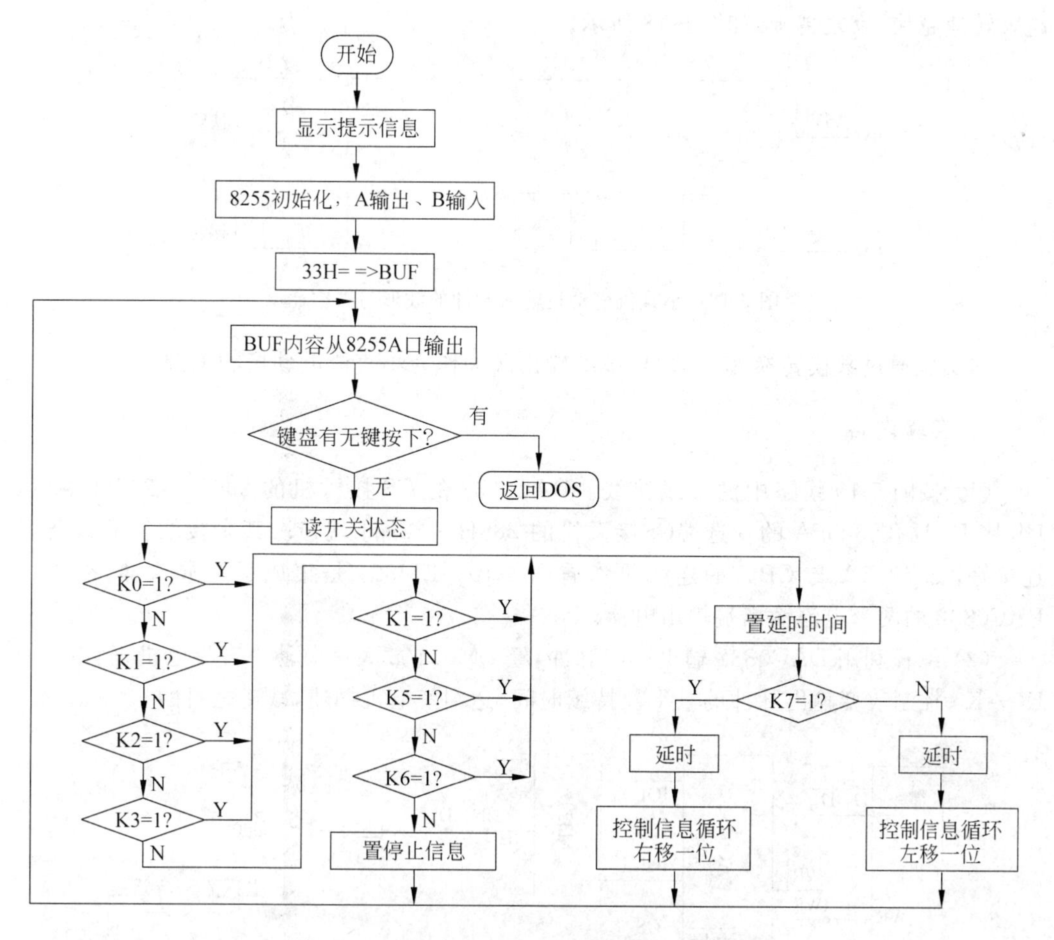

图 5-17　四相步进电动机二相激磁方式接线图

5. 实验报告要求

要求包含：分析问题,算法设计,流程图。

综合实验 7　小直流电机转速控制实验

1. 实验目的

(1) 进一步认识 DAC0832 的性能及编程方法。

(2) 学会小直流电机控制的基本方法。

2. 实验原理及相关知识

预习问答：DAC0832是什么芯片？起什么作用？

实验说明：小直流电机的转速是由输入给它的脉冲的占空比来决定的，正向占空比越大转速越快，反之越慢，如图5-18所示。

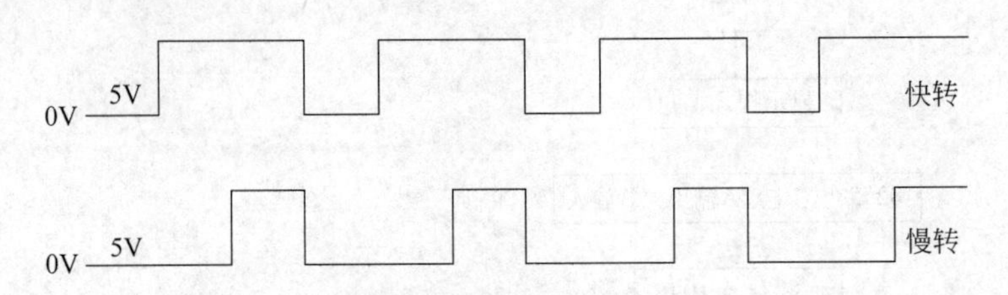

图5-18 小直流电动机输入脉冲的波形与占空比

本实验通过数模转换芯片DAC0832输出脉冲作为小直流电动机的电源。

3. 实验内容

(1) 按图5-19线路中的虚线接线。DAC0832的CS接微机的290H～297H端口，Ub接DJ插孔，8255A的片选端$\overline{CS}$接微机的288H～28FH端口。其余接线实验设备已连接好，如8255A与CPU的连线可参看图4-10。LM324是集成运算放大器，接受由DAC0832的两个电流输出端输出电流。

(2) 编程利用DAC0832输出一串脉冲，经LM324放大后驱动小直流电机，利用开关K0～K5控制改变输出脉冲的电平及持续时间，达到使电机加速，减速之目的。

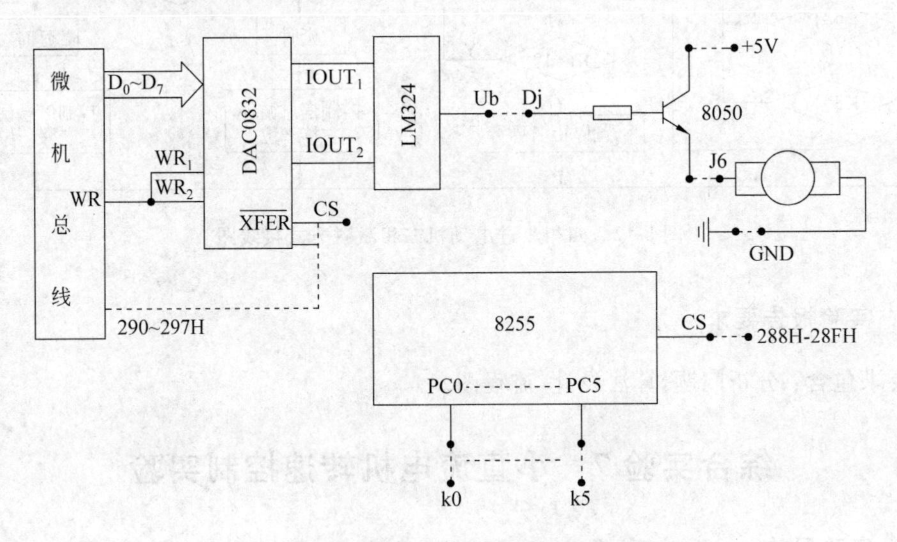

图5-19 小直流电动机转速控制实验电路

4. 编程提示及参考程序流程框图

参考程序流程框图参见图 5-20。

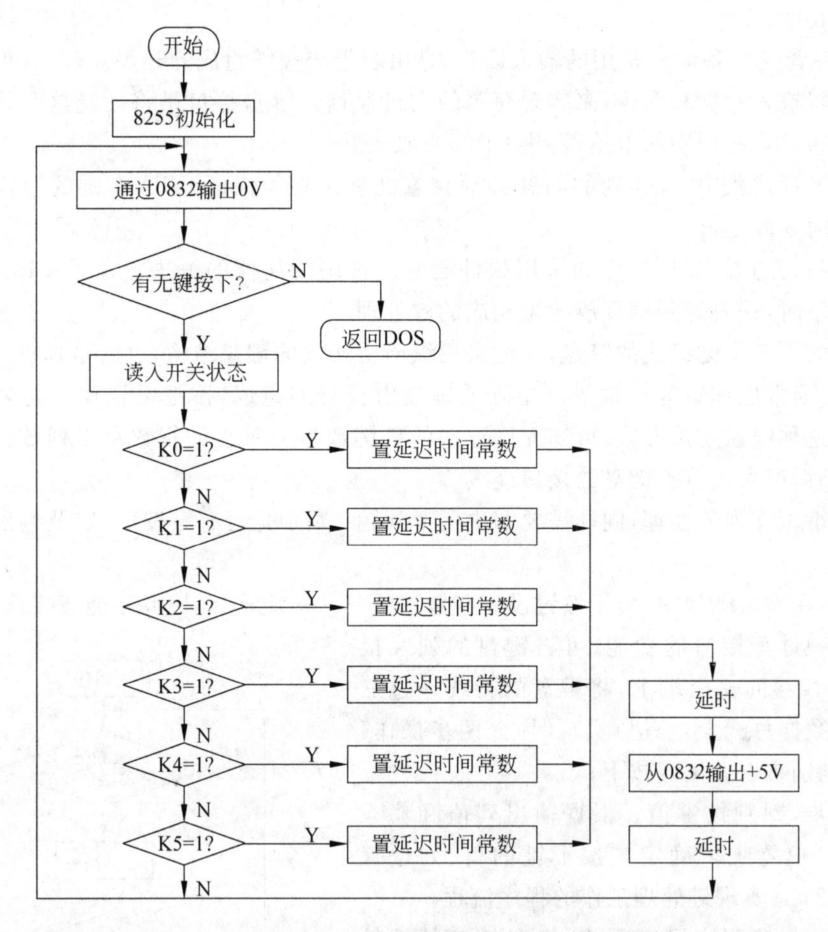

图 5-20　小直流电动机转速控制实验参考程序流程图

5. 实验报告要求

要求包含：分析问题，算法设计，流程图。

综合实验 8　键盘显示控制器实验

1. 实验目的

(1) 掌握使用 8279 芯片的键盘显示电路的基本功能及编程方法。
(2) 掌握一般键盘和显示电路的工作原理。
(3) 进一步掌握定时器的使用和中断处理程序的编程方法。

2. 实验原理及相关知识

预习问答：上网查询8279芯片是什么芯片？性能如何？

实验说明。

(1) 键盘是一种微机常用的输入设备，是由若干个按键组成的开关矩阵，人们可通过键盘向微机输入数据和命令，来实现简单的人机通信。键盘接口是将按键这一机械动作转化为可被计算机识别的电信号，供CPU读取。

在键处理过程中，键抖动的问题必须注意处理。必须保证CPU在键的稳定闭合或断开状态时读取键值。

消除抖动的方法很多，例如采用软件延时。常用的简便的解决方法是CPU在测试到有键按下时，一直等到键释放才做相应的键处理。

对于大于8个键组成的键盘，往往采用纵横交叉式的键盘结构，也就是真正意义上的键盘阵列，通常也称矩阵式键盘。矩阵式键盘由行与列组成，按键设置在行与列的交点上。按照这种键盘连接方式，可知允许连接的按键数目为键盘的行数乘以列数。在按键数量较多时，可大大节省键盘的接口连线。

对于键盘阵列的处理，同样需要解决两个问题：判别是否有键按下，以及判别哪一个键被按下。

首先，在键盘阵列中，由于按键没有与输入线一一对应连接，因此不能直接读入键值。

为实现键盘接口的功能，可将键盘的列线接到输出锁存器的输出端上，将键盘的行线通过三态门接到数据总线上。具体实现时，分两步操作：第一步，判别是否有按键按下；

第二步，判别按键值。根据输出列值和输入行值的“0”位置唯一确定被按下键的行、列位置了。图5-21是实现键处理工作的程序流程。

从该工作流程中可以看出，键盘接口处理的主要任务有：

① 检测是否有键按下；

② 去除键的机械抖动；

③ 确定被按下的键所在的行与列的位置；

④ 使CPU对键的一次闭合只作一次处理(应等待闭合的键释放以后再作键处理)。

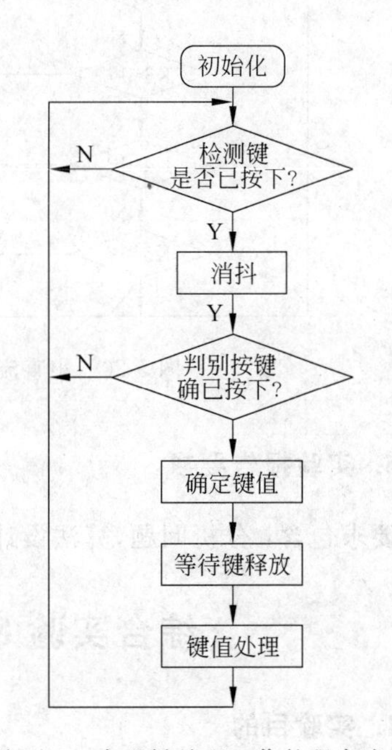

图5-21 实现键处理工作的程序流程

(2) Intel8279键盘/显示控制器是一种大规模集成电路器件。是为使处理机摆脱费时的扫描和刷新操作而设计的。图5-22是8279的总体结构和与微机总线的接法示意图。

进行显示控制时，8279提供有一个16字节的显示存储器和刷新逻辑。显示存储器的每一个地址对应于一个显示单元，地址0表示最左边的显示单元。一旦CPU把要显示

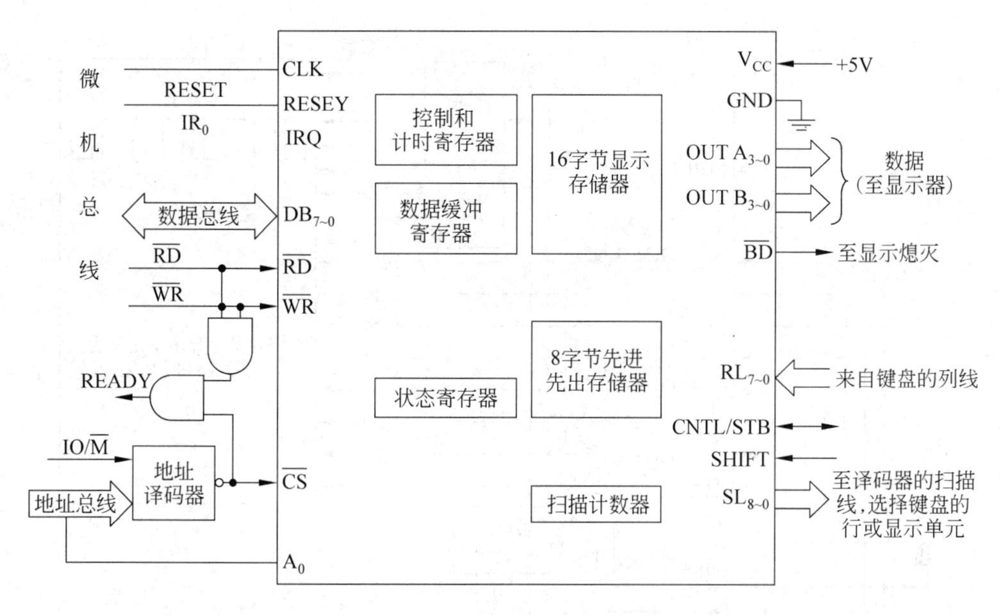

图 5-22　8279 的总体结构和与微机总线的接法示意图

的字符装入存储器，8279 就不再需要其他指令，处理机不必刷新显示单元。8279 重复地在 0UTA_3～A_0线上和 OUTB_3～B_0线上发出字符，在 SL_3～SL_0线上发出单元选择地址，从而完成输出过程。虽然显示存储器可直接寻址，但处理机也可以从左边或右边按顺序把数据输入显示存储器。在自动递增左边输入方式下，每次对显示器写入后，其地址加1，因此下一个字符就出现在右边的下一个显示单元上。在自动递增右边输入方式下，字符的显示形式与许多电子计算器所用的方式相同。它将显示左移一个字符并存储右边输入的下一个字符。

(3) 图 5-23 表示一种把 64 键的键盘和一个 8 位数字的 7 段显示器连至 8279 的方法。键盘和显示器都在选择信号 SL_2～SL_0的控制下进行扫描和刷新。SL_3引脚未连接，因为显示单元只有 8 个。两片 3-8 译码电路均为低电平有效输出。当一片译码器选中 8 个数字驱动器之一时，另一片译码器则选择键盘中的一行。

控制和状态寄存器共用奇地址，数据缓冲寄存器使用偶地址。寻址过程是根据表 5-4 进行的，在键盘控制方面，8279 不断地扫描键盘的每一行，即在 SL_3～SL_0引脚上发出行地址，并输入返回线 RL_7～RL_0上的信号，该信号表示列地址。值得注意的是，SL_3～SL_0线既用于键盘扫描又用于显示刷新，最多可驱动 16 个显示单元，当检测到有下一个键按下时，就等待 10ms ，然后再检查同一个键是否仍处于按下状态，从而去除了抖动。如果检测到一个键被按下，那么将装配一个 8 位的与该键位置对应的代码字。该代码字由编码的移位态字 Shift 和控制状态字 Ctrl 以及 3 个行位置字 R R R（同时表示扫描的线地址）和 3 个列位置字 C C C（同时表示返回的线地址）组合而成，Shift 和 Ctrl 与图 5-27 中的引脚相联系，主要用于支持打字机类的键盘，这种键盘有移位键和控制键。键的位置送入 8×8 的先进先出的传感器存储器。键的位置代码字顺序如下：

```
CNTL  SHLFT  R  R  R  C  C  C
```

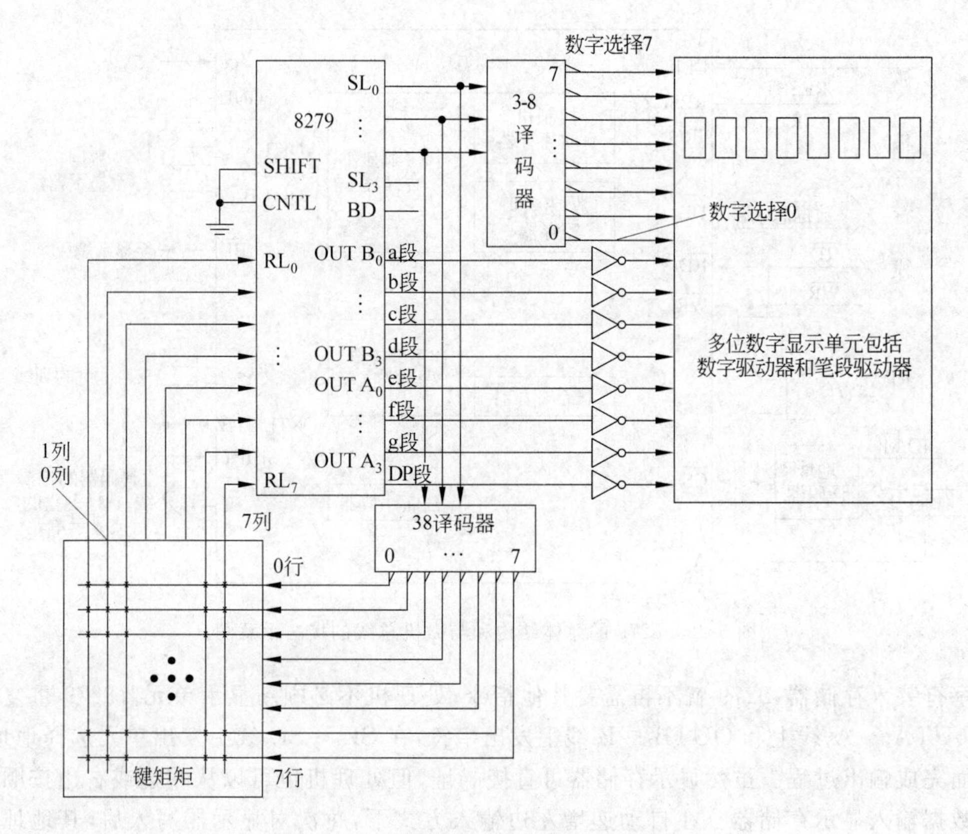

图 5-23　连接键盘和多位数字显示电路

表 5-4　8279 寻址信号

$\overline{CS}$	$\overline{RD}$	$\overline{WR}$	A_0	传送说明
0	1	0	0	数据总线至数据缓冲器
0	1	0	1	数据总线至控制寄存器
0	0	1	0	数据缓冲寄存器至数据总线
0	0	1	1	状态寄存器至数据总线

控制和计时寄存器用来寄存键盘及显示的工作方式,可通过发至 8279 奇地址的命令来访问。命令的高 3 位决定命令的类型,其他 5 位的意义取决于命令的类型。虽然总共有 8 种类型,但这里仅讨论其中的 4 种。这 4 种命令的格式如下(数据之前必须给出这条命令)。

读 IFIO 传感器代码	传感器 RAM 行选择地址,键盘方式无意义	010AI×AAA

类型 1:设置键盘显示器方式——规定输入和显示方式,用来对 8279 进行初始化,其格式如图 5-24 所示。

类型 2:读先进先出传感器存储器——规定对数据缓冲寄存器的读出操作将从先进

键盘/显示代码			设置显示方式的控制位		设置输入方式的控制位			
0	0	0	D	D	K	K	K	
			0	0	0	0	0	带双键锁定的编码键盘扫描方式
			左边进入，8个8位显示		0	0	1	带双键锁定的译码键盘扫描方式
			0	1	0	1	0	带N键转入的编码键盘扫描方式
			左边进入，16个8位显示		0	1	1	带N键转入的译码键盘扫描方式
			1	0	1	0	0	编码传感器矩阵扫描方式
			右边进入，8个8位显示		1	0	1	译码传感器矩阵扫描方式
			1	1	1	1	0	用编码显示扫描的选通输入
			右边进入，16个8位显示		1	1	1	用译码显示扫描的选通输入

图 5-24　设置键盘显示器方式

先出存储器输入一个字节。如果 8279 处于传感方式。则表示读哪一行。其格式如图 5-25 所示。

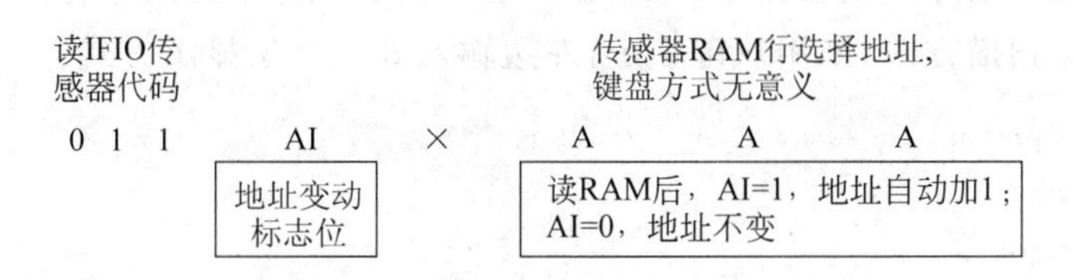

图 5-25　读先进先出传感器命令字

类型 3：读显示存储器，其格式如图 5-26 所示。

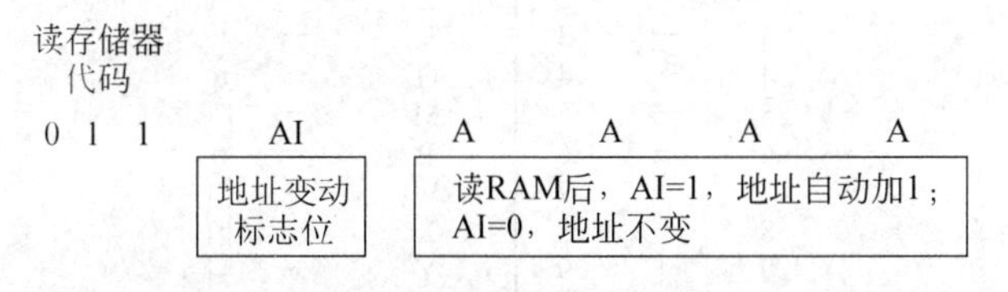

图 5-26　读显示内存器命令字

类型 4：写入显示存储器——表示向数据缓冲寄存器的写操作，将把数据写入显示存储器。在 CPU 向 8279 发出要显示的字符之前必须给出这条命令，其格式如图 5-27 所示。

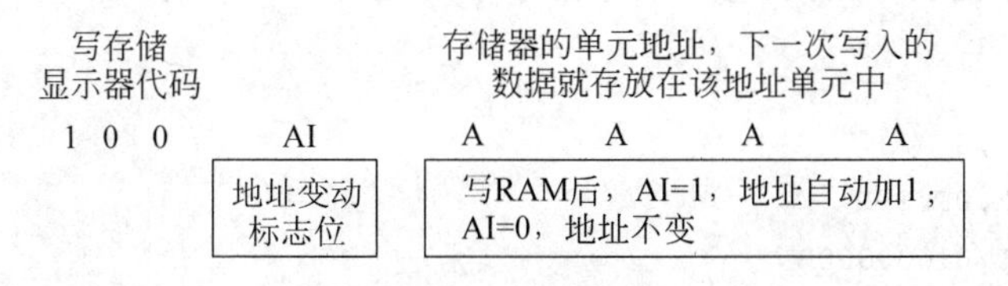

图 5-27　写显示内存器命令字

8279 可选用两种办法之一来处理几乎同时按下多个键的情况。一种办法是双键锁定，如果在第一个键处于抖动状态时，又按下了另一个键，则后释放的键将进入先进先出存储器。如果在第一个键去抖动之后的两个扫描周期内按下第二个键,且在第二个键释放以后第一个键仍然被按下,那么就能识别第一个按下的键。否则,两个键都会被滤除。另一种办法是N键转入,即分别对待每一个按下的键。如果按下多个键,那么它们在被按下以后将按扫描的次序全部进入先进先出存储器。

先进先出存储器的状态保存在状态寄存器中,这个寄存器的第0、1和2位给出了当前先进先出存储器中的数据字节数。而第3位为1,表示这个存储器已满,第4位和第5位表示下溢和溢出。

当CPU企图从空的先进先出存储器中读取数据时,便会发生下溢;当键盘企图向已满的先进先出存储器输入数据时,就会发生溢出。在上述两种情况中,1状态表示出错。当8279处于传感器矩阵方式时,第5位为1表示有闭合状态;而当它处于特殊出错方式时,第6位为1表示有多处闭合,第7位表示显示器是否可用。

为了解释如何对8279编程,假设该器件与一个键盘和多位数字的显示单元相连接,如图5-28所示。8279的地址是FFE8和FFF9,未使用中断请求IRQ引脚。首先,必须向控制寄存器发一条方式设置命令,对该器件进行初始化。下述指令将键盘/显示控制器设置成编码键盘扫描方式,采用双键锁定,左边输入8个8位显示方式:

```
MOV  DX,  OFFE9H
MOV  AL,  O
OUT  DX,  AI
```

小键盘		显示	小键盘		显示
0	—	0	C	—	C
1	—	1	D	—	d
2	—	2	E	—	E
3	—	3	F	—	F
4	—	4	G	—	q
5	—	5	M	—	∏
6	—	6	P	—	p
7	—	7	W	—	⊔
8	—	8	X	—	∣∣
9	—	9	Y	—	ㄩ
A	—	A	R	—	返回
B	—	b			

图5-28　小键盘的键与6位数码管显示字符的对应关系

然后,由按下的键产生的字符可通过先进先出存储器来读取。下述程序段使用程控I/O来输入8个键盘字,并将其存入一个8字节的矩阵KEYS中,第一个字节放入最高地址:

```
      MOV  SI,8
      MOV  DX,0FFE9H
      MOV  AL,01000000B
      OUT  DX,AL
NEXT: MOV  DX,0FFE9H
IDLE: IN   AL,DX
      TEST AL,0FH
```

```
JZ   lDLE
MOV  DX,OFFE8H
IN   AL,DX
MOV  KEYS[SI-1],AL
DEC  SI
```

本实验的实验电路如图 5-29 所示，它做在一块扩展电路板上，用一根 20 芯扁平电缆与实验台上扩展插头 J7 相连。图 5-29 的中部有微机总线端口连接 8279 芯片，8279 芯片又与键盘相连，8279 芯片的 A 口和 B 口通过芯片 7407 芯片和数码显示电路中的限流电阻相连，因为 7407 芯片是 TTL 集电极开路六正相高压驱动器，输出端要经过负载接高

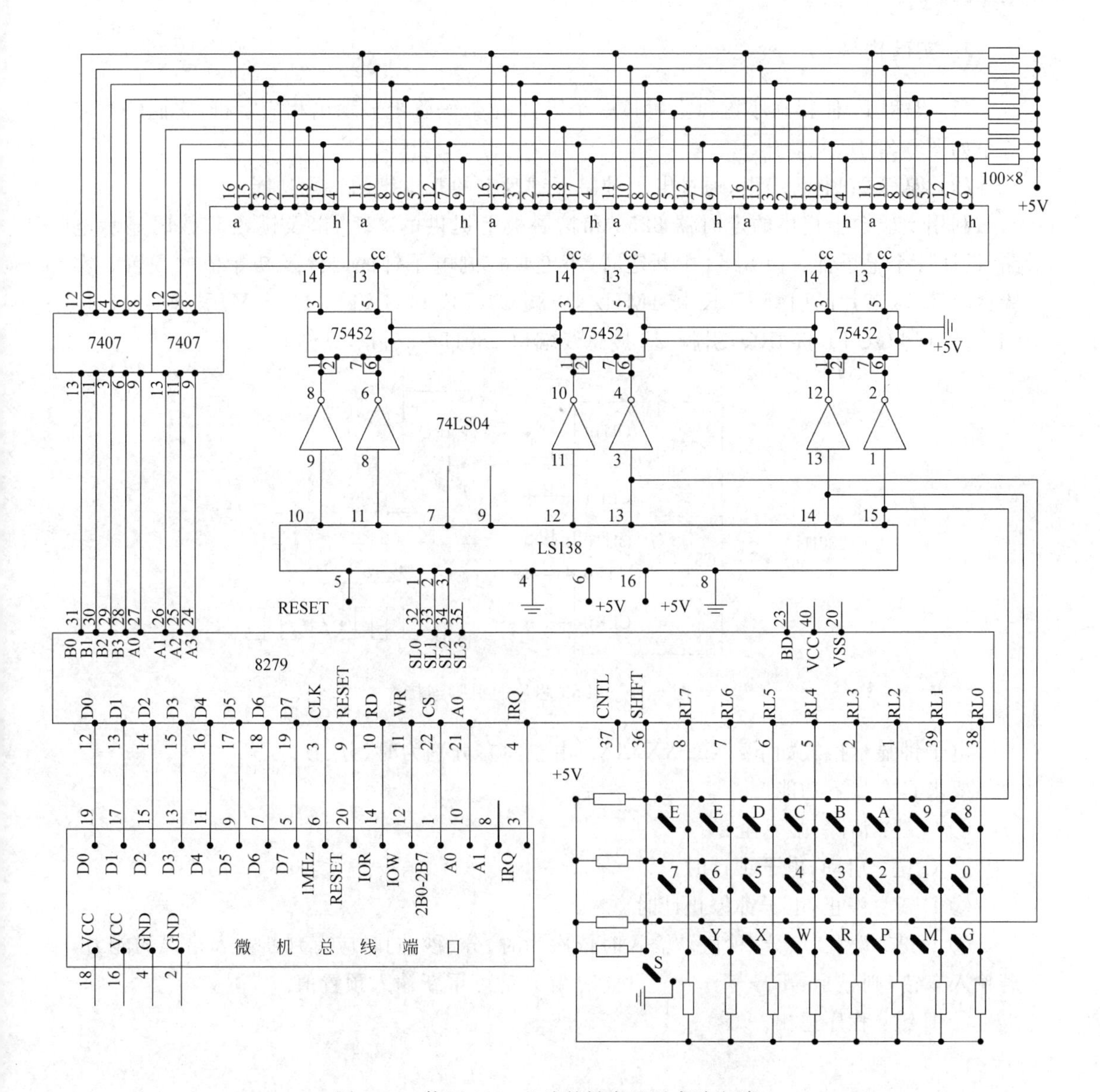

图 5-29　使用 8279 芯片的键盘显示实验电路

压电源正极,不能悬空。当输入端为高电平时输出接近高压电源的高电平;输入为0输出为0。对多路脉冲输入信号进行放大。

8279芯片与键盘的数码显示电路的连接,是通过译码器74LS138译码后,再经过反相器74LS04芯片、74LS452芯片将信号送到数码管显示。75452是双外围器件驱动芯片,其内部是两个双输入与非门,后接三极管放大电路(驱动),然后输出。本电路的两个双输入端各自短路后成为两个单输入。75452芯片在此处的作用是增强对数码管的驱动能力。

若忽略7407、74LS04、75452芯片,电路就可以简化为图5-23所示微机键盘控制原理电路图。

3. 实验内容

(1) 编程1:使得在小键盘上每按一个键,6位数码管上显示出相应字符,它们的对应关系如图5-28所示。

(2) 编程2:中断编程,通过电子钟验证键盘上的几个键的特别功能。

利用实验台上提供的定时器8253和扩展板上提供的8279以及键盘和数码显示电路,设计一个电子钟。由8253中断定时,小键盘控制电子钟的启停及初始值的预置。实验台上8253芯片的引脚 CLK_0 接1MHz,引脚 $GATE_0$ 和 $GATE_1$ 接+5V,引脚 OUT_0 接 CLK_1,引脚OUT1接IRQ,引脚CS接总线端口280H~287H,见图5-30。

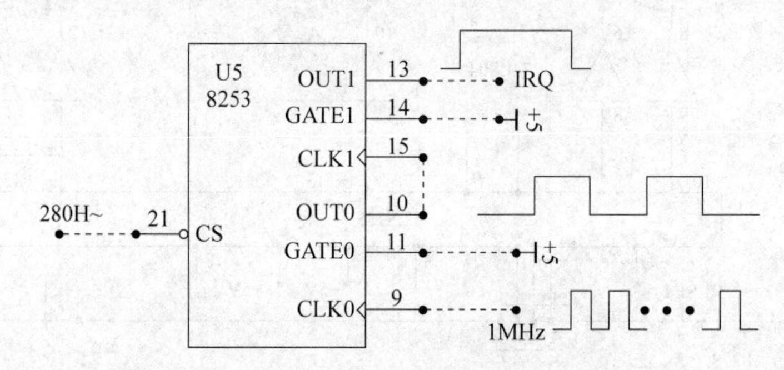

图5-30 8253芯片的引脚连接

电子钟显示格式如下:XX. XX. XX. 由左向右分别为时、分、秒。

要求具有如下功能。

① C键:清除,显示全零。

② G键:启动,电子钟计时。

③ D键:停止,电子钟停止计时。

④ P键:设置时、分、秒值。输入时依次为时、分、秒,同时应有判断输入错误的能力,若输入有错,则显示:E——————。此时敲P键可重新输入预置值。

⑤ E键:程序退出。

4. 编程提示及参考程序流程框图

编程1参考流程,见图5-31到图5-36。

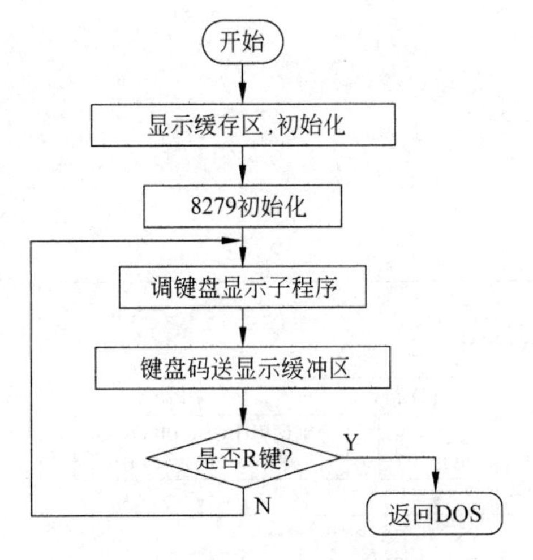

图5-31 编程1主程序流程图

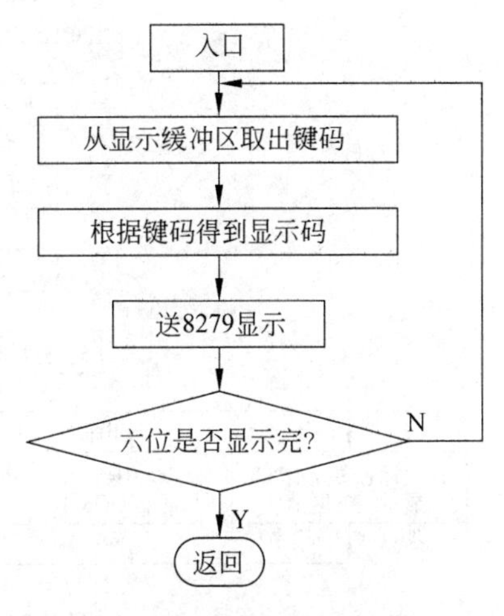

图5-32 编程1显示子程序流程图

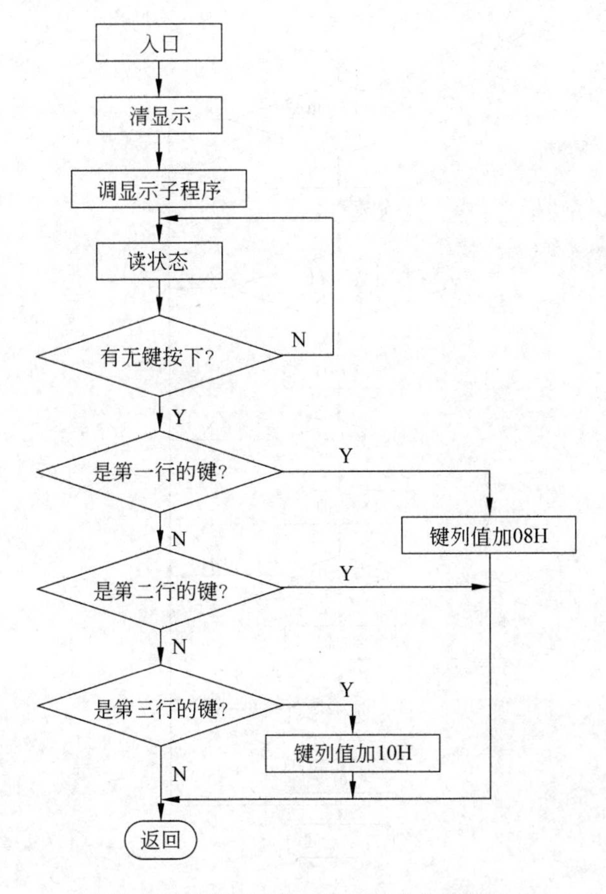

图5-33 编程1键盘显示子程序流程图

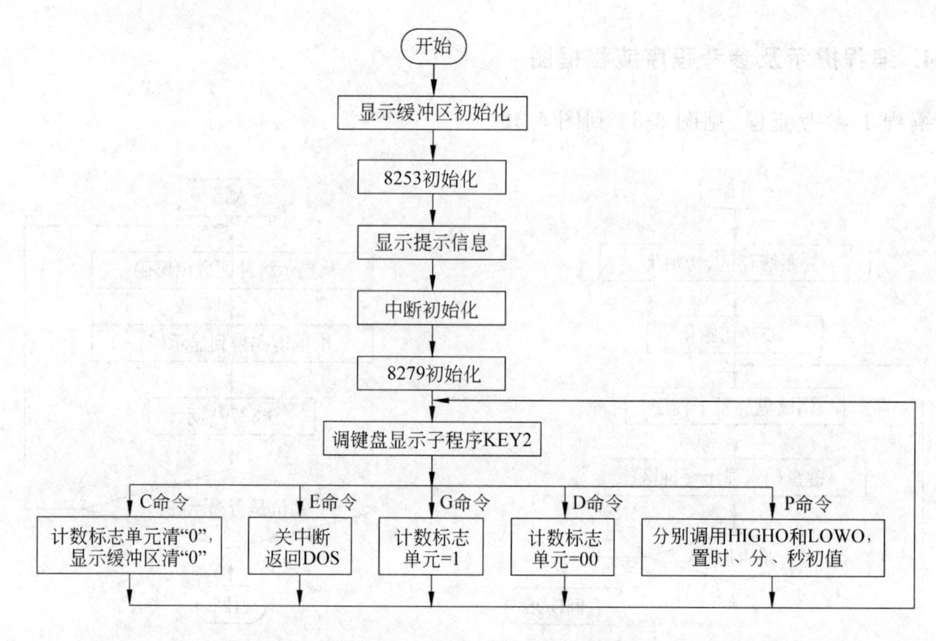

图 5-34 编程 2 主程序流程

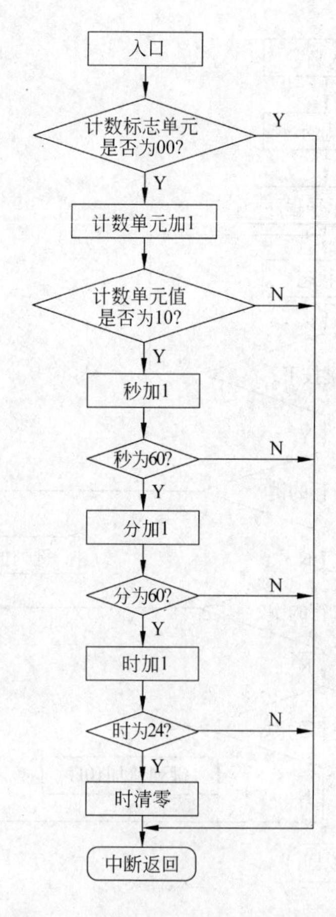

图 5-35 编程 2 中断处理子程序

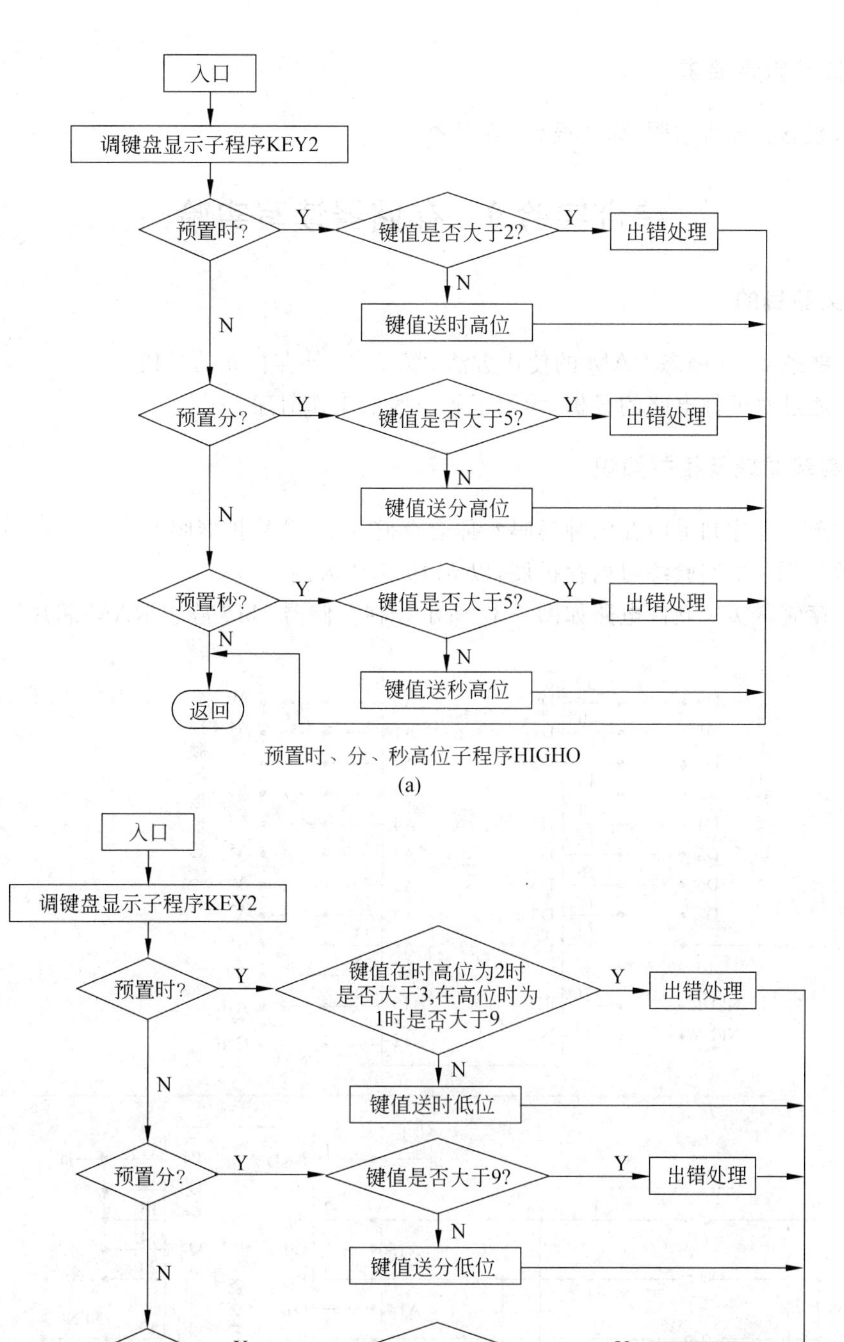

图 5-36　(a)预置电子钟子程序 HIGHO；(b)预置电子钟子程序 LOWO

5. 实验报告要求

要求包含：分析问题，算法设计，流程图。

综合实验9　存储器读写实验

1. 实验目的

(1) 熟悉6116静态RAM的使用方法，掌握PC外存扩充的手段。

(2) 通过对硬件电路的分析，学习了解总线的工作时序。

2. 实验原理及相关知识

预习问答：你知道内存的种类吗？你会存储6116芯片扩展吗？

实验说明：本实验练习内存扩展，以6116芯片为例。

(1) 存储器实验硬件电路如图5-37所示。在存储器6116静态RAM芯片扩展时，选

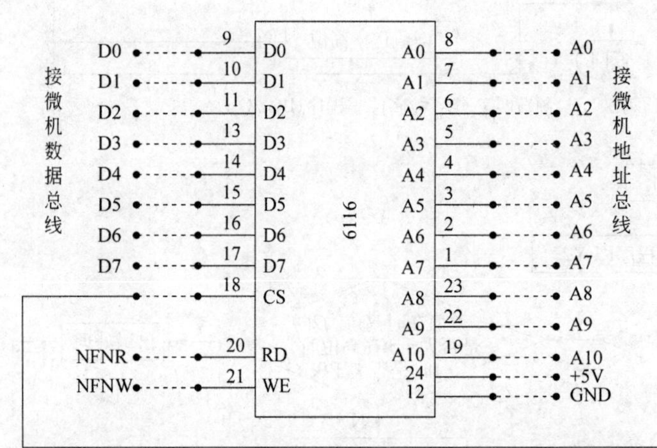

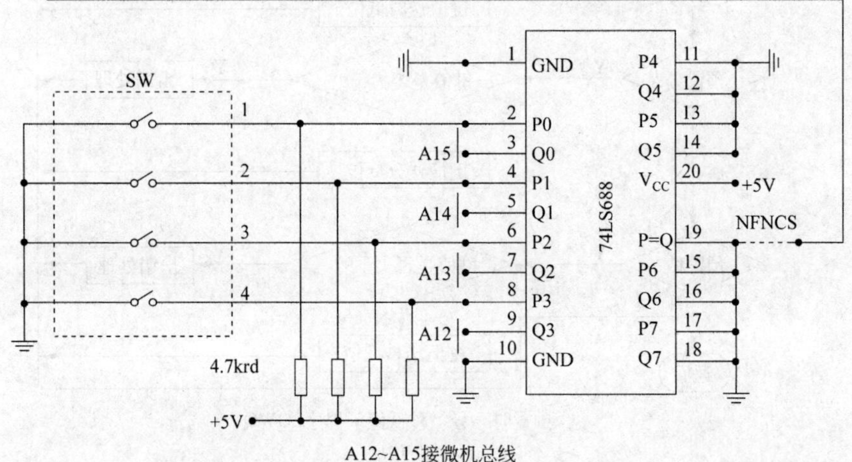

图5-37　存储器读写实验电路

用双 4 位比较器芯片 74LS688 作为译码器，它是双 4 输入与非门，当且仅当对应的 8 个输入端 P 与 8 个输入端 Q 相等时，才会输出低电平。利用这一特性将低电平作为存储器 6116 静态 RAM 的片选信号，接到 6116 的片选端 $\overline{CS}$。74LS688 是双 4 位比较器，比较输入端电压大小并输出结果的集成电路。

(2) 6116 和 74LS688 芯片的引脚接微机系统总线，如图 5-37 所示。

3. 实验内容

编制程序，将字符 A～Z 循环写入扩展的 6116RAM 中，然后再将 6116 的内容读出来显示在主机屏幕上。

(1) 将实验箱通用插座 D 区 HM 6116 内存连接好。

注意：TPC-USB 实验系统已为扩展的 6116 芯片指定了段地址：0d000H。因此 TPC-USB 模块外扩储器的地址范围为 0D4000H-0D7fffH。

(2) 通过片选信号的产生方式，确定芯片 6116RAM 在 PC 系统中的地址范围。因为段地址已指定(高 4 位为 0)，所以其地址为 $\overline{CS}$ = A15 and A14 and A13 and A12，实验台上设有地址选择微动开关 K2，拨动开关，可以选择 4000-7fff 的地址范围。编制程序，从 0d6000H 开始循环写入 100h 个 A-Z。

开关状态如下：

1	2	3	4	地址
ON	OFF	ON	OFF	d4000h
ON	OFF	OFF	ON	d6000h

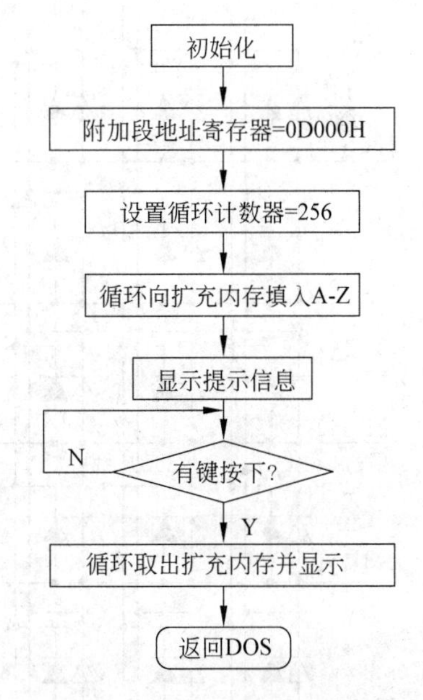

图 5-38　存储器读写实验程序框图

4. 编程提示及参考程序流程框图

参考程序流程框图见图 5-38。

5. 实验报告要求

要求包含：分析问题，算法设计，流程图。

综合实验 10　双色点阵发光二极管显示实验

1. 实验目的

(1) 了解双色点阵 LED 显示器的基本原理。

(2) 掌握 PC 控制双色点阵 LED 显示程序的设计方法。

2. 实验原理及相关知识

预习问答：你了解发光二极管LED吗？你知道它的工作原理吗？

实验说明：LED点阵大屏幕广告宣传牌随处可见。点阵LED显示器是将许多发光二极管LED排列成矩阵，组成平面显示器件。双色点阵LED是在矩阵的每一个点的位置上连有两个不同颜色(红绿、红黄、红白)的LED。让微机输出控制信号使得点阵中有些LED发光，有些不发光，即可显示出汉字、图形等特定的信息。

实验仪上有一个共阳极8×8点阵的红黄两色LED显示器，其点阵结构如图5-39所示。

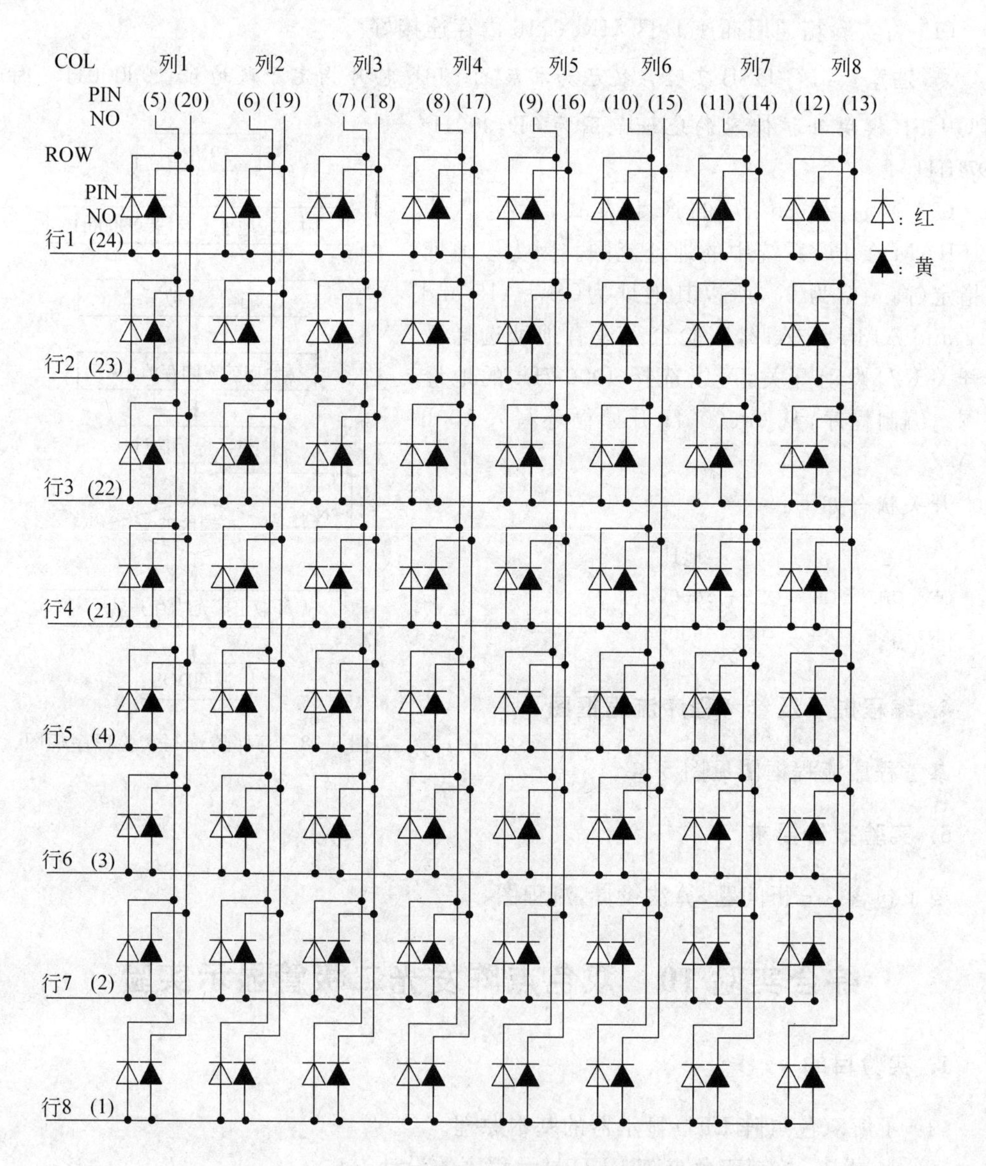

图5-39 共阳极8×8点阵的红黄两色LED显示器

该点阵对外引出24条线，其中8条行线，8条红色列线，8条黄色列线。若使某一种颜色、某一个LED发光，只要将与其相连的行线加高电平，列线加低电平即可。

例如欲显示红色汉字“年”，采用从右到左逐列循环发光。由“年”的点阵轮廓，确定点阵代码(如图5-40所示，笔画经过的格子上画黑点，并记为1，否则记0。由此确定行代码；列代码的确定是讨论到哪一列，该列记为1，其他列记为0。行、列代码均采用从0开始的二进制计数)，从右到左，确定逐列循环发光的顺序如下。

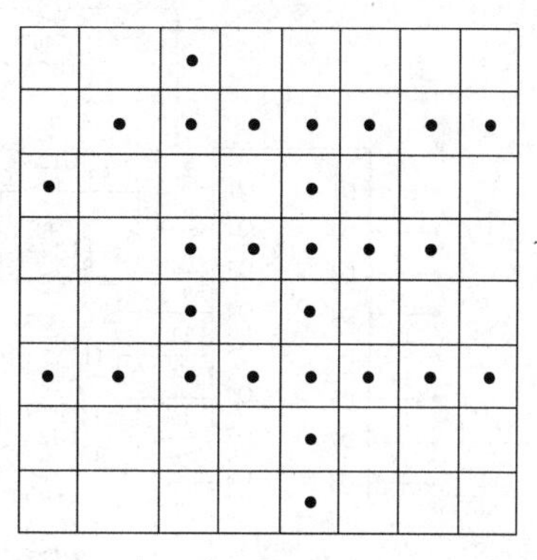
图5-40 LED发光点阵示意图

(1) 第1列的行代码输出01000100B=44H；红色列代码输出00000001B=01H；第1列有2个红色LED发光。

(2) 第2列的行代码输出01010100B=54H；红色列代码输出00000010B=02H；第2列有3个红色LED发光。

(3) 第3列的行代码输出01010100B=54H；红色列代码输出00000100B=04H；第3列有3个红色LED发光。

(4) 第4列的行代码输出01111111B=7FH；红色列代码输出00001000B=08H；第4列有7个红色LED发光。

(5) 第5列的行代码输出01010100B=54H；红色列代码输出00010000B=10H；第5列有3个红色LED发光。

(6) 第6列的行代码输出11011100B=DCH；红色列代码输出00100000B=20H；第6列有5个红色LED发光。

(7) 第7列的行代码输出01000100B=44H；红色列代码输出01000000B=40H；第7列有2个红色LED发光。

(8) 第8列的行代码输出00100100B=24H；红色列代码输出10000000B=80H；第8列有2个红色LED发光。

在步骤(1)～(8)之间可插入几ms的延时，重复进行(1)～(8)即可在LED上稳定地显示出红色“年”字。若想显示黄色汉字“年”，只需把红色列码改为黄色列码即可。

3. 编程提示及参考程序流程框图

(1) 实验仪上的点阵LED及驱动电路如图5-41所示，行代码、红色列代码、黄色列代码各用一片74LS273锁存。行代码输出的数据通过行驱动器7407加至点阵的8条行线上，红和黄列代码的输出数据通过驱动器DS75452反相后分别加至红和黄的列线上。行锁存器片选信号为$\overline{CS}_1$，红色列锁存器片选信号为$\overline{CS}_2$，黄色列锁存器片选信号为$\overline{CS}_3$。

(2) 接线方法：行片选信号$\overline{CS}_1$接280H；红列片选信号$\overline{CS}_2$接288H；黄列片选信号$\overline{CS}_3$接290H。

(3) 编程重复使LED点阵红色逐列点亮，再黄色逐列点亮，再红色逐行点亮，黄色逐行点亮。

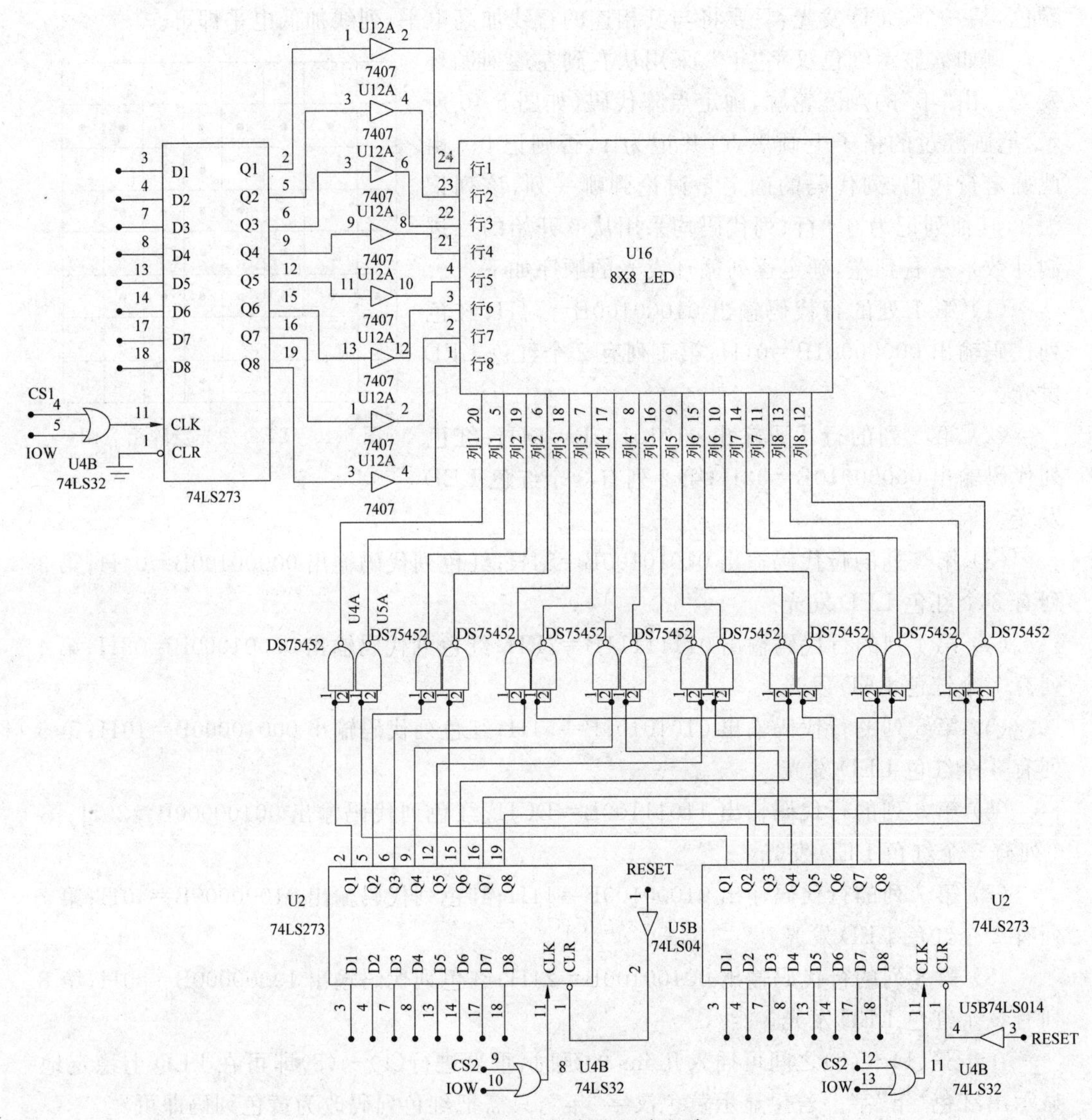

图 5-41 LED点阵及驱动电路

(4) 编程在 LED 上重复显示红色"年"和黄色"年"。

参考程序框图参见图 5-42 和图 5-43。

4. 实验报告要求

要求包含：分析问题，算法设计，流程图。

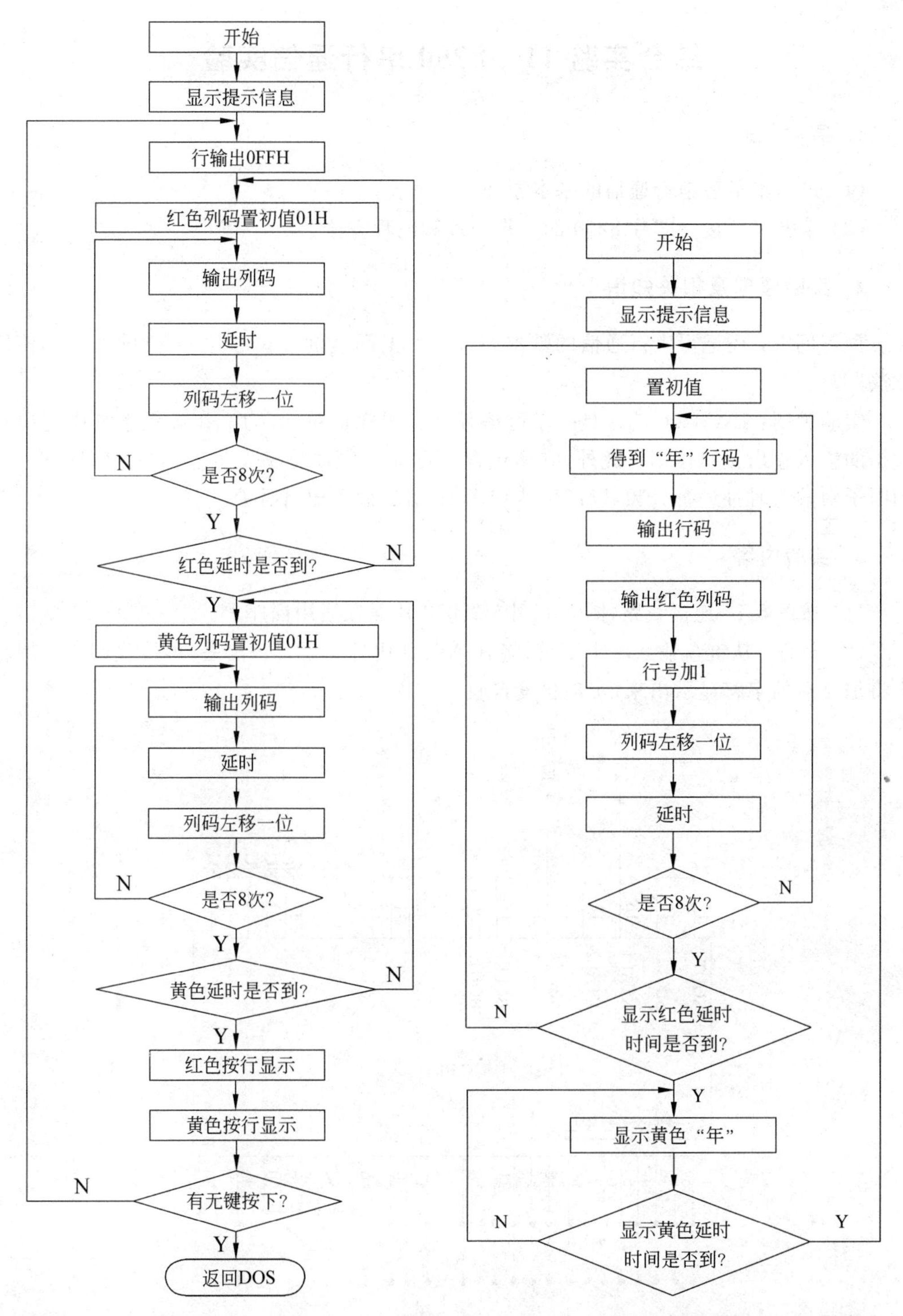

图 5-42　双色 LED 点阵逐行逐列显示程序框图　　图 5-43　双色 LED 点阵显示“年”字程序框图

综合实验11　8250串行通信实验

1. 实验目的

(1) 进一步了解串行通信的基本原理。

(2) 掌握串行接口芯片8250的工作原理和编程方法。

2. 实验原理及相关知识

预习问答：还记得串行通信的基本原理吗？上网查询接口芯片8250的性能和使用方法。

实验说明：INC8250芯片是一个可编程序异步通信单元芯片，在微机系统中起串行数据的输入输出接口作用。此外，它还包含有可编程序波特率发生器，它可用1～65535的因子对输入时钟进行分频，以产生波特率16倍的输入输出时钟。

3. 实验内容

(1) 按图5-44连接线路，图5-44中8250芯片插在通用插座上。

(2) 编程：从键盘输入一个字符，将其ASCII码加1后发送出去，再接收回来在屏幕上将加1后的字符显示出来，实现自发自收。

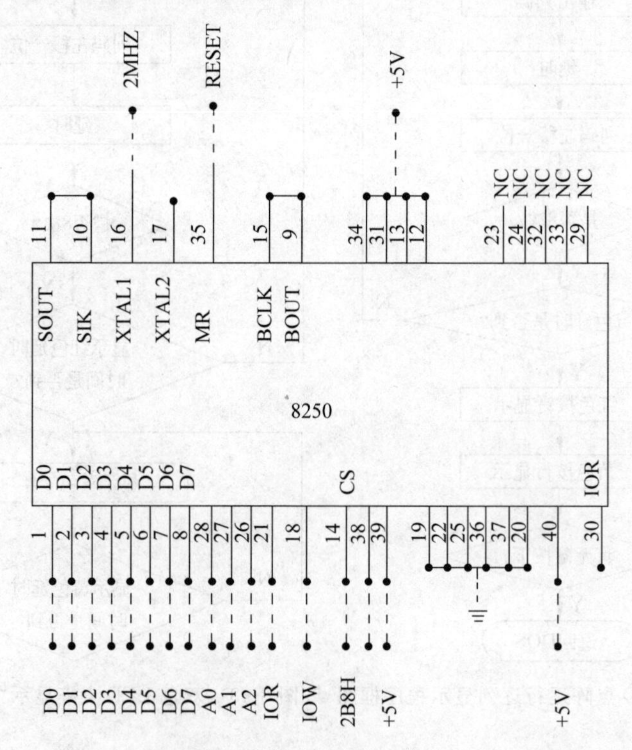

图5-44　INC8250可编程序异步通信单元芯片引脚图

4. 编程提示及参考程序流程框图

(1) 8250 芯片的时钟端接 2MHz,若选波特率为 9600b/s,波特率因子为 16,则因子寄存器中分频数为 13。所以因子寄存器低字节送 13,高字节为 00H。

(2) $\overline{\mathrm{CS}}$接 02B8H～02BFH。

表 5-5 为各寄存器选择地址一览表。表中 DLAB 为线控制寄存器的最高位,也叫因子寄存器存取位。当 DLAB 为 0 时选接收数据缓冲器,发送数据寄存器和中断允许寄存器。当 DLAB 为 1 时选因子寄存器的低字节和高字节。

表 5-5　各寄存器选择地址一览表

DLAB	A2	A1	A0	选中寄存器
0	0	0	0	接收缓冲器(读)发送保持寄存器(写)
0	0	0	1	中断允许寄存器
×	0	1	0	中断标志寄存器(仅用于读)
×	0	1	1	线控制寄存器
×	1	0	0	MODEM 控制寄存器
×	1	0	1	线状态寄存器
×	1	1	0	MODEM 状态寄存器
×	1	1	1	无
1	0	0	0	因子寄存器(低字节)
1	0	0	1	因子寄存器(高字节)

(3) 收发采用查询方式。

(4) 程序流程图(如图 5-45 所示)。

5. 实验报告要求

要求包含:分析问题,算法设计,流程图。

综合实验 12　集成电路测试

1. 实验目的

了解测试一般数字集成电路方法,进一步熟悉可编程并行接口 8255 的使用。

2. 实验原理及相关知识

预习问答:你学过哪些门电路?你知道它们的功能和逻辑表达式吗?

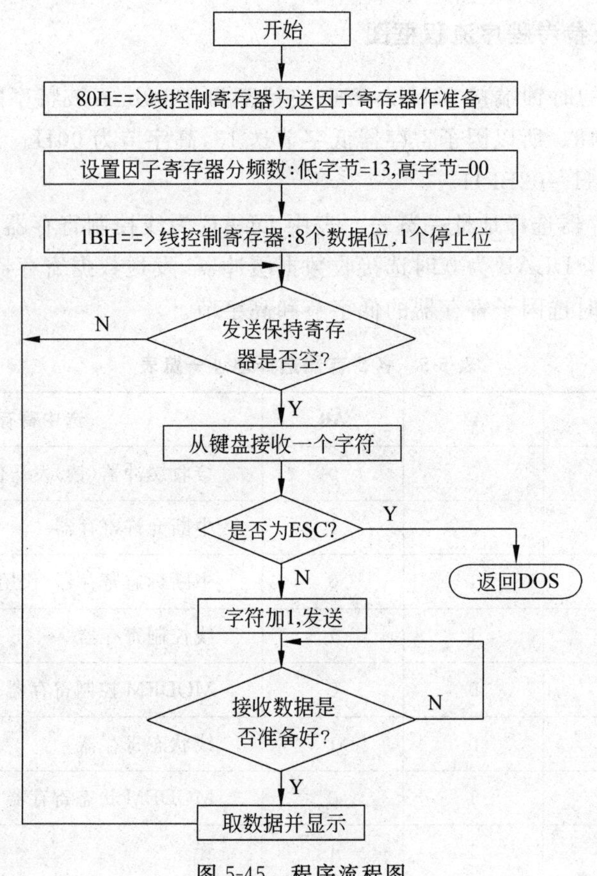

图 5-45　程序流程图

实验说明：通过对4与非门(74LS00)集成电路芯片的测试,实现实验目的。

3. 实验内容

(1) 按图5-46连接电路,图5-46中虚线为实验所需接线,其中74LS00插在通用插座上。

(2) 将8255设置在方式0下工作,使A口输出,C口输入,先后通过A口分别给每一个门电路送入4个测试信号(00、01、10、11),相应从C口读出每一个门电路的输出结果,与正常值(1、1、1、0)进行比较,若相等,则此芯片好,否则为坏。

4. 编程提示及参考程序流程框图

参考流程图见图5-47。

5. 实验报告要求

要求包含：分析问题,算法设计,流程图。

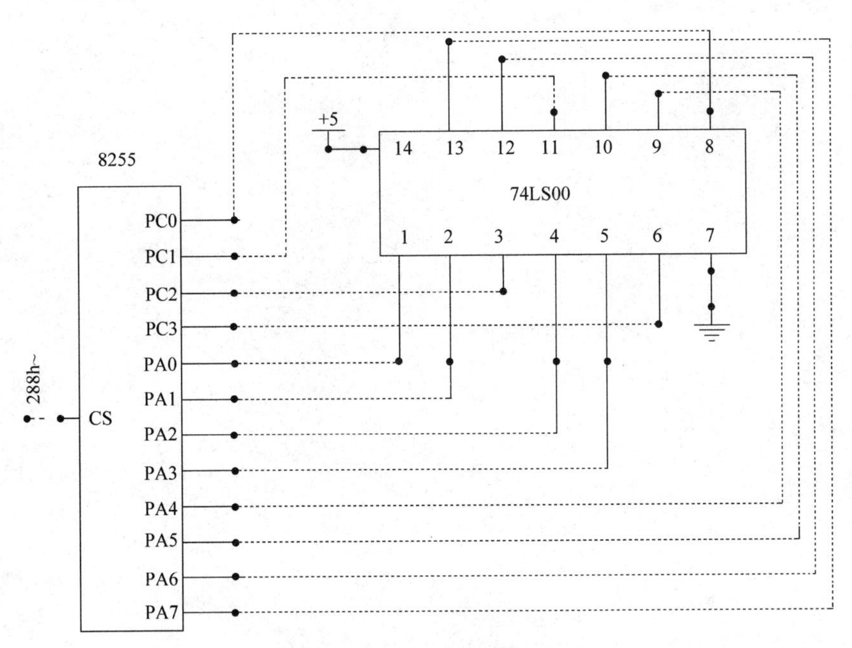

图 5-46　集成电路测试电路图

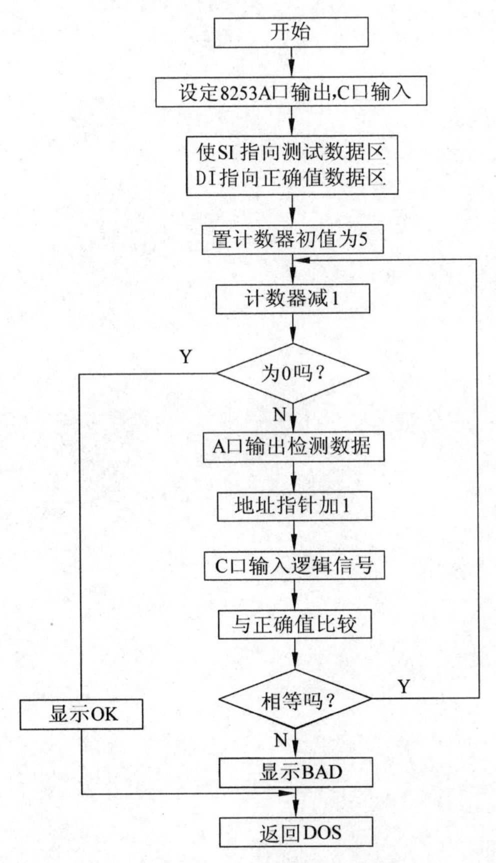

图 5-47　集成电路测试流程图

第2篇

微型计算机原理与接口技术学习与考核目标及解题指导

第1部分 学习与考核目标

第 1 章

理解与记忆

- 计算机的发展阶段，按其所采用的基本电子元件来划分的。
- 微型计算机的发展阶段，通常是按其微处理器的字长和功能来划分的。
- 到目前为止，所有的计算机都是冯·诺依曼型的，即属于存储程序，顺序执行类型的。
- 正常工作的计算机是由两大部分组成，硬件和软件。

计算机的硬件的基本组成是运算器、控制器、存储器、总线和外部设备 5 部分。

- 微型计算机的硬件的基本组成是处理器 CPU（运算器、控制器、寄存器）、存储器（内存和硬盘等外存）、总线、主板（上面有 CPU 插槽、内存插槽、各种芯片插槽，总线插槽及各种输入输出接口，电源插槽）和各种外设。
- 计算机（含微型计算机）的软件的基本组成是系统软件和应用软件两大部分。系统软件又包括操作系统、编译系统和网络系统 3 部分。

常见问题举例

微处理器、微型计算机、微型计算机系统的基本概念和从属关系。

解答

微处理器指由一片或几片大规模集成电路组成的中央处理器。

微型计算机指以微处理器为基础，配以内存储器、总线及输入/输出(I/O)接口电路和相应的辅助电路而构成的裸机。

微型计算机系统指微型计算机配以相应的外围设备及其他专用电路、电源、控制面板、机架以及配有操作系统、高级语言和多种足够的工具性软件而构成的系统。

说明：这是一个常见题目及答案，但题目中的“微型计算机”含义不明确。根据本题目的意思，题目中的“微型计算机”应改为“微型计算机硬件”或“微型计算机裸机”。

熟练掌握

- 数的表示方法、数制和编码的基本概念。
- ➢ 十进制与其他进制(如二进制、八进制、十六进制)数之间的转换。
- ➢ 有符号数的计算机编码方法：原码、反码和补码的定义及编码方法，以及相互之间的转换。

初步掌握

- 定点数和浮点数的定义。
- 字符(如ASCII)、汉字等非数字信息的表示方法。
- 移码的定义和编码方法。

第 2 章

理解与记忆

- CPU的分类、基本功能和主要技术参数。能够为整机恰当选用CPU。
- ➢ CPU的分类：CPU有单核和多核之分，又有通用CPU和嵌入式CPU之分。
- ➢ CPU的基本功能：指令控制、数据加工、操作控制、时间和时序控制、中断处理。
- ➢ CPU主要技术参数：

(1) 字长；

(2) CPU外频与主频；

(3) 前端总线频率；

(4) 高速缓冲存储器(L1和L2 Cache)的容量和速率；

(5) 计算机每秒处理机器语言指令的数目(MIPS)；

(6) CPU的制程工艺。

理解和掌握

- 8086/8088 CPU的编程结构、每个部分的作用、引脚功能和工作模式。初步掌握寄存器的习惯用法。
- 8086系统中的存储器组织：会根据地址线的数目计算存储空间的大小；存储空间分段，会判别规则字、不规则字；理解8086系统奇偶地址体构成的特点和作用；会用8086的引脚BHE和A_0的配合区分奇偶地址。
- 段基址和偏移地址，存储器物理地址的形成。
- 堆栈操作特点和工作方式，会判断堆栈操作后，栈顶位置的变化。
- 时序基本概念和时序图(本章难点)。
- 时钟周期、指令周期和总线周期的区别及联系。

- 会分析存储器读周期和写周期的时序，知道在这两种情况下 8086 CPU 相应引脚电平的变化。知道等待周期 T_w 的设置目的。
- 系统复位的意义和操作过程。特别注意：系统复位时，CS 的内容为 0FFFFH，IP＝0000H。
- 8086 CPU 的 RESET 引脚与计算机系统初始化的关系。
- 8086 微处理器的最小方式与最大方式的设置(提示：MN/MN 引脚连接)，最大方式与最小方式系统构成的区别。

了解

- 计算机 3 总线 DB/CB/AB，知道数据与地址总线的分时复用。
- 中断响应操作的条件和响应周期、总线控制权的掌控和转让。
- 8088 与 8086 的异同(提示：数据总线、指令队列)。
- CPU 的架构和封装方式。
- CPU 主流技术术语。
- CPU 的型号识别。
- CPU 新发展：多核的发展、APU 和向量机。

第　3　章

理解与掌握

- 机器语言、汇编语言的概念。
- 为什么要学习汇编语言。

提示：由于汇编语言和计算机硬件底层的密切联系，具有执行速度快和易于实现对硬件的直接控制等独特优点，所以至今是实时控制等微机应用系统软件开发中使用较多的程序设计语言。

理解与记忆

- 汇编语言源程序、汇编程序(MASM 或 TASM)二者的定义和关系。
- 汇编语言的工作环境(DOS 汇编环境与 Win32 汇编环境)和汇编过程。
- 汇编语言的上机过程：源程序的建立、汇编、连接、运行、调试等过程。

注意：汇编程序按照一定的优先顺序对表达式进行计算后，可得到一个数值或一个地址。在汇编期间不能求得确定值的表达式是错误的。

- 汇编语言源程序的语句格式：[标识符] 操作符 [操作数] [;注释]。
- 汇编语言源程序的语句分类(指令语句、伪指令语句、宏指令语句)。

➢ 指令语句格式：[标号：] 操作符 [操作数 1，操作数 2，……] [;注释]。

注意：指令语句有 3 种类型的操作数：常数操作数、寄存器操作数和存储器操作数。

注意:根据操作数字段的个数不同可以分为单地址、双地址或三地址指令。指令字的长度一般有字节、字、双字3种形式,但在高档微型机中多采用32位长度的单字长形式。

➢ 伪指令语句格式:[变量] 定义符(伪操作符) [参数1,参数2,……] [;注释]。

注意:机器指令、伪指令和宏指令中的操作数项均可用表达式表示。

表达式是由常数、操作数、操作符和运算符等组合而成的,有数字表达式和地址表达式两种。

注意:汇编语言标识符有段属性、偏移属性和类型属性。

记忆常见的:运算符(算术、逻辑、关系)、操作符(6个属性取代操作符PTR、段超越前辍操作符、SHORT、THIS、HIGH和LOW;5个数值返回操作符TYPE、LENGTH、SIZE、OFFSET、SEG=TYPE × LENGTH)。

理解与掌握

• 指令、程序、指令系统。

注意:微型计算机指令系统是指微型计算机中所有的机器指令的集合。指令系统是表征一台计算机性能的重要因素,它的格式与功能不仅直接影响到机器的硬件结构,而且也影响到系统软件。

• 8086/8088 CPU的两种寻址方式。

➢ 操作数寻址方式:立即数、直接寻址、寄存器寻址、寄存器间接寻址、变址寻址、基址加变址寻址。

注意:以上7种方式,均不允许由内存到内存。

➢ 程序转移地址寻址方式:无条件转移指令(JMP的段内直接短转、段内直接近转、段内间接转移、段间直接转移、段间间接转移)、条件转移指令(单个条件转移、比较结果转移、测试CX=0转移)、循环指令、过程调用与返回指令、中断指令。

• 8086/8088指令系统的常用指令。

➢ 数据传送指令(MOV指令、XCHG指令、LEA指令、堆栈操作PUSH和POP指令)。

注意:堆栈操作的特点(只对字操作,一次涉及2B。并跟进栈顶标志的变化)。

➢ 算术运算指令(十六进制数的加减乘除运算,BCD码运算的调整指令只需了解)。

➢ 逻辑运算类指令(AND、OR、XOR、NOT、TEST)。

➢ 移位指令(SHL、SAL、SAR、SHR、ROL、ROR、RCL、RCR)。

➢ 串操作运算指令(MOVS、MOVSB/W、STOS、STOSB/W、LODS、LODSB/W、CMPS、CMPSB/W、SCAS、SCASB/W以及 重复前缀REP、REPE/REPZ、REPNE/REPNZ)。

➢ 处理器控制指令:标志操作指令(CLC、CMC、STC、CLD、STD、CLI、STI)。

➢ 控制处理器状态指令:(NOP、HLT、WAIT、ESC、LOCK)。

汇编语言伪指令包括：

(1) 符号定义伪指令。

(2) 数据定义伪指令(为变量分配存储单元或定义数值。属性伪操作有修改变量类型伪指令 PTR、标号说明伪指令 LABEL)。

(3) 段和模块伪指令(用来组织程序模块和段结构)。

注意：定位类型：PARA、BYTE、WORD、PAGE；

组合类型：PUBLIC、COMMON、AT、STACK、MEMORY、NONE。

(4) 过程定义伪指令：PROC/ENDP。

注意：

(1) EQU 和＝伪指令均可将表达式的值赋给符号名，但用 EQU 伪指令定义的符号名不允许重复定义，而用伪指令则允许重复定义。

(2) 用 DW 或 DD 伪指令可以把变量或标号的偏移地址(用 DW)或整个地址(用 DD)存入存储器。用 DD 伪指令存入地址时，第一个字为偏移地址，第二个字为段地址。

(3) 当汇编程序遇到“ ?”时，只为数据项分配存储器，而不产生一个目标代码去初始化这个存储单元。

(4) 用 DUP 重复子句可以定义数组，DUP 可以嵌套使用。

(5) SEGMENT 伪指令，如果需要用连接程序把本程序与其他程序模块相连接时，就需要增加类型及属性的说明。

(6) ASSUME 伪指令指定寻址的段寄存器。但 CS 由系统规定，而 DS 、SS 、ES 的具体值则通过 MOV 等指令装填。例如 DS 的装填可由下列指令完成：

```
MOV  AX,数据段名
MOV  DS,AX
```

(7) NAME 及 TITLE 伪指令并不是必要的，如果程序中既无 NAME，又无 TITEL 伪指令，则将用源文件名作为模块名。但一般经常使用 TITEL ，以便在列表文件中能打印出标题来。

(8) 一个过程中可以有多于一个的 RET 指令，过程的最后一条指令可以不是 RET 指令，但必须是一条转移到过程中某处的转移指令。

➢ 宏指令语句格式：[标号：] 宏指令名 [参数 1 ,---][;注释]

• 运算符(算术、逻辑、关系、分析及综合运算符)。

初步掌握

• 汇编语言的编程。
• 宏汇编指令语句的定义和作用，以及编写宏汇编指令语句的基本方法。
• BIOS 中断调用和 DOS 系统功能调用的使用方法。

了解

• 32 位新增指令。

• 高级语言,如C语言与汇编语言的接口。

第 4 章

理解与掌握

• 3种基本程序设计结构,即顺序结构、分支结构和循环结构。

• 汇编语言编程的基本方法。

➢ 顺序结构编程是基础。

➢ 分支结构有两种形式:双路分支和多路分支结构。

分支程序通常采用如下两种方法来实现程序的转移:

(1) 通过比较和测试指令形成条件,或通过指令运算,然后判断某些标志位,形成条件来进行转移;

(2) 通过地址表来进行转移。

➢ 循环结构程序的组成:循环初态设置部分、循环体和循环结束条件部分。

控制程序循环的方法有3种:计数控制法、条件控制法和逻辑尺控制法。

如果在一个循环体内又出现一个循环结构的程序段,那么这种程序设计结构称为多重循环或嵌套循环。多重循环既然是由单重循环嵌套而成的,所以,多重循环和单重循环的设计方法是一致的,但应分别考虑各重循环的控制条件及其程序的实现,相互之间不要混淆。

在多重循环结构的设计中,主要应该掌握以下几点:

(1) 内循环应该完全包含在外循环的里面,成为外循环体的一个组成部分,不允许循环结构交叉;

(2) 每次通过外层循环再次进入内层循环时,内层循环的初始条件必须重新设置;

(3) 外循环的初值应该安排在进入外循环体之前,内循环的初值应该安排在进入内循环之前,但必须在外循环体之内;

(4) 如果在各循环中都使用寄存器CX作计数控制,那么由于只有一个计数寄存器CX,因此在内循环设置CX初值前,必须先保存外循环中CX的值,出内循环时,必须恢复外循环使用的CX值;

(5) 转移指令只能从循环结构内转出或可在同层循环内转移,而不能从另一个循环结构外转入该循环结构内。

难点是分支结构和循环结构,尤其是多重循环和循环嵌套。

第 5 章

理解与记忆

• 总线和接口的基本概念。

- 微机系统的总线结构：单总线结构、多总线结构。
- 总线的分类：根据连接层次分为片内、芯片级、系统、外部；按总线传送信息的类别分为数据、地址、控制；按照总线传送信息的方向分为单向、双向；按照数据传输的方式分为串行、并行；按定时时钟信号实现方式分为同步、异步、半同步。

➢ 芯片级总线：

(1) 前端总线 FSB(前端总线频率越大，CPU 与内存之间的数据传输量越大。数据传输量用数据传输最大带宽＝(总线频率×数据位宽)/8 来衡量。目前微机上主流的前端总线频率有 800MHz、1066MHz、1333MHz 几种)。

(2) 超级总线 HT(AMD CPU 中的 FSB)。

(3) 快速通道互联 QPI 总线(抛弃了"前端总线—北桥—内存控制器"模式)。

(4) 直接媒体接口 DMI 总线(对于北桥集成到内部的 CPU,Intel 在 CPU 内部保留了 QPI 总线,用于 CPU 内部的数据传输。CPU 与外部接口连接时,需要 DMI 总线。QPI 主管内,DMI 主管外)。

理解与掌握

- 总线的分时复用(数据总线、地址总线)。
- 总线规范包括(机械结构、电气、功能结构、时间)规范。
- 总线的性能指标包括总线宽度、工作频率、总线频带宽、时钟同步/异步、总线的多路分时复用、信号线数、总线控制方式等。

总线频带宽的计算公式：$Q=f\cdot W/N$。

- 总线仲裁和控制原理。总线上连接有很多部件(或设备),它们共享总线资源,为了正确地实现多个部件之间的通信,避免各部件同时往总线发送信息造成的冲突,必须要有一个总线仲裁(控制)机构,对总线的使用进行合理的调配和管理。

总线仲裁：

(1) 集中仲裁式(3 种优先权仲裁方式：链式查询、计数器定时查询和独立请求方式)。

(2) 分布式仲裁。

- 常见系统总线标准及其特点：

ISA(PC/AT)总线、EISA 总线、PCI 总线、PCI Express 总线、AGP 总线；RS232、IEEE 1394(火线)、USB 总线。

- 总线数据传输方式：正常传输方式、突发传输方式(Burst Mode)。

注意与第 8 章的"CPU 与外设之间数据传送的基本方式"的区别。

了解

- 总线带负载能力(有限,在计算机系统中通常采用三态输出电路或集电极开路输出电路来驱动总线,使其带更多负载)。
- 常见主板(AT、ATX、Micro ATX、BTX 等)结构上的特点。

理解与掌握

- 主板的概念与作用。
- 主板上主要的部件：芯片组(南北桥)、BIOS与CMOS、插槽(内存、AGP、PCI、CNR)、接口(IDE、COM、SATA、LPT、PR/2、USB、MIDI等)。
- CMOS与BIOS参数设置。

了解

- 主板技术(免跳线、PC99、STD挂起到硬盘、数字式PWM和多相供电、用陶瓷电容MLCC替代电解电容、整合等)。

第 6 章

理解与记忆

- 计算机存储系统层次结构。
- 存储器的分类：按半导体载流子的极性(单极型和双极型)；按按读写功能(随机存取存储器RAM和只读存储器ROM)。
- 常见内存芯片类型(掩膜式ROM、可编程PROM、可擦除EPROM、电可擦除EEPROM、USB；SRAM、DRAM、SRAM、SDRAM、DDR SDRAM、DDR2 SDRAM)。
- 半导体存储器的主要技术指标(即选择存储器件应考虑的因素：易失性、存储容量、存储速度、可靠性-平均故障间隔时间MTBF、性能/价格比)。

理解与掌握

- 外存储器(软盘、硬盘、电子硬盘、光盘、移动存储器、网络存储)的特点、组成及基本工作原理和应用。
- 内存空间的地址分配和片选技术。
- 计算机的ROM子系统的地址分配和功能。
- 半导体存储器芯片的扩充以及与CPU的连接。包括存储器的组织、地址分配与片选问题等内容，以及存储器片选信号的产生方式：线选方式(线选法)、局部译码方式(局部译码法)、全译码方式(全译码法)等。

注意：

(1) 存储器芯片同CPU连接时要注意的问题。

① CPU总线的总线驱动能力问题。由于存储器芯片多为MOS电路，在小型系统中，CPU可直接与存储器芯片连接，但与大容量的存储器连接时就应考虑总线的驱动问题，一般可驱动1个标准TTL门或20个MOS器件。对于单向传送的地址和控制总线，

常采用单向缓冲器(如74LS244、74LS367)或驱动器(如74LS373、Intel 8282);对双向传送的数据总线,必须采用双向总线驱动器(如74LS245、Intel 8286/8287)驱动。

② CPU的时序同存储器芯片的时序配合问题。存储器与CPU连接时,必须考虑存储器芯片的工作速度是否能与CPU的读/写时序相匹配。应从存储器芯片工作时序和CPU时序两个方面来考虑。

(2) 半导体存储器与CPU连接时,使用译码器的一般原则如下:

① 译码器的控制端通常接地址的最高几位;

② 3-8译码器的3个地址输入端通常是接连续编码的3条地址线,以保证8个输出端控制的地址范围是互相衔接的,每一个输出端可控制的地址范围大小由参加译码的最低地址线位决定。

了解

- 了解Cache的基本概念及其特点。高速缓冲存储器器设置的因由。Cache的命中率、Cache与主存的地址映射等问题。
- 存储器寻址范围实地址管理方式、虚地址保护管理方式、虚拟8086管理方式。
- 移动存储器、网络存储及存储技术应用。

第 7 章

理解和记忆

- 中断的基本概念:中断、中断源、中断系统的作用。
- 中断分类:
  - 外部中断(不可屏蔽、可屏蔽);
  - 内部中断(中断指令INT*n*引起、程序性中断(失效、陷阱和终止))。
- 中断优先级、中断嵌套、中断屏蔽、中断向量、中断描述符(IDT)等。
- CPU响应中断的条件。

方式;结束中断处理的方式;中断级联方式;8259A的初始化命令字和操作方式命令字。

理解与掌握

- 完整中断的各个阶段及各阶段的操作内容(现场保护和现场恢复的主要作用)。
- 中断向量及其操作,包括中断类型号和中断向量表的概念、中断向量的设置、中断向量的修改、中断类型号的获取、中断服务子程序的编写方法。
- 可编程中断控制器8259A的功能、内部结构、工作方式、初始化命令和操作命令的定义以及使用方法。寄存器及I/O端口的识别,8259A的中断触发方式和中断响应过程。

了解

- 中断向量表以及中断服务程序入口地址的形成方法。
- 多功能接口 82801BA 芯片的结构和功能。
- PCI 中断、PCI 中断响应周期、PCI 中断的共享的概念。
- 串行中断,开始帧、数据帧、停止帧的概念及作用。

第 8 章

理解与记忆

- 接口及端口(一个接口可以有几个端口)的基本概念、接口的基本功能及分类。

注意:在接口中,必须配置能分别存放和传送数据信息、控制信息和状态信息的寄存器,依次称为数据端口、状态端口和控制端口(3 种端口数量可以不等),CPU 可以对这些寄存器进行读/写。

- 微机接口的分类:按功能分,有运行辅助接口、用户交互接口和传感控制接口 3 种基本类型。用户交互接口又可按如下情况分类。

➢ 按与外设通信方式分:并行 I/O 和串行 I/O 接口等。
➢ 按通用性分:专用接口和通用接口。
➢ 按时序控制方式划分:同步接口与异步接口。

理解与掌握

- CPU 与外设接口之间的信息传送的控制方式:程序查询方式(无条件传送、条件传送)、中断传送方式、直接存储器访问(DMA)方式和 I/O 处理机方式。
- 端口的编址和寻址(译码)有两种编址方式:I/O 端口独立编址和 I/O 端口与存储器统一编址。

注意:

(1) 有时控制端口和状态端口可以共用一个端口地址,这时用 IN 指令访问状态端口,用 OUT 指令访问控制端口。

(2) 8086/8088 微机系列中,系统往往只使用 $A_9 \sim A_0$ 这 10 根地址线寻址,因此实际可用的 I/O 空间只有 1KB=1024B。在 1024 个地址中,低端 512 个(0000H~01FFH)已被系统板电路占用;高端的 512 个(0200H~03FFH)供扩展使用,如外设插槽等。一般用户可以使用其中的 300H~31FH 地址,它是留作实验卡用的。

- 设计简单地址译码电路。
- 在 DOS 环境(实地址模式)下,I/O 是没有保护的,只有在保护虚地址模式下,才有 I/O 的保护功能。
- DMA 的基本概念,DMAC(可编程 DMA 控制器)芯片 8237A 的功能结构、初步应用及编程方法。

注意：DMAC(DMA控制器)有很多类型，主要是可编程DMA控制器Intel 8237。采用DMA方式传送数据，数据源和目的地址的修改、传送结束信号以及控制信号的发送等都由DMAC硬件完成。节省了大量CPU的时间，因此大大提高了传输速度。

熟知

- 常用的微机内部接口PCI接口、AGP接口和PCI-E接口。常用微机外部实用接口PS/2串行接口、COM串行接口、LPT并行接口、硬盘接口(IDE接口、SATA接口和SATA 2.0串口)。

第9章

理解与记忆

- 并行数据接口的基本概念。在并行通信方式中，传输数据的各位同时传送。
- 熟知常见的并口：键盘、并行打印机、显示器等。

了解

- 简单并行接口芯片8212和可编程并行接口芯片8255的内部结构和引脚信号。
- 8212和8255在PC中的应用(键盘、并行打印机)。

理解与掌握

- 8255的3种工作方式，重点是方式0。
- 8255的控制字和C口的状态字、C口的置位/复位控制。
- 8255的初始化编程。
- 重点掌握8255的基本输入/输出方式(学会设计基本的硬件电路、编写相应的初始化程序和工作程序)。

第10章

理解与记忆

- 串行通信的概念。
- 两个数据传输速率的单位：波特率和比特率。
- 串行通信的3种工作方式：单工方式、半双工方式、双工方式。

理解与掌握

- 串行传送的串行数据在传输线上的形式——信号的调制与解调。
- 两种基本方式(异步传送、同步传送)的特点。
- 串行通信的基本组成及其特点。
- 串行接口芯片 UART(如 Intel 8250、16550 等)、USART(如 Intel 8251)和 MODEM 的作用,及常见的 3 种连接方式(使用 MODEM 连接、直接连接、三线连接)。
- 8251A 芯片编程的基本流程、8251A 的初始化编程。
- 串行接口标准 RS-232C 的主要特性及功能及其应用(如各引脚的功能、接口信号)。

了解

- 信息的检错与纠错、8251A 芯片的内部结构和外部引脚。

第 11 章

理解与记忆

- 定时器的作用。作为一个复杂的多部件构成的微机系统,要管理和协调各部件的时序关系和相互配合,使系统正常而有机地高速运转,必须有准确稳定的时间基准、事件先后顺序的巧妙安排和精确控制,这当然离不开定时器。
- 计数器的作用。定时的本质是计数,将若干片小的时间单元累加起来,就获得一段时间。计数器精密可靠的计数功能就能实现定时器的功能。因此二者是统一的。
- 实现定时和计数有两种方法:硬件定时和软件定时。

理解与掌握

- 8253 可编程定时/计数器的功能及结构框图、引脚识别、控制字和工作方式。
- 8253 芯片的硬件连接方法和应用程序的编写,要求达到熟练程度。

第 12 章

理解和记忆

- 数/模、模/数转换器基本概念(如采样、量化和编码等)。
- D/A 及 A/D 转换器的基本原理、主要性能指标和术语。

理解和掌握

- 掌握几种常见的D/A转换器、A/D转换器的转换特性及其应用。

了解

- D/A、A/D芯片与CPU接口中应注意的问题。

第2部分《深入浅出微机原理与接口技术(第2版)》解题指导

习 题 1

一、填空题

1. 计算机的基本组成应由两大部分组成：完成计算工作的物理实体，和指导计算工作进行的指令，分别称为硬件和软件。

硬件包括：________、________、________、________和________五大部分。软件包括：________和________两大部分。

解答：运算器　控制器　存储器　输入设备　输出设备　系统软件　应用软件

2. 计算机是一种能够预先________，并按照________自动地、高速地、精确地进行大量________和________，处理各类海量数据信息的电子设备。它处理的对象是________，处理的结果________。从某种意义上说，计算机扩展了________，因此也常把计算机称为电脑。

解答：存储程序　程序　数值运算　逻辑运算　信息　也是信息　人类大脑的功能

3. 信息的表现形式是多种多样的。作为一种电子设备，计算机主要的处理对象就是信息的电信号。按照所处理的电信号的不同，计算机又可以分为________计算机与________计算机。

解答：数字　模拟

4. 表示32种状态需要的二进制数的位数是________位。

解答：2^{32}

5. 微型计算机也可以看成以________为中心，把相应的________连接起来构成的系统。

解答：主板　外部设备

6. 为了简洁和接线方便，主板上的连接导线做成各种不同的________。

解答：系统总线

7. 芯片组是构成主板的________部件，它是CPU与周边设备________。

解答：主板　周边设备

8. 所谓BCD编码就是将________转换为________的编码方案。常用的8421BCD编码,它的4位二进制数从左到右每位对应的权是________。

解答:十进制数 二进制数 8、4、2、1

9. ASCII码是________。ASCII码规定8个二进制位的最高一位为0,用余下的7位来表示一个字符,总共可以表示________个字符。分为两大类:(1)可________的字符,共________个,其中包括________、________,还有________和________等。(2)________字符,共________个,编码值为________。这类字符不对应任何一个可打印的实际字符,它们被用作________,控制计算机外部设备的工作特性等。

解答:美国标准信息交换码 128 打印 95 大小写各26个英文字母 0~9这10个字符 通用的运算符 标点符号+、-、*、>、\ 非打印字符 33 0~31和127 控制码

10. 根据小数点的位置是否固定,有两种数据表示格式:一种是________表示,对应的数称为________;一种是________表示,对应的数称为________。

解答:定点 定点数 浮点 浮点数

11. 在计算机中,最适合进行数字加减运算的数字编码是________,最适合表示浮点数阶码的数字编码是________。

解答:补码 移码

理由:最适合进行数字加减运算的数字编码是补码,因为采用补码运算可以将加法和减法统一进行。纯粹从数值上来看,移码的正数表示大于负数表示,比较方便于阶码的比较。

12. 两个带符合数相加减时,若运算结果超出可表示范围,则产生________。

解答:溢出

13. 某微型机字长16位,若采用定点补码整数表示数值,最高1位为符号位,其他15位为数值部分,则所能表示的最小整数为__(1)__,最大负数为__(2)__。

(1) A. +1 B. -2^{15}
C. -1 D. -2^{16}

(2) A. +1 B. -2^{15}
C. -1 D. -2^{16}

解答:(1) B (2) C

理由:字长16位,采用定点补码整数表示数值,其所能表示的最小整数的编码为8000H,所能表示的数值为-2^{15}。最大负数的编码为FFFFH,所表示的数值位-1。

14. 计算机的发展阶段,通常是按其________来划分的。而微型计算机的发展阶段,通常是按________来划分的。

解答:所采用的基本电子元件 其微处理器的字长和功能

二、选择题

1. 在计算机硬件系统中,核心的部件是________。

A. 输入设备 B. 中央处理器 C. 存储设备 D. 输出设备

解答:B

2. 某单位自行开发的工资管理系统,按计算机的应用的类型划分,属于________。

A. 科学计算　　B. 辅助设计　　C. 数据处理　　D. 实时控制

解答:C

3. 计算机采用________来处理数据。

A. 二进制　　B. 八进制　　C. 十进制　　D. 十六进制

解答:A

4. 若用8位机器码表示二进制数-111,则原码表示的十六进制形式为__(1)__;补码表示的十六进制形式为__(2)__;移码的十六进制形式为__(3)__。

(1) A. 81　　B. 87　　C. 0F　　D. FF

(2) A. F9　　B. F0　　C. 89　　D. 80

(3) A. F9　　B. F0　　C. 79　　D. 80

解答:(1) B　(2) A　(3) C

5. 某数值编码为FFH,若它所表示的真值为-127,则它是用__(1)__表示的;若它所表示的真值为-1,则它是用__(2)__表示的。

(1) A. 原码　　B. 反码　　C. 补码　　D. 移码

(2) A. 原码　　B. 反码　　C. 补码　　D. 移码

解答:(1) A　(2) C

6. 计算机能直接识别和执行的语言是__(1)__,该语言是由__(2)__组成的。

(1) A. 机器语言　　B. C语言　　C. 汇编语言　　D. 数据库语言

(2) A. ASCII码　　B. SQL语句　　C. 0、1序列　　D. BCD码

解答:(1) A　(2) C

7. 针对在汉字处理中的各个环节的不同要求,通常使用到下列四种编码方法:________、汉字机内码、汉字输入码和汉字输出码。

A. 汉字交换码　　B. EBCDIC码　　C. ASCII码　　D. BCD码

解答:(1) A

8. ASCII码是对________实现编码的一种方法。

A. 语音　　B. 汉字　　C. 图形图像　　D. 字符

解答:D

ASCII码,即美国信息交换标准码,是专门用于字符编码的。

9. 关于汉字从输入到输出处理过程正确的是________。

A. 首先用汉字的外码将汉字输入,其次用汉字的字形码存储并处理汉字,最后用汉字的内码将汉字输出

B. 首先用汉字的外码将汉字输入,其次用汉字的内码存储并处理汉字,最后用汉字的字形码将汉字输出

C. 首先用汉字的内码将汉字输入,其次用汉字的外码存储并处理汉字,最后用汉字的字形码将汉字输出

D. 首先用汉字的字形码将汉字输入,其次用汉字的内码存储并处理汉字,最后用

汉字的外码将汉字输出

解答：B

在计算机系统使用汉字，需要解决将汉字输入到计算机中的问题，针对在汉字处理中的各个环节的不同要求，通常使用到下列编码方法。

① 汉字外码是汉字输入时各种输入方法对汉字的编码。外码一般通过键盘输入。

② 汉字内码是汉字的内部编码，统一了各种不同的汉字输入码在计算机内部的表示。

③ 汉字字形码是将汉字字形经过点阵数字化后的一串二进制数，供显示器或打印机输出汉字，是汉字的输出形式。

三、判断改错题(对了就不改)

(　　)1. CPU 不能直接对硬盘中数据进行读写操作。

解答：对

改错：

(　　)2. 计算机中的操作数(数据)的原码、补码与反码都不相同。

解答：错。

改错：计算机中的操作数为正数时，它的原码、补码与反码都相同。计算机中的操作数为负数时，它的原码、补码与反码都不相同。

(　　)3. 主机是指包括机箱内的所有设备，如 CPU、内存、硬盘等等。

解答：对

改错：

(　　)4. 在 ASCII 表中，按照 ASCII 码值从小到大的排列顺序是数字、英文小写字母、英文大写字母。

解答：错。

改错：排列顺序是数字、英文大写字母、英文小写字母。

(　　)5. 在所有 4 位二进制数中(从 0000 到 1111)，数字 0 和 1 的个数相同的数有且只有 4 个。

解答：错

改错：4 位二进制数为 0000～1111，共 16 个，可以看出在所有 4 位二进制数中，数字 0 和 1 的个数相同的编码有 0011、1100、0101、1010、0110 共 6 个。

四、计算题

1. 计算出与十六进制数值 CD 等值的十进制数。

解答：205

将 CD 转换成十进制数后就一目了然了。计算公式如下：$(CD)_{16} = C\times16^1 + D\times16^0 = (205)_{10}$。

2. 分别计算出八进制数 200、二进制数 10000011 和十六进制数 82 的十进制表示。

解答：以上三个数分别转换成十进制数依次是 128、131、130。

3. 下列各数为十六进制表示的8位二进制数,若分别看作无符号数和补码表示的有符号数时,分别计算出其对应的十进制数各是多少?

(1) 3B (2) 75 (3) AD

解答:

(1) 3B看作无符号数时,其对应的十进制数为59;看作补码表示的有符号数时,其对应的十进制数为59。

(2) 75看作无符号数时,十进制数为117;看作是补码表示的有符号数时,其对应的十进制数为117。

(3) AD看作无符号数时,其对应的十进制数为173;看作是补码表示的有符号数时,其对应的十进制数为-83。

方法:① 3B、75转换成二进制数分别为00111011、01110101,最高位为0,所以为正数。因此,它们的补码和原码都是其本身,按照二进制数转化为十进制数的方法,可得结果为59和117。② AD转换成二进制数为10101101,最高位为1。把该数看作无符号数时,因此最高位1的值为1×2^7,加上各低位的值,为173。但把该数看作补码表示的有符号数时,需要先转换成原码,可得11010011,最高位为符号位1,表示为负数,其余数值位可得结果为83。

4. 将十进制数157.675转换成对应的二进制数和十六进制数。

解答:157.675 =10011101.1010B或10011101.1011B

=9D.A或9D.B

5. 将十六进制数3B5.A转换成对应的二进制数和十进制数。

解答:3B5.AH=001110110101.1010B=(3×162+11×161+5×160)10=949D

6. 将二进制数10110100转换成对应的八进制数和十进制数。

解答:10110100B=264Q=B4H

7. 将八进制数314.27转换成对应的十六进制数。

解答:采用将八进制数314.27先转换成对应的二进制数,再转换成对应的十六进制数最方便,即314.27Q=011001100.010111B=CC.5DH。

8. 将十进制数186.69537转换为32位浮点数的二进制格式存储。

解答:首先将该十进制数分别按整数和小数部分转换为二进制数:

$$(186.69537)_{10}=(10111010.1011)_2$$

然后移动小数点,使其变为1.M的形式

$$(10111010.1011)_2=(1.01110101011)_2\times2^{111}$$

求得M=01110101011B,并且最前面的1不予存储,默认在小数点的左边。

再看指数部分$(111)_2$,可知$E=7+127=134=10000110$B,即指数部分加上127(127对应于二进制数01111111,相当于指数为0),共8位;这样,大于127的指数为正数,小于127的指数为负数。

因为是正数,记符号位$F=0$,放在数的最前面;

于是,得到32位单精度浮点数的二进制格式

0　　10000110　　01110101011000000000000

符号　阶码部分(8 位)　尾数部分(延长到 23 位)

9. 一个浮点数的二进制存储格式为：CCDA0000H，求其 32 位的浮点数的十进制值。

解答：CCDA0000H＝1　100　1100　1　101　1010　0000　0000　0000　0000 B

故可知此浮点数为负数，尾数为 1.101 1010 0000……(别忘了小数点前面的 1)，指数为 $E=$100 1100 1B＝99H＝144D，$e=E-127=17$

对应的十进制值为

$$(1.101\ 1010\ 0000\cdots B\times 2^{17})_{10}=(1.101\ 1010\ 0000\cdots B\times 2^{17})_{10}=$$
$$=(1.101\ 1010\ 0000\cdots B\times 2^{10}\times 2^{7})_{10}=(1101\ 1010\ 000B\times 128)_{10}=$$
$$=(6D0H\times 128)_{10}=(6\times 256+13\times 16)\times 128=223232$$

10. 根据 IEEE 754 标准规定，求十进制数 －178.125 的规格化表示形式。

解答：因为是负数，记符号位 $F=1$，放在数的最前面；

因为 178.125＝10110010.001B＝1. 0110010001000000000000000000$\times 2^{111}$B

阶码的移码表示为 7＋127＝134＝10000110B。

故得 1　10000110　01100100010000000000000

11. 用补码来完成下列计算，并判断有无溢出产生(字长为 8 位)：

(1) 85 ＋ 60　　(2) － 85 ＋ 60

(3) 85 － 60　　(4) － 85 － 60

解答：$[85]_{补}$＝01010101　　$[60]_{补}$＝00111100

$[-85]_{补}$＝1010101　　$[-60]_{补}$＝11000100

溢出位反映带符号数(以二进制补码表示)运算结果是否超过机器所能表示的数值范围的情况。对 8 位运算，数值范围为－128～127；对 16 位运算，数值范围为－32768～＋32767。

若超过上述范围，称为“溢出”，OF 置 1。

溢出和进位是两种不同的概念，对于某次运算结果，有溢出不一定有进位；反之，有进位也不一定有溢出。

溢出位：OF 的值取决于 D_7 与 D_6 的进位数字，二者相同，都是 0 或都是 1，则无溢出，OF＝0；否则，OF＝1，有溢出；

(1) 85 ＋ 60 ＝$[85]_{补}$＋$[60]_{补}$

＝01010101 ＋ 00111100＝10010001

D_7 与 D_6 的进位数字，二者不同，顺序是 0 和 1，则有溢出，OF＝1。

(2) － 85 ＋ 60 ＝$[-85]_{补}$＋$[60]_{补}$

＝10101011 ＋ 00111100＝11100111

D_7 与 D_6 的进位数字，二者相同，都是 0，则无溢出，OF＝0。

(3) 85 － 60 ＝$[85]_{补}$＋$[-60]_{补}$

＝01010101 ＋ 11000100＝00011001

D_7 与 D_6 的进位数字，二者相同，都是 1，则无溢出，OF＝0。

(4) $-85-60=[-85]_补+[-60]_补$
$=10101011+11000100=01101111$

D_7与D_6的进位数字,二者不同,顺序是1和0,则有溢出,OF=1。

12. 在微型计算机中存放两个补码数,试用补码加法完成下列计算,并判断有无溢出产生。

(1) $[x]_补+[y]_补=01001010+01100001$

(2) $[x]_补-[y]_补=01101100-01010110$

解答:

(1) $[x]_补+[y]_补=01001010+01100001$
$=10101011$

D_7与D_6的进位数字,二者不同,顺序是0和1,则有溢出,OF=1。

(2) $[x]_补-[y]_补=01101100-01010110$
$=01101100+10101010$
$=00010110$

D_7与D_6的进位数字,二者相同,都是1,则无溢出,OF=0。

五、综合题

1. 为什么在计算机内部,一切信息的存取、处理和传送都是以二进制编码形式进行的?

解答:但计算机内部一般采用二进制,这是因为:

(1) 技术实现简单,计算机是由逻辑电路组成,逻辑电路通常只有两个状态,开关的接通与断开,这两种状态正好可以用1和0表示,或者反之。

(2) 运算规则简单,有利于简化计算机内部结构,提高运算速度。

(3) 适合逻辑运算:逻辑代数是逻辑运算的理论依据,二进制只有两个数码,正好与逻辑代数中的真和假相吻合。

(4) 易于与其他进制互相转换。

(5) 因为二进制数的每位数据只有高低两个状态,当受到一定程度的干扰时,不易改变。表明二进制数据具有抗干扰能力强,可靠性高的优点。

2. 请解释数制的4个概念:数位、数码、基数和位权。

解答:通常在数制中,都涉及4个概念:数位、数码、基数和位权(权重)。

- 数位:指数码在一个数中的位置。如十进制的个位、十位等。
- 数码:一个数制中表示基本数值大小的不同数字符号。如八进制有8个数码:0、1、2、3、4、5、6、7。
- 基数:某种数制中所拥有基本数码的个数。如十进制的基数为10,二进制的基数为2。运算规则为逢"基数"进一(加法运算),借一当"基数"(减法运算)。
- 位权:一个数值中某一位上的1所表示数值的大小。如十进制数128,1的位权是100(10^2),2的位权是10(10^1),8的位权是1(10^0),所以十进制数中千位、百位、十位、个位上的权可表示为10^3、10^2、10^1、10^0。

3. 写出下列真值对应的原码和补码的形式。

(1) $X=-1110011B$

(2) $X=-71D$

(3) $X=+1001001B$

解答：(1) 原码：11110011 补码：10001101。

(2) 原码：11000111 补码：10111001。

(3) 原码：01001001 补码：01001001。

4. 已知 $X=-1101001B, Y=-1010110B$,用补码求 $X-Y$ 的值。

解答：11101101

$$X-Y=[[X-Y]_{补码}]_{补码}=[[X]_{补码}+[-Y]_{补码}]_{补码}=10010111+01010110=11101101$$

5. 若采用原码表示一个带符号的 8 位二进制整数,写出其表示的数值范围。

解答：原码表示法是一种简单的机器数表示法。用 8 位进制原码表示带符号的整数,最高位是符号位,1 表示负号,0 表示正号,表示数值的位数只有 7 位。因此,最大的正数原码表示为$(01111111)_2=+127$,最小的负数,用原码表示为$(11111111)_2=-127$。

6. 叙述 BCD 编码方案,写出下列十进制数的压缩的 BCD 码：

(1) 83　(2) 6421

解答：常用的 8421BCD 编码,用 4 位二进制数表示 1 位十进制数：8、4、2、1。BCD 的转换方法：把每位十进制数分别转换成 4 位二进制数即可。

故 83 的 BCD 码为：10000011;6421 的 BCD 码为：0110010000100001。

7. 计算出存储 400 个 24×24 点阵汉字字形所需的存储容量。

解答：汉字和图形符号在计算机中通常是用点阵来描述的。所谓点阵,实际上就是一组二进制数。一个 m 行 n 列的点阵共有 $m\times n$ 个点,每个点可以是“黑”点或“白”点。用二进制位值 0 表示点阵中对应点为“白”点,而值 1 表示对应点为“黑”点。一个汉字在存储时需要占用多少字节,是由该汉字的点阵信息决定的。

对于 24×24 点阵的汉字来说,一个汉字的点阵信息共有 24 行,每一行上有 24 个点。存放每一行上的 24 个点需要 3 个字节。存放 24×24 点阵的一个汉字字模信息需要用 3×24=72 个字节,400 个 24×24 点阵汉字则需要 400×72 个字节。

8. 若给字符 4 和 9 的 ASCII 码加奇校验,应是多少？偶校验呢？

解答：加奇校验 34H,B9H ;加偶校验 B4H,39H

习　题　2

一、填空题

1. 8088/8086 总线接口部件(Bus Interface Unit,BIU)主要由________、________、________、总线控制逻辑电路和指令队列等组成。执行部件(Execution Unit,EU)主要由________、________、________、运算器(ALU)和 EU 控制系统等组成。控制器主要由________、________、________以及________组成。

解答：段寄存器　指令指针寄存器　地址加法器(地址形成逻辑电路)

通用寄存器组　标志寄存器　暂存器

指令控制器　时序控制器　总线控制器　中断控制器

2. 运算器的基本功能有________、________、________等。

解答：算术运算　逻辑运算　数据的比较、移位

运算器是计算机进行数据加工处理的中心。它主要是按照控制器发布的命令进行动作,执行所需要的算术运算和逻辑运算以及数据的比较、移位等操作。

3. 8086系统的一个________是由若干个机器周期组成的,所有指令的第一个机器周期都是________周期。

解答：指令周期　取指令

4. 计算机执行一条指令的过程就是依次执行一个确定的________的过程。

解答：时间序列

5. 取指周期中,主要按照________的内容访问主存,以读取指令。

解答：程序计数器(PC8086中是指令指针IP)给出的地址

6. 在CPU中,数据寄存器的作用是________、标志(程序状态字)寄存器的作用是________、程序计数器的作用是________。

解答：暂存从主存读出的一条指令或一个数据　保存处理器的状态信息和中断优先级　跟踪后续指令地址

7. 由于CPU内部的操作速度较快,而CPU访问一次主存所花的时间较长,所以机器周期通常由________来规定。

解答：CPU从主存中读取一个指令字所需的最短时间

8. 在具有地址变换机构的计算机(如8088/8086等)中有两种存储器地址：一种是允许在程序中编排的地址,称________;另一种是信息在存储器中实际存放的地址,称________。

解答：逻辑地址　物理地址

9. 若8088/8086 CPU的工作方式引脚MN/MX接+5V电源,则8088/8086 CPU工作于________;若MN/MX接地,则8088/8086 CPU工作在________。

解答：最小工作方式　最大工作方式

10. 8086 CPU在对存储器和I/O设备进行读写时,最小工作方式下的控制信号M/$\overline{\text{IO}}$,$\overline{\text{RD}}$,$\overline{\text{WR}}$等是由________产生的,最大工作方式下的控制信号$\overline{\text{IOR}}$,$\overline{\text{IOW}}$,MEMR,MEMW等是由________根据CPU的状态信号________而产生的。

解答：8086 CPU　8288总线控制器　S_0、S_1、S_2

11. 8088/8086 CPU在对存储器或I/O设备进行读写时,在最小工作方式的读写控制信号$\overline{\text{RD}}$,$\overline{\text{WR}}$和在最大工作方式的读写控制信号M/$\overline{\text{IO}}$(如IOR或IOW,MEMR或MEMW)都是在总线周期的________的时间内变为有效。

解答：T_2到T_4

12. 8086 CPU的高位数据允许BHE信号和A_0信号通常用来解决存储器和外设端口的读写操作。一般总线高位数据允许BHE信号接高8位D_{15}～D_8数据收发器的允许

端,而 A_0 信号接低8位 $D_7 \sim D_0$ 数据收发器的允许端。当________时,可读写全字 $D_{15} \sim D_0$;当________时,高8位数据 $D_{15} \sim D_8$ 在奇地址存储体进行读写;当________时,低8位数据 $D_7 \sim D_0$ 在偶地址存储体进行读写;当________时,不传送数据。

解答:BHE=0、A_0=0　BHE=0、A_0=1　BHE=1、A_0=0　BHE=1、A_0=1

13. 在以8088/8086为CPU的计算机系统中,当其他的总线主设备要求使用总线时,向8088/8086 CPU的引脚________发出一个________信号,CPU就在当前________结束,在引脚________上输出________信号给该总线主设备,同时,8088/8086 CPU让出总线控制权给这个总线主设备来控制总线。

解答:HOLD($\overline{RQ}/\overline{GT_0}$)　总线请求$\overline{RQ}$(保持)的低电平脉冲　总线周期

HLDA($\overline{RQ}/\overline{GT_1}$)　总线响应(保持响应)$\overline{GT_0}$的低电平脉冲

14. 8088/8086 CPU在最大工作方式时,RQ/GT_0 和 RQ/GT_1 两条信号线是为系统中引入多处理器应用而设计的,是总线请求和总线允许的________信号线。当某一总线主设备要使用总线时,它向CPU发出一个________,一般情况下,CPU在当前总线周期结束与下一个总线周期 T_1 之间,输出一个宽度为一个时钟周期的________给请求总线的设备,通知它可以控制、使用总线,同时CPU释放总线。当其他的总线主设备使用总线结束,再给出一个宽度为一个时钟周期的________信号给CPU,这样,CPU重新获得总线控制权。

解答:双向控制　总线请求$\overline{RQ}$信号(低电平有效)

总线响应$\overline{GT_0}$信号(低电平有效)　$\overline{RQ}$

15. 8088/8086 CPU在最大工作方式时,两条RQ/GT控制线可以同时接两个协处理器(除CPU以外的两个总线主设备)且$\overline{RQ}/\overline{GT_0}$的优先权________$\overline{RQ}/\overline{GT_1}$。

解答:高于

16. 80386 CPU是8086,80286向上兼容的高性能微处理器,有三种工作方式,即________、________和________。

解答:实地址方式　保护方式　虚拟8086方式(又称V86方式)

17. 80386 DX微处理器才是真正的80386,其内部寄存器、内外数据总线和地址总线都是________位的;通常所说的80386就是指________。

解答:32　80386 DX

18. 多媒体扩展技术MMX所具有的3大特点分别是________、________和________。

解答:采用SIMD指令　拥有积和运算功能　拥有饱和运算功能

19. Pentium Ⅲ芯片中新增了70条SSE指令,可分为________指令、________指令、________指令3类,这些指令能增强音频、视频和3D图形图像处理能力。

解答:内存连续数据流优先处理　SIMD(单指令多数据)浮点运算　新的多媒体运算

20. Pentium MMX(多能奔腾)微处理器指令系统的扩展是通过在奔腾处理器中增加________种新的数据类型、________个64位寄存器和________条新指令来实现的。

解答:4　8　57

二、选择题

1. 在计算机硬件系统中,核心的部件是________。

A. 输入设备　　B. 中央处理器　　C. 存储设备　　D. 输出设备

解答:B

2. 目前主流的CPU生产商有________。

A. Intel 和龙芯　　B. Intel 和 Apple

C. Intel 和 AMD　　D. AMD 和龙芯

解答:C

英特尔公司是全球最大的半导体芯片制造商,它成立于1968年,具有41年产品创新和市场领导的历史。1971年,英特尔推出了全球第一个微处理器。微处理器所带来的计算机和互联网革命,改变了整个世界。

AMD是一家专注于微处理器设计和生产的跨国公司,总部位于美国加州硅谷内森尼韦尔。AMD为电脑、通信及消费电子市场供应各种集成电路产品,其中包括中央处理器、图形处理器、闪存、芯片组以及其他半导体技术。

3. 1971年,微处理器芯片________的诞生,标志第一代微处理器问世。

A. Intel 3003　　B. Intel 3004

C. Intel 4003　　D. Intel 4004

解答:D

1971年,Intel公司的霍夫研制成功世界上第一块4位微处理器芯片Intel 4004,标志着第一代微处理器的问世。

4. 在CPU中,用于暂存指令的部件是________。

A. 累加器寄存器　　B. 指令寄存器

C. 程序计数器,也称指令指针　　D. 数据缓冲寄存器

解答:B

5. 8086与8088的主要差别是:________不同。

A. 对外地址总线的位数及内部寄存器的数目

B. 对外数据总线的位数及指令队列的长度

C. 内部数据路径宽度及存储器寻址空间范围

D. 执行部件控制电路及地址加法器的结构

解答:C

6. 在CPU中,用于指向指令后续地址的部件是________。

A. 程序计数器,也称指令指针　　B. 主存地址寄存器

C. 状态条件寄存器　　D. 指令译码器

解答:A

7. 在一个8086读总线周期中的T1状态内,处理器________。

A. 读入数据　　B. 送出地址码

C. 送出读命令信号 RD #　　D. 采样 READY 信号是否有效

解答：B

8. 8086微处理器的偏移地址是指________。

A. 芯片地址引线送出的20位地址码

B. 段内某存储单元相对段首地址的差值

C. 程序中对存储器地址的一种完全表

D. 芯片地址引线送出的16位地址码

解答：B

9. 若某处理器具有64GB的寻址能力，则该处理器具有________条地址线。

A. 36　　B. 64　　C. 20　　D. 24

解答：A，因为 $64G=2^{36}$。

10. 下列4条叙述中，错误的1条是________。

A. CPU的主频并不是越高越好________

B. 主频标志着CPU的计算精度和计算速率，主频越高，CPU的数据处理能力越强

C. 一般主板上的前端总线频率与内存总线频率相同

D. 为了加快CPU的运行速度，普遍在CPU和常规主存之间增设Cache

解答：B

在计算机技术中，字长标志着计算精度和计算速率，字长越长，CPU的数据处理能力越强。字长是指CPU能进行一次最基本的运算的二进制数的位数。

三、名词解释

1. 时钟周期

解答：时钟脉冲的重复周期称为时钟周期，即时钟脉冲频率的倒数。时钟周期是CPU的时间基准，例如，8086 CPU的主频为5MHz，则时钟周期 $T=1/5\text{MHz}=200\text{ns}$。

2. 总线周期

解答：CPU与外部交换信息总是通过总线来进行的。CPU的每一个这种信息输入、输出过程所需要的时间称为总线周期。每当CPU要从存储器或输入、输出端口读写一个字节或字(指机器字)时，就需要1个总线周期。8086 CPU的总线周期至少由4个时钟周期组成，分别以 T_1，T_2，T_3 和 T_4 表示。T 又称为状态。

3. 指令周期

解答：执行一条指令所需要的时间称为指令周期，它由一个或若干个总线周期组成。8086 CPU不同指令的指令周期是不等长的。

4. 等待周期

解答：8088/8086 CPU的等待周期是指：当对被选中的存储器或外设无法在一个总线周期的三个时钟周期内完成数据读写时，就由其发出一个请求延长总线周期的信号到CPU的READY引脚。当CPU收到该请求后，就在 T_0 和 T_4 之间插入一个或几个时钟周期，这就是等待周期，用 T_w 表示。

5. 物理地址

解答：物理地址即主存的实际地址，也称实地址，就是微处理器芯片的地址引脚上出

现的地址。例如,8088/8086 CPU 的物理地址就是经 CPU 内部地址形成电路(把段地址左移 4 位和有效地址 EA 相加)处理后出现在地址线上的地址。其有 20 根地址线,它的物理地址空间就是 2^{20},即可寻址 1MB 的主存储器。

6. 超标量

解答:超标量是指 CPU 有两条或两条以上的流水线,因而能够在一个时钟周期内 CPU 可以执行一条以上的指令。这在 486 或者以前的 CPU 上是很难想象的,只有 Pentium 级以上 CPU 才具有这种超标量结构;486 以下的 CPU 属于低标量结构,即在这类 CPU 内执行一条指令至少需要一个或一个以上的时钟周期。

7. SEC

解答:SEC 是 Single Edge Contact 的缩写,称单边接触的插盒,是奔腾Ⅱ(Pentium Ⅱ)微处理器所采用的新的封装技术。SEC 插盒技术是先将芯片固定在基板上,然后用塑料和金属将其完全封装起来,形成一个 SEC 插盒封装的处理器。

8. SSE

解答:SSE 是 Streaming SIMD Extensions 的缩写,意为"数据流单指令多数据扩展"指令集,原先称为"MMX2 指令集"(第二代多媒体扩展指令集)。Pentium Ⅲ芯片中的 70 条 SSE 指令可分为 3 类,它们是:①存储连续数据流优先处理指令 8 条;②SIME(单指令多数据)浮点运算指令 50 条;③新的多媒体指令 12 条。这些指令能增强音频、视频和 3D 图形图像处理能力。

9. 乱序执行

解答:乱序执行是指不完全按程序规定的指令顺序依次执行。乱序执行是高能奔腾(Pentium Pro)的一个极具生命力的特点。

10. 推测执行

解答:推测执行是指遇到转移指令时,不等结果出来,便先推测可能往哪里转移便提前执行。由于推测不一定全对,因而带有一定的风险。推测执行又称风险执行。

11. 动态分支预测

解答:动态分支预测是推测执行的一种具体做法,它是相对静态分支预测而言的。静态分支预测在指令到了译码器,进行译码时,利用 BTB 中目标地址信息预测分支指令的目标地址。而动态分支预测的预测发生在译码之前,即对指令缓冲器中尚未进入译码器中的那部分标明每条指令的起始和结尾,并根据 BTB 中的信息进行预测,这样发现分支指令要早。

12. 地址加法器

地址加法器用来产生 20 位存储器物理地址。地址加法器把段寄存器提供的 16 位的段基址,左移 4 位(即乘以 16),加上 EU 或者 IP 提供的 16 位偏移地址,形成 20 位的物理地址。

13. 地址锁存器

因为 8086CPU 采用地址/数据线 $AD_7 \sim AD_0$ 复用,当 CPU 与存储器交换信息时,在 T_1 状态由 CPU 送出访问存储单元的地址信息,随后再用这些引脚来传送数据。为此,在发数据之前,必须先将地址锁存起来。一般锁存器是 8282 芯片 或 74LS373 芯片。

14. 数据收发器

由于数据是双向传送的(如从 CPU 到存储器或 I/O 端口,或反之),数据总线要采用双向数据收发器。常用的 8 位双向数据收发器有 8286/8287 芯片或 74LS245 芯片。

四、问答题

1. 中央处理器(CPU)必须具备的主要功能有哪些?

解答:指令控制;操作控制、时间控制;数据加工。

2. 8086 的指令预取队列为多少字节?在什么情况下进行预取?

解答:8086 的指令预取队列为 6 个字节,每当指令队列有两个或两个以上的字节空间,且执行部件未向 BIU 申请读/写储存器操作数时,BIU 按顺序预取后续指令的代码,并填入指令队列。

3. 8086 由哪两大部分组成?简述它们的主要功能。

解答:8086 由总线接口部件 BIU 和执行部件 EU 两大部分组成。BIU 是 8086 同外部联系的接口,负责所有涉及外部总线的操作,包括取指令、读操作数、写操作数、地址转换和总线控制等;EU 负责指令的译码和执行。

4. 8088/8086 微处理器有哪些寄存器?

解答:8088/8086 微处理器有 8 个 16 位通用寄存器、4 个段寄存器、1 个指令指针 IP 和 1 个标志寄存器 FR,它们都是 16 位的。8 个通用寄存器中的 4 个为数据寄存器。这 4 个数据寄存器分别为累加器 AX、基址寄存器 BX、计数寄存器 CX 和数据寄存器 DX,它们又可分为高 8 位(AH,BH,CH,DH)和低 8 位(AL,BL,CL,DL),都可分别寻址和独立操作。另外 4 个是指针寄存器和变址寄存器,称堆栈指针 SP、基址指针 BP、源变址寄存器 SI 和目变址寄存器 DI。通用寄存器中 SP 和 BP 寄存器可以用作地址指针。4 个段寄存器分别称代码段寄存器 CS、堆栈段寄存器 SS、数据段寄存器 DS 和附加段寄存器 ES。

5. 有一个由 20 个字组成的数据区,其起始地址为 610AH:1CE7H。试写出该数据区首末单元的实际地址 PA。

解答:首单元地址:610A0H+1CE7H=62D87H。

末单元地址:62D87H+27H=62DAEH

注:20 个字共占用了 40 个字节,末单元的偏移量为 39(即十六进制的 27H)。

6. 8088/8086 CPU 的 20 位物理地址是怎样形成的?当 CS=2300H,IP=0110H 时,求它的物理地址。当 CS=1321H,IP=FF00H 时,它的物理地址又是什么呢?指向同一物理地址的 CS 值和 IP 值是唯一的吗?

解答:8088/8086 CPU 的 20 位物理地址是通过将 16 位的"段基值"左移 4 位再加上 16 位的"段偏移量"(又称偏移地址)形成的。依题意,两个物理地址均为 23110H。

可见指向同一物理地址的 CS 值和 IP 值不是唯一的。

7. 有一个 32 位的地址指针 67ABH:2D34H 存放在从 00230H 开始的存储器中,试画出它们的存放示意图。

解答:

地址	数据
00230H	34H
00231H	2DH
00232H	0ABH
00233H	67H

8. 将下列字符串的ASCII码依次存入从00330H开始的字节单元中，试画出它们的存放示意图：U E S T C(字母间有空格符)

解答： 地址 数据

地址	数据
00330H	55
00331H	20
00332H	45
00333H	20
00334H	53
00335H	20
00336H	54
00337H	20
00338H	43

9. 8086中的标志寄存器FR中有哪些状态标志和控制标志？这些标志位各有什么含义？假设(AH)＝03H，(AL)＝82H，试指出将AL和AH中的内容相加和相减后，标志位CF、AF、OF、SF、ZF和PF的状态。

解答：6个状态标志：CF：进位标志；PF：奇偶标志；AF：辅助进位标志；ZF：零标志；SF：符号标志；OF：溢出标志；

3个控制标志：IF：中断允许标志；DF：方向标志；TF：单步标志。

03H＋82H＝85H

计算后：CF＝0；PF＝0；AF＝0；ZF＝0；SF＝1；OF＝0。

03H－82H＝81H

计算后：CF＝0；PF＝1；AF＝1；ZF＝0；SF＝1；OF＝1。

82H－03H＝7FH

计算后：CF＝0；PF＝0；AF＝1；ZF＝0；SF＝0；OF＝1。

10. 已知：SS＝20A0H，SP＝0032H，欲将CS＝0A5BH，IP＝0012H，AX＝0FF42H，SI＝537AH，BL＝5CH依次压入堆栈保存，请画出堆栈存放这批数据的示意图，并指明入栈完毕时SS和SP的值。

解答：将CS、IP、AX 、SI、BL依次压入堆栈保存，SP逐次减2，可画出堆栈存放这批数据的示意图(略)。入栈完毕时，不变的是SS＝20A0H，SP减10(即AH)，为0028H。

11. 设当前SS＝C000H，SP＝2000H，AX＝2355H，BX＝2122H，CX＝8788H，则当前栈顶的物理地址是多少？若连续执行PUSH AX，PUSH BX，POP CX 3跳指令后，堆栈的内容发生了什么变化？AX ，BX，CX中的内容是什么？

解答：物理地址＝C0000H＋2000H＝C2000H。

执行指令后，地址C000H：1FFFH内容是23H；

地址C000H：1FFEH内容是55H；

地址C000H：1FFDH内容是21H；

地址C000H：1FFCH内容是22H；

(AX)＝2355H，(BX)＝(CX)＝2122H

12. 为什么微机系统的地址、数据和控制总线一般都需要缓冲器？

解答：微机系统的地址、数据和控制总线一般都需要缓冲器，以缓解 CPU 与外设之间工作速度的差异，保证信息交换的同步。

13. RISC 是指什么？其设计要点有哪些？Intel 公司在哪种微处理器中首先开始应用 RISC？

解答：RISC 是指精简指令集计算机，其英文全称是 Reduced Instruction Set Computer。它的设计要点有：

- 选取使用频度最高的一些简单指令和很有用但并不复杂的指令；
- 指令的长度固定，指令格式种类少，寻址方式种类少；
- 只有取数/存数指令访问存储器，其余指令操作都在寄存器之间进行；
- 采用指令流水线操作，实现指令并行操作；
- 大部分指令在一个时钟周期内完成；
- CPU 中通用寄存器的数目相当多；
- 以硬布线控制为主，不用或少用微程序控制，以加快指令执行速度。

在 Intel 公司在 80486 微处理器中首次应用 RISC 技术。

14. 简述微处理器内部 Cache 的发展变化情况。

解答：Cache 在刚引入时，是指在 CPU 与主存之间容量相对较小、但速度很快的存储器。早期的 Cache 一般由静态 RAM(SRAM)构成。然而，SRAM 的速度和 CPU 的速度还是相差甚远。为了进一步提高访问存储器操作的执行速度，从 80486 开始，在 CPU 内部设置 Cache。并且，由 80486 的一个 Cache 变成分别存放数据和指令的两个 Cache；内部 Cache 的容量也由 80486 的 8KB 逐步扩大到 256 KB 或更多；Cache 的组织由直接相联变成多路组相联；CPU 内部的 Cache 也由一级变为两级，并且 Cache 的存取时间变得更短。前 3 方面变化使得 Cache 的命中率得到进一步提高，而第 4 方面变化使得 CPU 访问存储器的操作进一步加快。

15. 什么叫双独立总线结构？采用该结构有什么好处？

解答：双独立总线(DIB)体系结构是指在处理器中设置两条数据总线，一条用于与 L2 高速缓存的连接，另一条作为处理器的主总线实现与主板上的主存储器等部件的连接。在没有采用 DIB 结构之前，L2 高速缓存与主存储器等部件共享处理器单一的数据总线，因而运行速度受到限制。此外，随着处理器主频的提高，这条数据总线成为数据交换的瓶颈。DIB 结构消除了这里的瓶颈，使得处理器能同时访问 L2 高速缓存和主存储器。L2 高速缓存的运行速度也因此不再受限，可以接近或完全达到处理器核心速度。

16. 什么叫乱序(超顺序)执行技术？它主要体现在哪些方面？采用该技术需要有什么硬件支持？

解答：超顺序执行技术突破传统的计算机顺序执行模式，在可能的情况下，让位于执行方向前面的指令提前执行。这样，最大限度地利用计算机中各种资源，以计算机所能支持的最大限度最快地执行指令。

超顺序执行主要表现在两个方面：一是一些因用到的寄存器而存在依赖关系的指

令,暂时不考虑它们的依赖关系,而让它们能并行执行;二是当一些需时较长的指令在执行时,使位于它后面的指令提前开始执行,而不要等这条指令执行完毕。

采用超顺序技术除必须具有取指部件与指令译码部件之外,还需要有寄存器更名表、指令池、驻留站、派遣/执行部件、结果退回部件等硬件支持。

17. 深度指令流水线是指什么?采用该结构有什么好处?

解答:采用深度指令流水线结构是指将指令的执行过程进一步细化,流水线的级数变多,而每一级的工作更少、更合理。这样做有两个好处:一是流水线级数变多、处理更趋合理,可使单条指令流水线并行执行指令的能力更强;二是每一级的处理时间更短,可以进一步提高微处理器的工作频率。总之,使微处理器执行指令的速度更快、效率更高。

18. 3D NOW!是哪方面的技术?由哪个公司首次提出?

解答:3D NOW!是在MMX技术的基础上,通过设计一组新的指令来改善浮点处理与多媒体应用之间冲突的一种技术,由AMD公司首次提出。

19. 什么是MMX?具有MMX的微处理器的特点是什么?

解答:MMX为"Multi Media Extension(多媒体扩展)"的简称,即在微处理器内部除常用指令系统的指令外,增加了支持多媒体的指令集和相应的硬件,使微处理器的性能大增。具有MMX技术的奔腾处理器(MMX Pentium)称为多能奔腾处理器。多能奔腾的MMX技术是80x86微处理器体系结构的重大革新,它是通过在奔腾处理器中增加4种新的数据类型、8个64位寄存器和57条新指令来实现的。

(1) 引入新的数据类型,新增加了8个64位通用寄存器。多能奔腾定义了4种新的64位数据类型及其紧缩(又称压缩)表示,它们是压缩字节(8个字节紧缩在1个64位数据中)、紧缩字(4个字紧缩在1个64位数据中)、紧缩双字(2个双字紧缩在1个64位数据中)和4字(1个64位信息)。新增加的8个64位通用寄存器能够保存各类紧缩的61位数据。

(2) 能实现新增的57条指令。采用SIMD(单指令多数据流)能运用单条指令同时并行处理多个数据元素,在一个时钟周期内并行处理4种类型,最多8组64位宽度的模拟/数字数据,这对多媒体处理十分有用。例如,处理一幅256级灰度的图像,由于图像像素数据通常以8位整数的字节表示,用MMX技术,8个这样的像素紧缩为一个64位值并可移入一个MMX寄存器。当一条MMX指令执行时,它将从MMX寄存器中一次对所有8个像素值并行完成其算术或逻辑操作,并将结果写入一个MMX寄存器,这样一次相当于处理了8个像素,而且能在一个时钟周期内执行两条指令,使多能奔腾的性能大大超过奔腾(Pentium)。

(3) 采用饱和运算。饱和运算也是MMX支持的一种新的运算。它的特点是对上溢和下溢的结果被截取(饱和)至该类数据的最大值和最小值。例如,对一个16位整数,运算结果若发生上溢,则保留结果为FFFFH(16位的最大值);若发生下溢,则保留结果为0000H。这在图形学中很有用。

(4) 具有积和运算能力。多能奔腾中的PMADDWD指令紧缩字相乘并加结果,即积和运算,可以大大提高矢量点的运算速度。这在音频和视频图像的压缩和解压缩中是经常用到的。

20. 什么是多核处理器?

解答:核心(Die)又称为内核,是 CPU 最重要的组成部分。CPU 中心那块隆起的芯片就是核心,是由单晶硅以一定的生产工艺制造出来的,CPU 所有的计算、接受/存储命令、处理数据都由核心执行。各种 CPU 核心都具有固定的逻辑结构,一级缓存、二级缓存、执行单元、指令级单元和总线接口等逻辑单元都会有科学的布局。

多核处理器是指在一枚处理器中集成两个或多个完整的计算引擎(内核)。处理数据的速度会更快,并且是各自运算不同的程序,就像几个大脑同时在考虑多件事情一样。换句话说,将多个物理处理器核心整合入一个核中。因为处理器实际性能是处理器在每个时钟周期内所能处理指令数的总量,因此增加多个内核,处理器每个时钟周期内可执行的单元数将增加多倍。这里必须强调一点:如果让系统达到最大性能,则必须充分利用多个内核中的所有可执行单元。

习 题 3

一、填空题

1. 直接变址寻址操作数的偏移地址是由________和________之和求得。

解答:指令指定的寄存器的内容 指令指定的位移量

2. 逻辑运算指令包括________、________、________和________等操作。

解答:逻辑乘(与) 逻辑加(或) 逻辑非(求反) 异或(按位加)

3. 段内转移指令将改变________的值。段间转移指令将改变________及________的值。

解答:IP CS IP

4. 指令 CLC 的作用是________。

解答:置标志寄存器中的 CF=0

5. 设(AH)=13H,执行指令 SHL AH,1 后,(AH)=________。

解答:26H

6. 指令 MOV AX,[BX+SI+6],其源操作数的寻址方式为________。

解答:基址变址寻址

7. 若(AX)=2000H,则执行指令 CMP AX,2000H 后,(AX)=________,ZF=________。

解答:2000H 1

8. 一个汇编语言源程序有 3 种基本语句:________、________和________。

解答:指令语句 伪指令语句 宏指令语句

9. 汇编语言的注释必须以________开始。注释的主要作用是:________。

解答:分号,即“;” 提高程序的可读性

10. 如果对串的处理是从低地址到高地址的方向进行的,则应将方向标志为 DF ________,否则应将 DF ________。

解答：清0　置1

11. 请填写下列各语句在存储器中分别为变量分配的字节数：

```
DATA    SEGMENT
NUM1    DB      20                      ;NUM1 分配________ B
NUM2    DB      '1AH,2DH,35H,40H'       ;NUM2 分配________ B
NUM3    EQU     05H                     ;NUM3 分配________ B
NUM4    DB      NUM3    DUP(0)          ;NUM4 分配________ B
DATA    ENDS
```

解答：1　15　0　5

12. 写出下列 MOV 指令单独执行后,有关寄存器中的内容(使用十六进制的数)。

(1)

```
MOV  AH,50H+23                                    ________
```

解答：67H

因为(23)D=(17)H

(2)

```
MOV  AH,32H+0ADH                                  ________
```

解答：0DFH

(3)

```
ARRAY1  DW      34H,56H,13H,45H
ARRAY2  DW      11H,13H,16H
MOV     AH,BYTE PTR ARRAY1+4                      ________
MOV     AL,ARRAY2-ARRAY1                          ________
```

解答：13H　08H

因为 ARRAY2-ARRAY1 就是 ARRAY1 的长度,这一部分存储空间如下所示：

ARRAY1:

```
34H  00H  56H  00H  13H  00H  45H  00H
```

(4)

```
MOV  AH,58H-34H                                   ________
```

解答：24H

(5)

```
MOV  AX,43H*35                                    ________
```

解答：0929H

注意 35 是十进制的数。

(6)

```
MOV  AH,0FFH/56H
```
____

解答：02H

(7)

```
MOV  AH,0DEH MOD 3
```
____

解答：00H

(8)

```
MOV  AX,9 GT 7
```
____

解答：0FFFFH

因为关系运算时，每个位上都是 1 表示关系成立，每个位上都是 0 表示关系不成立。

(9)

```
MOV  AX,0AH GE 0AH
```
____

解答：0FFFFH

(10)

```
MOV  AX,23 LT 0CH+5
```
____

解答：0000H

因为要保证运算时数制的统一。

(11)

```
MOV  AX,10 LE 0AH
```
____

解答：0FFFFH

(12)

```
MOV  AX,56 EQ 38H
```
____

解答：0FFFFH

首先统一数制再运算。

(13)

```
MOV  AX,63H MOD 55 NE 33H
```
____

解答：0FFFFH

因为算术运算 MOD 优先级高于关系运算 NE。

(14)

```
MOV  AL,NOT 0AH
```
____

解答：0F5H

(15)

```
MOV   AX,23 AND 66
```

解答：0002H

(16)

```
MOV   AX,(25 GT 34)OR 0ADH
```

解答：00ADH

(17)

```
MOV   AL,0CDH XOR 85H
```

解答：48H

(18)

```
MOV   AL,70H SHR 5/4
```

解答：00H

因为移位运算 SLR 的优先级高于算术运算/，并且 AL 是 8 位的，所以高 8 位要舍弃。

(19)

```
MOV   AL,23H SHL 2+13 MOD 6
```

解答：8DH

(20)

```
ARRAY1   DB 20,30 DUP(0)
ARRAY2   DD 30 DUP(0,3 DUP(1),2)
ARRAY3   DW 10H,20H,30H
MOV      AL,LENGTH ARRAY1
MOV      AL,SIZE ARRAY2
MOV      AL,TYPE ARRAY3
```

解答：01H　78H　02H

(21)

```
ARRAY1   DB 65H,20H
ARRAY2   DW 129AH
MOV      AX,WORD PTR ARRAY1
MOV      AL,BYTE PTR ARRAY2
```

解答：2065H　9AH

(22)

```
NUM1   EQU 23
NUM2   EQU 79
```

```
NUM3  EQU 4
MOV   AL,NUM1 * 5 MOD NUM3          ________
MOV   AL,NUM2 AND 34                ________
MOV   AL,NUM3 OR 5                  ________
MOV   AL,NUM1 LE NUM2               ________
MOV   AX,NUM2 SHL 2                 ________
```

解答：03H　02H　05H　0FFH　013CH

二、选择题

1. 对某个寄存器中操作数的寻址方式称为________寻址方式。

A. 直接　　B. 间接　　C. 寄存器　　D. 寄存器间接

解答：C

2. 设(AX)=1234H,(BX)=5678H,执行下列指令后,AL 的值应是________。

```
PUSH  AX
PUSH  BX
POP   AX
POP   BX
```

A. 12H　　B. 34H　　C. 56H　　D. 78H

解答：D

用栈操作指令实现 AX,BX 中内容的交换;执行指令后(AX)=5678H,(BX)=1234H;因此 AL=78H。

3. 已知 SP=2001H,[2001H]=34H,[2002H]=12H,经操作 POP BX 后,将 2002H、2001H 单元的内容弹到 BX,(SP)=________。

A. 2001H　　B. 2002H　　C. 2003H　　D. 2004H

解答：C

堆栈操作是字操作,经操作 POP BX 后,(BX)=1234H;堆栈指针地址加 2,故(SP)=2003H。

4. 下列指令错误的是________。

A. RCR　DX,CL　　B. RET

C. IN　AX,0268H　　D. OUT　80H,AL

解答：C

I/O 指令中当端口地址处于 0～255 之间时,可采用直接寻址方式,如：IN AL,60H,将地址为 60H 的端口内容送 AL 寄存器中;当端口地址大于 255 时,应采用间接寻址方式,如 MOV DX,0908H;IN AL,DX,先将端口地址送 DX,再将 DX 所指端口内容送 AL 寄存器中。因此 C 指令非法。

5. 若将 AL 中的值高 4 位取反,低 4 位保持不变,使用下列指令________。

A. AND　AL,F0H　　B. OR　AL,F0H

C. NOT　AL,F0H　　D. XOR　AL,F0H

解答：D

XOR 指令的特点是：当一个二进制数的某位数字与 0 异或时，结果与原数相同；当一个二进制数的某位数字与 1 异或时，结果与原数相反。故 XOR AL, 11110000B 可完成题目要求。

6. BL 寄存器高 4 位保持不变，低 4 位置 1 的操作正确的是________。

A. AND BL,0FH　　B. OR BL,0FH
C. NOT BL,0FH　　D. XOR BL,0FH

解答：B

OR 指令的特点是：当一个二进制数的某位数字与 0 作或运算时，结果不变；当一个二进制数的某位数字与 1 作或运算时，结果为 1。故 OR BL, 00001111B 可完成题目要求。

7. 指令 ADD AX,[SI]中源操作数的寻址方式是________。

A. 基址寻址　　B. 基址和变址寻址
C. 寄存器间接寻址　　D. 寄存器间接寻址

解答：D

8. 逻辑移位指令 SHL 用于________。

A. 带符号数乘 2　　B. 带符号数除 2
C. 无符号数乘 2　　D. 无符号数除 2

解答：C

SHL 指令常用作无符号数的倍增操作。

9. 下面的选项中名字是合法的是：________。

A. STRING　　B. 2FX　　C. ADD　　D. A#B

解答：A

2FX 是错的，因为名字不能以数字开头，只能以字母开头；ADD 是汇编语言的关键字，名字不能是关键字；A#B 中包含了字符#，名字中只能包含数字、字母和下划线。

10. 下面说法错误的是________。

A. 注释的位置一般是跟在一个语句的后面，或者是单独作为一行
B. 汇编语句一行只能写一条语句
C. 一条汇编语句也只能写成一行
D. 在上机时汇编语言的任何代码的输入既可以用全角状态，也可以用半角状态

解答：D

在上机时，除了字符串中的标点符号和英文数字外，均不能采用全角状态录入，必须用半角状态。

11. 一个字节所能表示的无符号整数数据范围为________。

A. 0～256　　B. 0～255　　C. －128～127　　D. －127～127

解答：B

无符号整数是以 0 开始的，一个字节由 8 位二进制数表示，最多能表示 256 个数。所以题目要求的数据范围为 0～255。

12. 一个字所能表示的有符号整数数据范围为________。

A. 0～65536　　B. 0～65535

C. －32768～32767　　D. －32767～32767

解答：C

一个字由 16 位二进制数表示，最多能表示 65536 个数，若表示有符号数，其中最高位为 0 的和最高位为 1 的分别为 32768 个数，因此题目要求的数据范围为－32768～32767。

13. 下列语句错误的是________。

A. X1　DB　45H　　B. X1　DB　'ABCD'

C. X1　DB　34H,415H　　D. X1　DW　1000,100,10

解答：C

定义变量时，常见的错误是：常量默认表示的数据类型与定义的不一致，导致编译错误。本题中 C 选项中的 415H 默认表示一个 DW 类型的数据，而定义时却使用了 DB，编译器无法把前者转换为后者。

14. 下列数据在汇编语言中非法的是________。

A. 12H　　B. ABH　　C. 01011B　　D. 200

解答：B

在汇编语言中表示一个整数可以使用十进制、十六进制或二进制。使用二进制时，必须在最后面加上 B；使用十六进制时，必须在最后面加上 H，但是当第一位是 A～F 时，必须还要在最前面加上 0。本题 B 选项中的 ABH 正确的写法为 0ABH。

15. 能把汇编语言源程序翻译成目标程序的程序称为________。

A. 编译程序　　B. 解释程序　　C. 编辑程序　　D. 汇编程序

解答：D

将汇编语言源程序翻译成目标程序的程序是汇编程序，编译程序和解释程序是翻译高级语言源程序的，编辑程序是用于编辑修改程序的。

三、判断改错题

(　　)1. 在寄存器寻址方式中，指定的寄存器中存放的是操作数地址。

改错：

解答：错

在寄存器寻址方式中，指定寄存器中存放着操作数。

(　　)2. 用某个寄存器中操作数的寻址方式称为寄存器间接寻址。

改错：

解答：对

用某个寄存器中操作数的寻址方式称为寄存器直接寻址，如果寄存器中是操作数的地址则为寄存器间接寻址。

(　　)3. 转移类指令能改变指令执行顺序，因此，执行这类指令时，IP 和 SP 的值都将发生变化。

改错：

解答：错

执行这类指令时，SP的值不会发生变化。

(　　)4. 指令的寻址方式有顺序和跳跃两种方式，采用跳跃寻址方式，可以实现堆栈寻址。

改错：

解答：错

指令的寻址方式有顺序和跳跃两种方式。采用跳跃寻址方式，可以实现程序的条件转移或无条件转移。

四、名词解释

1. 指令　　2. 程序　　3. 指令系统　　4. 寻址方式

解答：

1. 指令就是指挥计算机执行某种操作的命令，通常由操作码和操作数两大部分组成。操作码规定操作性质，操作数则指定操作对象。

2. 完成一个任务的一组完整的指令序列，就是程序。

3. 指令就是指挥计算机执行某种操作的命令，计算机所能执行的各类指令的总和称为指令系统。

4. 指令通常由操作码和操作数两大部分组成。操作码规定操作性质，操作数则指定操作对象。从指令中找到操作数的方法，就是操作数的寻址方式。

五、综合题

1. 段寄存器CS=1200H，指令指针寄存器IP=FF00H，此时，指令的物理地址为多少？指向这一物理地址的CS值和IP值是唯一的吗？

解答：指令的物理地址为21F00H；CS值和IP值不是唯一的，例如：CS=2100H，IP=0F00H。

2. 指出下列各条指令中源操作数的寻址方式，并指出下列各条指令执行之后，AX寄存器的内容。设有关寄存器和存储单元的内容为：(DS)=2000H，(BX)=0100H，(SI)=0002H，(20100H)=12H，(20101H)=34H，(20102H)=56H，(20103H)=78H，(21200H)=2AH，(21201H)=4CH，(21202H)=0B7H，(21203H)=65H：

(1) MOV　AX,1200H

(2) MOV　AX,BX

(3) MOV　AX,[1200H]

(4) MOV　AX,[BX]

(5) MOV　AX,1100H[BX]

(6) MOV　AX,[BX],[SI]

(7) MOV　AX,1100H[BX],[SI]

解答：DS给出数据段地址，因此，数据段的起始物理地址为(DS)×10H=20000H。由BX,SI给出的偏移量，根据寻址方式(除立即、寄存器寻址外)求出有效地址EA，再加上 20000H,求出物理地址,此地址(连续两字节)的内容就是 AX 的内容。

(1) 源操作数为立即寻址方式,因源操作数为 1200H,所以(AX)=1200H。

(2) 源操作数为寄存器寻址方式,因(BX)=0100H,所以(AX)=0100H。

(3) 源操作数为直接寻址方式。

EA=1200H　物理地址=20000H+1200H=21200H

因为(21200H)=2AH,(21201)=4CH

所以(AX)=4C2AH

(4) 源操作数为寄存器间接寻址方式。

EA=(BX)=0100H

物理地址=20000H+0100H=20100H

因为(20100H)=12H,(20101H)=34H

所以 (AX)=3412H

(5) 源操作数为寄存器相对寻址方式。

EA=1100H+0100H=1200H

物理地址=20000H+1200H=21200H

(AX)=(21200H)=4C2AH

(6) 源操作数为基址变址寻址方式。

EA=(BX)+(SI)=0100H+0002H=0102H

物理地址=20000H+0102H=20102H

(20102H)=56H,(20103H)=78H

(AX)=7856H

(7) 源操作数为相对基址变址寻址。

EA=1100H+(BX)+(SI)=1100H+0100H+0002H=1202H

物理地址=20000H+1202H=21202H

(20102H)=56H,(20103H)=78H

(21202H)=0B7H,(21203H)=65H

(AX)=65B7H

3. 指出下列指令的错误。

```
(1) MOV    DS,0200H
(2) MOV    AH,BX
(3) MOV    BP,AL
(4) MOV    AX,[SI][DI]
(5) OUT    310H,AL
(6) MOV    [BX],[SI]
(7) MOV    CS,AX
(8) PUSH   CL
```

解答:

(1) 不能直接向 DS 中送立即数,要实现该语句的功能应改为:

```
MOV  AX,0200H
MOV  DS,AX
```

(2) 寄存器类型不匹配,应改为:

```
MOV AH,BH(BL)或 MOV AX,BX
```

(3) 寄存器类型不匹配,应改为:

```
MOV  BP,AX
```

(4) SI,DI不能一起用。

(5) 直接寻址的输出指令中,端口号只能在0～FFH范围内。

(6) 源操作数为非立即数,两操作数之一必为寄存器。

(7) CS不能作目的寄存器。

(8) PUSH指令只能对字操作,不能对字节CL操作。

4. 试用以下3种方式写出交换寄存器SI和DI的内容。

(1) 用数据交换指令实现。

(2) 不用数据交换指令,仅使用数据传送指令实现。

(3) 用栈操作指令实现。

解答:

(1) 用数据交换指令实现。

```
MOV    AX.,SI
XCHG   AX,DI
MOV    SI,AX
```

(2) 用数据传送指令实现。

```
MOV  AX,SI
MOV  BX,DI
MOV  SI,BX
MOV  DI,AX
```

(3) 用栈操作指令实现。

```
PUSH  SI
PUSH  DI
POP   SI
POP   DI
```

5. 试分析下面程序段完成什么功能。

```
MOV    CL,4
SHR    AX,CL
MOV    BL,DL
SHR    DX,CL
SHL    BL,CL
```

```
OR      AH,BL
```

解答：由程序段可看出，AX、DX 都是实现逻辑右移 4 位的功能，BL 起暂存作用。可以给 DX、AX 各设置 16 位初始数据来观察其所完成的功能。

设(AX)＝8A9BH，(DX)＝1254H

```
MOV  CL,4;(CL)=4;
SHR  AX,CL;(AX)=08A9H,CF=1
MOV  BL,DL;(BL)=54H
SHR  DX,CL;(DX)=0125H
SHL  BL,CL;(BL)=40H,CF=1
OR   AH,BL;(AH)=48H,CF=0(OR 指令使 CF=OF=0)
(AX)=48A9H
```

由上得出该程序段完成功能：把 DX：AX 中的双字右移 4 位。

注意：CF 在这里没有起到作用。逻辑运算指令按位操作，除 NOT 不影响标志位，其余指令将使 CF＝OF＝0，影响 SF，ZF，PF。逻辑位移指令用于截取字节或字中的若干位。

6. 等价伪指令与等号伪指令有什么不同？

解答：等价伪指令定义的标号不允许重复赋值，而等号伪指令定义的标号则允许再次赋值。

7. 画图说明下列语句分配的存储空间即初始化的数据值：

(1) ARRAY DB 3,2,4 DUP(1,2,3),'HELLO'

(2) ARRAY DW 2 DUP(3,?,2 DUP(1,3))

解答：

(1) 03H 02H 01H 02H 03H 01H 02H 03H 01H 02H 03H 01H 02H 03H 48H 45H 04CH 04CH 04FH

(2) 03H 00H ? ? 01H 00H 03H 0H 01H 00H 03H 00H 03H 00H ? ? 01H 00H 03H 0H 01H 00H 03H 00H

8. 已知下面的程序完成的功能是将存放在 DATA1 和 DATA2 开始单元中的两个多字节数据相加，并将结果存放在 SUM 开始的连续单元中。回答下面的问题。

(1) 可否使用 ADD SI,1 来代替程序中的 INC SI，为什么？

(2) 程序中的 LEA SI,DATA1 还可以写成________。

(3) 本程序使用 LEN DW 3 来定义变量 LEN，此处的 3 是 DATA1 的长度，因此此处还可以写成 LEN DW ________。

(4) 使用指令 CLC 的目的是________。

```
DSEG     SEGMENT
DATA1    DB     23H,45H,07H
DATA2    DB     34H,78H,3AH
LEN      DW     3
SUM      DB     0,0,0
```

```
DSEG      ENDS
CSEG      SEGMENT
ASSUME    CS: CSEG,DS: DSEG
START: MOV    AX,DSEG
       MOV    DS,AX
       LEA    SI,DATA1
       LEA    BX,DATA2
       LEA    DI,SUM
       MOV    CX, LEN
       CLC
AGAIN: MOV    AL,[SI]
       ADC    AL,[BX]
       MOV    [DI],AL
       INC    SI
       INC    BX
       INC    DI
       LOOP   AGAIN
       MOV    AH,4CH
       INT    21H
       CSEG   ENDS
       END    START
```

解答:

(1) 不可以。因为指令 ADD 会影响标志位 CF 的状态,而 IDC 不会。

(2) LEA SI,DATA1 取得的是 DATA1 的偏移地址,所以还可以写成 MOV SI,OFFSET DATA1。

(3) LEN DW \$-DATA,虽然两句表达的是同一个意思,但是变量 LEN 的值是和 DATA1 的长度严格关联起来的。如果使用前者,修改了 DATA1 的长度后,同时也要修改 LEN 的值,使得程序不严谨。

(4) CLC 的作用是清进位,由于要使用到指令 ADC,所以需要使用 CLC 清进位。

9. 请问下面程序段中的语句执行之后,AX 寄存器中的内容是多少?

```
DATA          SEGMENT
TABLE_ADDR     DW     1234H
DATA          ENDS
              .
              .
              MOV    AX,TABLE_ADDR
              LEA AX,TABLE_ADDR
```

解答:MOV AX,TABLE_ADDR 实际上是存储器寻址,是把 TABLE_ADDR 所表示的内存地址存储的值交给寄存器 AX,即 1234H;LEA AX,TABLE_ADDR 相当于操作 MOV AX,OFFSET TABLE_ADDR,是把 TABLE_ADDR 的偏移地址交给寄存器 AX,这个偏移地址为 0000H。

10. 请写出下面程序段中的语句执行之后,各个目的操作数的值。

```
DATA  SEGMENT
    ADR1    DB    12H,04H,00
            DW    56H,2468H
DATA  ENDS
    .
    .
    LEA     BX,ADR1
    MOV     AX,[BX+2]
    MOV     SI,[BX+1]
    MOV     CX,[BX+SI]
    MOV     DX,[SI]
    MOV     BX,[SI-2]
    12H
```

解答:依题意,ADR1 内存的分配示意图如下。

存储单元	0000H	0001H	0002H	0003H	0004H	0005H	0006H
存储数据	12H	04H	00H	56H	00H	68H	24H

LEA BX,ADR1 取得的是 ADR1 的偏移地址,为 0000H。

MOV AX,[BX+2]取得的是内存地址 0002H 存储的值,又由于 AX 是 16 位的,所以得到的值为 5600H。

MOV SI,[BX+1]取得的是内存地址 0001H 存储的值,又由于 SI 是 8 位的,所以得到的值为 04H。

MOV CX,[BX+SI]取得的是内存地址 0004H 存储的值,又由于 CX 是 16 位的,所以得到的值为 6800H。

MOV DX,[SI]取得的是内存地址 0004H 存储的值,又由于 DX 是 16 位的,所以得到的值为 6800H。

MOV BX,[SI−2]取得的是内存地址 0002H 存储的值,又由于 BX 是 16 位的,所以得到的值为 5600H。

11. 试分析下面的程序段完成什么功能?如果要实现将程序段中所处理的无符号数据右移 5 位,那么应该怎样修改程序。

```
MOV  CL,04
SHL  DX,CL
MOV  BL,AH
SHL  AX,CL
SHR  BL,CL
OR   DL,BL
```

解答:实现将 DX 和 AX 中的双字数据联合左移 4 位。

如果要实现将程序段中所处理的无符号数据右移 5 位:

```
MOV  CH,08
MOV  CL,05
SHR  AX,CL
MOV  BL,DL
SHR  DX,CL
SUB  CH,CL
MOV  CL,CH
SHL  BL,CL
OR   AH,BL
```

12. 在内存单元 NUMW 中存放着一个 0～65535 范围内的整数,将该数除以 500,然后将商和余数分别存入 QUO 和 REM 单元中。将程序补充完整。

```
DSEG    SEGMENT
NUMW    DW      8000
QUO        DW      0
REM        DW      0
DSEG    ENDS
CSEG    SEGMENT
    ASSUME    CS:CSEG,DS:DSEG
    ASSUME    CS:CSEG,DS:DSEG
    MOV    AX,DSEG
    MOV    DS,AX
    MOV    AX,NUMW
    MOV    ________,500
    XOR    DX,DX
    DIV    BX
    MOV    QUO,AX
    MOV    REM,________
    HLT
CSEG ENDS
      END
```

解答:由下面的指令 DIV BX 可以知道,除数是存在 BX 中的,因此第一个空应该填写 BX;DIV 指令把余数储存在寄存器 DX 中,商存在 AX 中,所以第二个空应该填写 DX。

13. 依次执行下面的指令序列,请在空白处填上左边指令执行完成时该寄存器的值。

```
MOV  AL,0C5H
MOV  BH,5CH
MOV  CH,29H
AND  AL,BH                  ;AL=________H
OR   BH,CH                  ;BH=________H
XOR  AL,AL                  ;AL=________H
AND  CH,0FH                 ;CH=________H
MOV  CL,03
```

```
MOV   AL,0B7H
MOV   BL,AL
SHL   AL,CL                          ;AL=________ H
ROL   BL,CL                          ;BL=________ H
```

解答：44H;7DH;00H;09H;0B8H;0BDH。

14. 如果需要定义如下所述的变量，请设置一个数据段 DATASEG 来完成。

(1) STR1 为字符串常量：'My Computer'

(2) NUM1 为十进制数字节变量：90

(3) NUM2 为十六进制数字节变量：BC

(4) NUM3 为二进制数字节变量：00100100

(5) NUM4 为 ASCII 码字符变量：56223

(6) ARRAY1 为 8 个 1 的字节变量

(7) ARRAY2 为 6 个十进制的字变量：10,11,12,13,14,15

(8) NUM5 为 4 个零的字变量

解答：

```
DATASEG  SEGMENT
STR1     DB      'My Computer'
NUM1     DB      90
NUM2     DB      0BCH
NUM3     DB      00100100B
NUM4     DB      '56223'
ARRAY1   DB      8DUP(1)
ARRAY2   DW      0010H,0011H,0012H,0013H,0014H,0015H
NUM5     DW      4DUP(0)
DATASEG  ENDS
```

15. 假设 AX 和 BX 中的内容为有符号数，CX 和 DX 中的内容为无符号数，请用指令实现下面的判断。

(1) 若 AX 的值大于 BX 的值，则转去执行 POINT。

(2) 若 CX 的值不大于 DX 的值，则转去执行 POINT。

(3) 若 CX 的值为零，则转去执行 POINT。

(4) AX 减去 BX 后，若产生溢出，则转去执行 POINT。

解答：

```
(1) CMP    AX,BX
    JA     POINT
(2) CMP    CX,DX
    JLE    POINT
(3) CMP    CX,0
    JZ     POINT
(4) SUB    AX,BX
```

```
    JO     POINT
```

16. 用最可能少的指令实现下述功能：

(1) 如果AH的第4,3位为11,则将AH清0,否则全置1。

(2) 如果AH的数据为奇数,则将AH清0,否则全置1。

(3) 如果AH的数据为负数,则将AH清0,否则全置1。

(4) 如果AX和BX中存的是无符号整数,AX中的数据是BX中数据的整数倍,则将AH清0,否则全置1。

(5) 如果AX中的数据和BX中的数据相加产生溢出,则将AH清0,否则全置1。

解答：

(1)

```
AND    AH,18H
JNZ    SETZERO
MOV    AH,0FFH
JMP    NEXTCODE
SETZERO:
MOV    AH,00H
NEXTCODE:
          …
```

(2)

```
MOV    AL,0
SHR    AH,1
JC     SETZERO
MOV    AH,0FFH
JMP    NEXTCODE
SETZERO:
MOV    AH,00H
NEXTCODE:
          …
```

(3)

```
AND    AH,AH
JS     SETZERO
MOV    AH,0FFH
JMP    NEXTCODE
SETZERO:
MOV    AH,00H
NEXTCODE:
          …
```

(4)

```
XOR     DX,DX
DIV     BX
CMP     DX,0
JZ      SETZERO
MOV     AH,0FFH
JMP     NEXTCODE
SETZERO:
MOV     AH,00H
NEXTCODE:
             …
```

(5)

```
ADD     AX,BX
JO      SETZERO
MOV     AH,0FFH
JMP     NEXTCODE
SETZERO:
MOV     AH,00H
NEXTCODE:
             …
```

习 题 4

1. 在程序的括号中分别填入下述指定的指令后,给出程序的执行结果。
程序如下:

```
CSEG    SEGMENT
        ASSUME CS:CSEG
START:  MOV     AX,2
        MOV     BX,3
        MOV     CX,4
        MOV     DX,5
NEXT:   ADD     AX,AX
        MUL     BX
        SHR     DX,1
        (                 )
        MOV     AH,4CH
        INT     21H
CSEG
        END     START
```

(1) 若括号中填入 LOOP NEXT 指令,执行后

AX=________H

BX=________H

CX=________ H

DX=________ H

(2) 若括号中填入 LOOPZ NEXT 指令,执行后

AX=________ H

BX=________ H

CX=________ H

DX=________ H

(3) 若括号中填入 LOOPNZ NEXT 指令,执行后

AX=________ H

BX=________ H

CX=________ H

DX=________ H

解答:

(1)

AX= 0A20 H

BX= 0003 H

CX= 0000 H

DX= 0000 H

(2)

AX= 0A20 H

BX= 0003 H

CX= 0000 H

DX= 0000 H

(3)

AX= 000C H

BX= 0003 H

CX= 0003 H

DX= 0000 H

2. 试编写一个汇编语言程序,要求对键盘输入的小写字母用大写字母显示出来。

解答:

程序段如下:

```
BEGIN:   MOV    AH, 1                ;从键盘输入一个字符的DOS调用
         INT    21H
         CMP    AL, 'a'              ;输入字符<'a'吗
         JB     STOP
         CMP    AL, 'z'              ;输入字符>'z'吗
         JA     STOP
```

```
        SUB     AL, 20H                 ;转换为大写字母,用 AND AL,1101
                                        ;1111B 也可
        MOV     DL, AL                  ;显示一个字符的 DOS 调用
        MOV     AH, 2
        INT     21H
        JMP     BEGIN
STOP:           RET
```

3. 试编写一程序,要求能从键盘接收一个个位数 N,然后响铃 N 次(响铃的 ASCII 码为 07)。

解答:

程序段如下:

```
BEGIN:  MOV     AH, 1                   ;从键盘输入一个字符的 DOS 调用
        INT     21H
        SUB     AL, '0'
        JB      STOP                    ;输入字符<'0'吗
        CMP     AL, 9                   ;输入字符>'9'吗
        JA      STOP
        CBW
        MOV     CX, AX                  ;响铃次数 N
        JCXZ    STOP
BELL:   MOV     DL, 07H                 ;准备响铃
        MOV     AH, 2                   ;显示一个字符的 DOS 调用,实际为响铃
        INT     21H
        CALL    DELAY100ms              ;延时 100ms
        LOOP    BELL
STOP:   RET
```

4. 编写程序,从键盘接收一个小写字母,然后找出它的前导字符和后续字符,再按顺序显示这三个字符。

解答:

程序段如下:

```
BEGIN:  MOV     AH, 1                   ;从键盘输入一个字符的 DOS 调用
        INT     21H
        CMP     AL, 'a'                 ;输入字符<'a'吗
        JB      STOP
        CMP     AL, 'z'                 ;输入字符>'z'吗
        JA      STOP
        DEC     AL                      ;得到前导字符
        MOV     DL, AL                  ;准备显示 3 个字符
        MOV     CX, 3
DISPLAY:MOV     AH, 2                   ;显示一个字符的 DOS 调用
        INT     21H
```

```
        INC     DL
        LOOP    DISPLAY
STOP:   RET
```

5. 将 AX 寄存器中的 16 位数分成 4 组，每组 4 位，然后把这 4 组数分别放在 AL、BL、CL 和 DL 中。

解答：

程序段如下：

```
DSEG     SEGMENT
STORE    DB   4 DUP(?)
DSEG     ENDS
         ⋮
BEGIN:   MOV    CL, 4                 ;右移 4 次
         MOV    CH, 4                 ;循环 4 次
         LEA    BX, STORE
A10:     MOV    DX, AX
         AND    DX, 0FH               ;取 AX 的低 4 位
         MOV    [BX], DL              ;低 4 位存入 STORE 中
         INC    BX
         SHR    AX, CL                ;右移 4 次
         DEC    CH
         JNZ    A10                   ;循环 4 次完了码?
B10:     MOV    DL, STORE             ;4 组数分别放在 AL,BL,CL 和 DL 中
         MOV    CL, STORE+1
         MOV    BL, STORE+2
         MOV    AL, STORE+3
STOP:    RET
```

6. 试编写一程序，要求比较两个字符串 STRING1 和 STRING2 所含字符是否完全相同，若相同则显示'MATCH'，若不相同则显示'NO MATCH'。

解答：

程序如下：

```
DSEG     SEGMENT
STRING1  DB   'I am a student.'
STRING2  DB   'I am a student!'
YES      DB   'MATCH', 0DH, 0AH, '$'
NO       DB   'NO MATCH', 0DH, 0AH, '$'
DSEG     ENDS
;----------------------------------------------------------------
CSEG     SEGMENT
MAIN     PROC    FAR
ASSUME   CS: CSEG, DS: DSEG, ES: DSEG
START:   PUSH    DS                    ;设置返回 DOS
```

```
          SUB    AX, AX
          PUSH   AX
          MOV    AX, DSEG
          MOV    DS, AX               ;给 DS 赋值
          MOV    ES, AX               ;给 ES 赋值
          ;
BEGIN:    LEA    SI, STRING1          ;设置串比较指令的初值
          LEA    DI, STRING2
          CLD
          MOV    CX, STRING2-STRING1
          REPE   CMPSB                ;串比较
          JNE    DISPNO
          LEA    DX, YES              ;显示 MATCH
          JMP    DISPLAY
DISPNO:   LEA    DX, NO               ;显示 NO MATCH
DISPLAY:  MOV    AH, 9                ;显示一个字符串的 DOS 调用
          INT    21H
          RET
          MAIN   ENDP
          CSEG   ENDS                 ;以上定义代码段
          ;----------------------------------------------------
          END    START
```

7. 编写程序，将一个包含有 20 个数据的数组 M 分成两个数组：正数数组 P 和负数数组 N，并分别把这两个数组中数据的个数显示出来。

解答：

程序如下：

```
DSEG      SEGMENT
COUNT     EQU       20
ARRAY     DW        20 DUP(?)                    ;存放数组
COUNT1    DB        0                            ;存放正数的个数
ARRAY1    DW        20 DUP(?)                    ;存放正数
COUNT2    DB        0                            ;存放负数的个数
ARRAY2    DW        20 DUP(?)                    ;存放负数
ZHEN      DB        0DH, 0AH, 'The positive number is:', '$'
                                                 ;正数的个数是:
FU        DB        0DH, 0AH, 'The negative number is:', '$'
                                                 ;负数的个数是:
CRLF      DB        0DH, 0AH, '$'
DSEG      ENDS
;-------------------------------------------------------------
CSEG      SEGMENT
MAIN      PROC      FAR
ASSUME    CS: CSEG, DS: DSEG
START:    PUSH      DS                           ;设置返回 DOS
          SUB       AX, AX
```

```
        PUSH     AX
        MOV      AX, DSEG
        MOV      DS, AX                      ;给 DS 赋值
BEGIN:  MOV      CX, COUNT
        LEA      BX, ARRAY
        LEA      SI, ARRAY1
        LEA      DI, ARRAY2
BEGIN1: MOV      AX, [BX]
        CMP      AX, 0                       ;是负数码?
        JS       FUSHU
        MOV      [SI], AX                    ;是正数,存入正数数组
        INC      COUNT1                      ;正数个数+1
        ADD      SI, 2
        JMP      SHORT  NEXT
FUSHU:  MOV      [DI], AX                    ;是负数,存入负数数组
        INC      COUNT2                      ;负数个数+1
        ADD      DI, 2
NEXT:   ADD      BX, 2
        LOOP     BEGIN1
        LEA      DX, ZHEN                    ;显示正数个数
        MOV      AL, COUNT1
        CALL     DISPLAY                     ;调显示子程序
        LEA      DX, FU                      ;显示负数个数
        MOV      AL, COUNT2
        CALL     DISPLAY                     ;调显示子程序
        RET
        MAIN     ENDP
        ;----------------------------------------------------------
        DISPLAY  PROC    NEAR                ;显示子程序
        MOV      AH, 9                       ;显示一个字符串的 DOS 调用
        INT      21H
        AAM                                  ;将(AL)中的二进制数转换为二个非压缩 BCD 码
        ADD      AH, '0'                     ;变为 0~9 的 ASCII 码
        MOV      DL, AH
        MOV      AH, 2                       ;显示一个字符的 DOS 调用
        INT      21H
        ADD      AL, '0'                     ;变为 0~9 的 ASCII 码
        MOV      DL, AL
        MOV      AH, 2                       ;显示一个字符的 DOS 调用
        INT      21H
        LEA      DX, CRLF                    ;显示回车换行
        MOV      AH, 9                       ;显示一个字符串的 DOS 调用
        INT      21H
        RET
```

```
DISPLAY  ENDP                          ;显示子程序结束
CSEG     ENDS                          ;以上定义代码段
;-----------------------------------------------------------------
END      START
```

8. 试编写一个汇编语言程序,求出首地址为 DATA 的 100D 字数组中的最小偶数,并把它存放在 AX 中。

解答:

程序段如下:

```
BEGIN:     MOV     BX, 0
           MOV     CX, 100
COMPARE:   MOV     AX, DATA[BX]        ;取数组的第一个偶数
           ADD     BX, 2
           TEST    AX, 01H             ;是偶数吗
           LOOPNZ  COMPARE             ;不是,比较下一个数
           JNZ     STOP                ;没有偶数,退出
           JCXZ    STOP                ;最后一个数是偶数,即为最小偶数,退出
COMPARE1:  MOV     DX, DATA[BX]        ;取数组的下一个偶数
           ADD     BX, 2
           TEST    DX, 01H             ;是偶数吗?
           JNZ     NEXT                ;不是,比较下一个数
           CMP     AX, DX              ;(AX)<(DX)吗
           JLE     NEXT
           MOV     AX, DX              ;(AX)<(DX),则置换(AX)为最小偶数
NEXT:      LOOP    COMPARE1
STOP:      RET
```

9. 试编写一个汇编语言程序,要求从键盘接收一个 4 位的十六进制数,并在终端上显示与它等值的二进制数。

解答:

程序段如下:

```
BEGIN:     MOV     BX, 0               ;用于存放 4 位的十六进制数
           MOV     CH, 4
           MOV     CL, 4
INPUT:     SHL     BX, CL              ;将前面输入的数左移 4 位
           MOV     AH, 1               ;从键盘取数
           INT     21H
           CMP     AL, 30H             ;<0 吗?
           JB      INPUT               ;不是'0~F'的数重新输入
           CMP     AL, 39H             ;是'0~9'吗
           JA      AF                  ;不是,转'A~F'的处理
           AND     AL, 0FH             ;转换为:0000B~1001B
           JMP     BINARY
```

```
AF:       AND    AL, 1101 1111B        ;转换为大写字母
          CMP    AL, 41H               ;又<A吗
          JB     INPUT                 ;不是'A～F'的数重新输入
          CMP    AL, 46H               ;>F吗
          JA     INPUT                 ;不是'A～F'的数重新输入
          AND    AL, 0FH               ;转换为:1010B～1111B
          ADD    AL, 9
BINARY:   OR     BL, AL                ;将键盘输入的数进行组合
          DEL    CH
          JNZ    INPUT
DISPN:    MOV    CX, 16
                                       ;将16位二进制数一位位地转换成ASCII码显示
DISP:     MOV    DL, 0
          ROL    BX, 1
          RCL    DL, 1
          OR     DL, 30H
          MOV    AH, 2                 ;进行显示
          INT    21H
          LOOP   DISP
STOP:     RET
```

10. 从键盘输入一系列以$为结束符的字符串,然后对其中的非数字字符计数,并显示出计数结果。

解答:

程序段如下:

```
DSEG      SEGMENT
BUFF      DB     50 DUP(' ')
COUNT     DW  0
DSEG      ENDS
 ⋮
BEGIN:    LEA    BX, BUFF
          MOV    COUNT, 0
INPUT:    MOV    AH, 01                ;从键盘输入一个字符的功能调用
          INT    21H
          MOV    [BX], AL
          INC    BX
          CMP    AL, '$'               ;是$结束符吗
          JNZ    INPUT                 ;不是,继续输入
          LEA    BX, BUFF              ;对非数字字符进行计数
NEXT:     MOV    CL, [BX]
          INC    BX
          CMP    CL, '$'               ;是$结束符,则转去显示
          JZ     DISP
```

```
          CMP       CL, 30H                 ;小于 0 是非数字字符
          JB        NEXT
          CMP       CL, 39H                 ;大于 9 是非数字字符
          JA        NEXT
          INC       COUNT     个数+1
          JMP       EXT
DISP:     ⋮                                 ;十六进制数显示程序段(省略)
```

11. 有一个首地址为 MEM 的 100D 字数组,试编制程序删除数组中所有为 0 的项,并将后续项向前压缩,最后将数组的剩余部分补上 0。

解答:

程序如下:

```
DSEG      SEGMENT
MEM       DW        100 DUP(?)
DSEG      ENDS
;------------------------------------------------------------
CSEG      SEGMENT
MAIN      PROC      FAR
ASSUME    CS: CSEG, DS: DSEG
START:    PUSH      DS                      ;设置返回 DOS
          SUB       AX, AX
          PUSH      AX
          MOV       AX, DSEG
          MOV       DS, AX                  ;给 DS 赋值

BEGIN:    MOV       SI,(100-1)*2
                                            ;(SI)指向 MEM 的末元素的首地址
          MOV       BX, -2                  ;地址指针的初值
          MOV       CX, 100
COMP:     ADD       BX, 2
          CMP       MEM [BX], 0
          JZ        CONS
          LOOP      COMP
          JMP       FINISH                  ;比较完了,已无 0 则结束
CONS:     MOV       DI, BX
CONS1:    CMP       DI, SI                  ;到了最后单元吗
          JAE       NOMOV
          MOV       AX, MEM [DI+2]          ;后面的元素向前移位
          MOV       MEM [DI], AX
          ADD       DI, 2
          JMP       CONS1
NOMOV:    MOV       WORD PTR [SI], 0        ;最后单元补 0
          LOOP      COMP
```

```
FINISH:   RET
          MAIN     ENDP
          CSEG     ENDS                    ;以上定义代码段
          ;----------------------------------------------------------
          END      START
```

12. 在STRING到STRING+99单元中存放着一个字符串,试编制一个程序测试该字符串中是否存在数字,如有则把CL的第5位置1,否则将该位置0。

解答:

程序如下:

```
DSEG      SEGMENT
STRING    DB       100 DUP(?)
DSEG      ENDS
;-------------------------------------------------------------------
CSEG      SEGMENT
MAIN      PROC     FAR
ASSUME CS: CSEG, DS: DSEG
START:    PUSH     DS                      ;设置返回 DOS
          SUB      AX, AX
          PUSH     AX
          MOV      AX, DSEG
          MOV      DS, AX                  ;给 DS 赋值
BEGIN:    MOV      SI, 0                   ;(SI)作为地址指针的变化值
          MOV      CX, 100
REPEAT:   MOV      AL, STRING [SI]
          CMP      AL, 30H
          JB       GO_ON
          CMP      AL, 39H
          JA       GO_ON
          OR       CL, 20H                 ;存在数字把 CL 的第 5 位置 1
          JMP      EXIT
GO_ON:    INC      SI
          LOOP     REPEAT
          AND      CL, 0DFH                ;不存在数字把 CL 的第 5 位置 0
EXIT:     RET
          MAIN     ENDP
          CSEG     ENDS                    ;以上定义代码段
          ;----------------------------------------------------------
          END      START
```

13. 在首地址为TABLE的数组中按递增次序存放着100H个16位补码数,试编写一个程序把出现次数最多的数及其出现次数分别存放于AX和CX中。

解答:

程序如下：

```
DSEG        SEGMENT
TABLE       DW       100H DUP(?)           ;数组中的数据是按增序排列的
DATA        DW   ?
COUNT       DW   0
DSEG        ENDS
;-----------------------------------------------------------------
CSEG        SEGMENT
MAIN        PROC     FAR
ASSUME CS: CSEG, DS: DSEG
START:      PUSH     DS                    ;设置返回 DOS
            SUB      AX, AX
            PUSH     AX
            MOV      AX, DSEG
            MOV      DS, AX                ;给 DS 赋值
BEGIN:      MOV      CX, 100H              ;循环计数器
            MOV      SI, 0
NEXT:       MOV      DX, 0
            MOV      AX, TABLE [SI]
COMP:       CMP      TABLE [SI], AX        ;计算一个数的出现次数
            JNE      ADDR
            INC      DX
            ADD      SI, 2
            LOOP     COMP
ADDR:       CMP      DX, COUNT             ;此数出现的次数最多吗?
            JLE      DONE
            MOV      COUNT, DX             ;目前此数出现的次数最多,记下次数
            MOV      DATA, AX              ;记下此数
DONE:       LOOP     NEXT                  ;准备取下一个数
            MOV      CX, COUNT             ;出现最多的次数存入(CX)
            MOV      AX, DATA              ;出现最多的数存入(AX)
            RET
            MAIN     ENDP
            CSEG     ENDS                  ;以上定义代码段
            ;-----------------------------------------------------
            END      START
```

14. 在首地址为 DATA 的字数组中存放着 100H 个 16 位补码数,试编写一个程序求出它们的平均值放在 AX 寄存器中;并求出数组中有多少个数小于此平均值,将结果放在 BX 寄存器中。

解答:

程序如下：

```
DSEG        SEGMENT
```

```
DATA      DW        100H DUP(?)
DSEG      ENDS
;------------------------------------------------------------------------
CSEG      SEGMENT
MAIN      PROC      FAR
ASSUME CS: CSEG, DS: DSEG
START:    PUSH      DS                        ;设置返回 DOS
          SUB       AX, AX
          PUSH      AX
          MOV       AX, DSEG
          MOV       DS, AX                    ;给 DS 赋值
BEGIN:    MOV       CX, 100H                  ;循环计数器
          MOV       SI, 0
          MOV       BX, 0                     ;和((DI),(BX))的初始值
          MOV       DI, 0
NEXT:     MOV       AX, DATA [SI]
          CWD
          ADD       BX, AX                    ;求和
          ADC       DI, DX                    ;加上进位位
          ADD       SI, 2
          LOOP      NEXT
          MOV       DX, DI
                                              ;将((DI),(BX))中的累加和放入((DX),(AX))
          MOV       AX, BX
          MOV       CX, 100H
          IDIV      CX                        ;带符号数求平均值,放入(AX)中
          MOV       BX, 0
          MOV       SI, 0
COMP:     CMP       AX, DATA [SI]             ;寻找小于平均值的数
          JLE       NO
          INC       BX                        ;小于平均值数的个数+1
NO:       ADD       SI, 2
          LOOP      COMP
          RET
          MAIN      ENDP
          CSEG      ENDS                      ;以上定义代码段
          ;--------------------------------------------------------------
          END       START
```

15. 设在 A、B 和 C 单元中分别存放着 3 个数。若 3 个数都不是 0,则求出 3 数之和存放在 D 单元中;若其中有一个数为 0,则把其他两单元也清 0。请编写此程序。

解答:

程序如下:

```
DSEG      SEGMENT
```

```
A           DW     ?
B           DW     ?
C           DW   ?
D           DW   0
DSEG        ENDS
;------------------------------------------------------------
CSEG        SEGMENT
MAIN        PROC      FAR
ASSUME CS: CSEG, DS: DSEG
START:      PUSH      DS                          ;设置返回 DOS
            SUB       AX, AX
            PUSH      AX
            MOV       AX, DSEG
            MOV       DS, AX                      ;给 DS 赋值
BEGIN:      CMP       A, 0
            JE        NEXT
            CMP       B, 0
            JE        NEXT
            CMP       C, 0
            JE        NEXT
            MOV       AX, A
            ADD       AX, B
            ADD       AX, C
            MOV       D, AX
            JMP       SHORT  EXIT
NEXT:       MOV       A, 0
            MOV       B, 0
            MOV       C, 0
EXIT:       RET
            MAIN      ENDP
            CSEG      ENDS                        ;以上定义代码段
            ;------------------------------------------------------------
            END       START
```

16. 从键盘输入一系列字符(以回车符结束),并按字母、数字及其他字符分类计数,最后显示出这 3 类的计数结果。

解答:

程序如下:

```
DSEG        SEGMENT
ALPHABET    DB       '输入的字母字符个数为:', '$'
NUMBER      DB       '输入的数字字符个数为:', '$'
OTHER       DB       '输入的其他字符个数为:', '$'
CRLF        DB       0DH, 0AH, '$'
```

```
DSEG        ENDS
;-----------------------------------------------------------------------
CSEG        SEGMENT
MAIN        PROC      FAR
ASSUME CS: CSEG, DS: DSEG
START:      PUSH      DS                        ;设置返回 DOS
            SUB       AX, AX
            PUSH      AX
            MOV       AX, DSEG
            MOV       DS, AX                    ;给 DS 赋值
BEGIN:      MOV       BX, 0                     ;字母字符计数器
            MOV       SI, 0                     ;数字字符计数器
            MOV       DI, 0                     ;其他字符计数器
INPUT:      MOV       AH, 1                     ;输入一个字符
            INT       21H
            CMP       AL, 0DH                   ;是回车符吗
            JE        DISP
            CMP       AL, 30H                   ;<数字 0 吗
            JAE       NEXT1
OTHER:      INC       DI                        ;是其他字符
            JMP       SHORT  INPUT
NEXT1:      CMP       AL, 39H                   ;>数字 9 吗
            JA        NEXT2
            INC       SI                        ;是数字字符
            JMP       SHORT  INPUT
NEXT2:      CMP       AL, 41H                   ;<字母 A 吗
            JAE       NEXT3
            JMP       SHORT OTHER               ;是其他字符
NEXT3:      CMP       AL, 5AH                   ;>字母 Z 吗
            JA        NEXT4
            INC       BX                        ;是字母字符 A~Z
            JMP       SHORT  INPUT
NEXT4:      CMP       AL, 61H                   ;<字母 a 吗
            JAE       NEXT5
            JMP       SHORT OTHER               ;是其他字符
NEXT5:      CMP       AL, 7AH                   ;>字母 z 吗
            JA        SHORT OTHER               ;是其他字符
            INC       BX                        ;是字母字符 a~z
            JMP       SHORT  INPUT
DISP:       LEA       DX, ALPHABET
            CALL      DISPLAY
            LEA       DX, NUMBER
            MOV       BX, SI
            CALL      DISPLAY
```

```
            LEA       DX, OTHER
            MOV       BX, DI
            CALL      DISPLAY
            RET
            MAIN      ENDP
            ;-------------------------------------------------------
            DISPLAY PROC    NEAR
            MOV       AH, 09H              ;显示字符串功能调用
            INT       21H
            CALL      BINIHEX              ;调把 BX 中二进制数转换为十六进制显示子程序
            LEA       DX, CRLF
            MOV       AH, 09H              ;显示回车换行
            INT       21H
            RET
            DISPLAY ENDP
            ;-------------------------------------------------------
            BINIHEX PROC    NEAR           ;将 BX 中二进制数转换为十六进制数显示子程序
            MOV       CH, 4
ROTATE:     MOV       CL, 4
            ROL       BX, CL
            MOV       DL, BL
            AND       DL, 0FH
            ADD       DL, 30H
            CMP       DL, 3AH              ;是 A~F 吗
            JL        PRINT_IT
            ADD       DL, 07H
PRINT_IT:   MOV       AH, 02H              ;显示一个字符
            INT       21H
            DEC       CH
            JNZ       ROTATE
            RET
            BINIHEX ENDP
            CSEG      ENDS                 ;以上定义代码段
            ;-------------------------------------------------------
            END       START
```

17. 已定义了两个整数变量 A 和 B,试编写程序完成下列功能:

(1) 若两个数中有一个是奇数,则将奇数存入 A 中,偶数存入 B 中;

(2) 若两个数中均为奇数,则将两数加 1 后存回原变量;

(3) 若两个数中均为偶数,则两个变量均不改变。

解答:

程序如下:

```
DSEG        SEGMENT
```

```
A          DW     ?
B          DW     ?
DSEG       ENDS
;-------------------------------------------------------------------------
CSEG       SEGMENT
MAIN       PROC     FAR
ASSUME CS: CSEG, DS: DSEG
START:     PUSH     DS                         ;设置返回 DOS
           SUB      AX, AX
           PUSH     AX
           MOV      AX, DSEG
           MOV      DS, AX                     ;给 DS 赋值
BEGIN:     MOV      AX, A
           MOV      BX, B
           XOR      AX, BX
           TEST     AX, 0001H                  ;A 和 B 同为奇数或偶数吗
           JZ       CLASS                      ;A 和 B 都为奇数或偶数,转走
           TEST     BX, 0001H
           JZ       EXIT                       ;B 为偶数,转走
           XCHG     BX, A                      ;A 为偶数,将奇数存入 A 中
           MOV      B, BX                      ;将偶数存入 B 中
           JMP      EXIT
CLASS:     TEST     BX, 0001H                  ;A 和 B 都为奇数吗?
           JZ       EXIT                       ;A 和 B 同为偶数,转走
           INC      B
           INC      A
EXIT:      RET
           MAIN     ENDP
           CSEG     ENDS                       ;以上定义代码段
           ;---------------------------------------------------------------
           END      START
```

18. 编写汇编程序：设置 AH 和 BH 中的值分别为 45 和 54,然后交换两个寄存器存储的数。

解答：

```
CODE       SEGMENT
ASSUME     CS:CODE
START:     MOV      AX,45
           MOV      BX,54
           XCHG     AX,BX
           MOV      AH,4CH
           INT      21H
CODE   ENDS
END    START
```

19. 已知一个十六进制整数 1A2A3AH 需要用 3B 表示,现在需要计算其绝对值,并存入原单元。编写程序实现。

解答:

```
DSEG        SEGMENT
NUM         DB       1AH,2AH,3AH
LEN         DW       $-NUM
DSEG        ENDS
CSEG        SEGMENT
    ASSUME     CS: CSEG,DS: DSEG
START:      MOV        AX, DSEG
            MOV        DS,AX
            LEA        SI, NUM
            MOV        CX,LEN
            MOV        DI,SI
            ADD        DI,CX
            DEC        DI
            MOV        AL,[DI]
            AND        AL,AL
            JNS        OVER
            STC
AGAIN:      NOT        BYTEPTR [SI]
            ADC        BYTEPTR [SI],0
            INC        SI
            LOOP       AGAIN
OVER:       MOV        AH,4CH
            INT        21H
CSEG        ENDS
            END        START
```

习 题 5

一、填空题

1. 总线(BUS)是在计算机系统各部件之间________的公共通用线路。它由一组导线和相关的________电路组成。

解答:传输信息(地址、数据和控制信号) 控制、驱动

2. 多总线构成的基本思路,就是把与 CPU 相连的设备按________分类,分为________线路和________线路。

解答:传输速率 高速、低速

3. 1975 年,制成了全球第一条 PC 扩展总线,得到了 IEEE 的认可,被命名为________标准。

解答：IEEE 696总线

4. 根据连接层次分类，总线可分为：________、________和________。

解答：片内总线　芯片级总线　系统总线　外部总线

5. 按总线传送信息的类别分类，可分为________、________和________。

解答：地址总线　数据总线　控制总线

6. 按照总线传送信息的方向，可把总线分为________总线和________总线。

答：单向　双向

7. 按照数据传输的方式划分，总线可分为________总线和________总线。

解答：串行　并行

8. 按照时钟信号是否独立，总线分为________总线和________总线。

解答：同步　异步

9. ________的任何设备称为总线主控设备或主设备，________的任何设备称为从设备。系统中可以有多个主控设备，但任一时刻一组总线上只能有一个设备经申请同意后，工作在主控方式。

解答：控制总线并启动数据传送　响应总线主控器发出的总线命令

10. 总线判优控制分为________仲裁式和________仲裁式两种。

解答：集中　分布

11. 集中仲裁有3种优先权仲裁方式________、________和________。

解答：链式查询　计数器定时查询　独立请求方式

12. 总线数据传输方式分为________方式和________方式两种。

解答：正常传输　突发传输

13. 定时信号的实现方式有3种：________、________和________。

解答：同步方式　异步方式　半同步方式

14. 前端总线，也称为CPU总线，是连接中央处理器(CPU)和北桥芯片的芯片级总线，它是CPU和外界交换数据的主要通道。

解答：CPU总线、中央处理器(CPU)和北桥芯片

15. HT总线与________非常相似，都是采用________传输线路。但PCI Express是计算机的________，而HT是________。

解答：PCI Express　点对点的单双工　系统总线　芯片级总线

16. 加速图形接口AGP，是________而成的。它是一种________的系统总线，其工作频率为66MHz。它与PCI总线不同，它是________连接，习惯上称为AGP总线。

解答：基于PCI 2.1版规范并进行扩充修改　显卡专用　点(控制芯片)对点(AGP显卡)

17. 1987年，Apple公司推出________，称为IEEE 1394标准总线。也称为火线接口。IEEE1394接口有________两种类型。

解答：高速串行总线——Fire Wire　6针和4针

18. 通用串行总线USB接口，是一种________系统，USB接口是现在最为流行的接口。已有________规范和________等类型，每个类型又有________样式。

解答：串行总线 USB 1.0、USB 2.0、USB 3.0、USB 3.1 A、B、AB、标准、mini 和 micro

19. 主板也称为母板，是________。在电路板反面，是错落有致的电路布线；在正面，则为棱角分明的各个部件：插槽、芯片、电阻、电容等。当主机加电时，电流会在瞬间通过各个部件，主板会根据________来辨认硬件，并进入________，支持计算机体系工作的功能。

解答：电脑中各种设备的连接载体 BIOS(基本输入输出体系) 操作系统

20. 芯片组以________为核心，在主板上离 CPU ________。主要负责管理 CPU、前端总线、________与显卡 AGP 接口等高速设备间的数据传输，为 Cache、PCI、AGP、ECC 纠错提供工作平台。由于发热量较大，因而需要________。________位于主板上离 CPU 插槽较远的下方。

解答：北桥芯片 最近 内存 散热片散热 南桥

21. 加速集线器体系结构是以________、________、________ 3 块芯片组成的芯片组。3 块芯片之间采用数据带宽为 266Mb/s 的新型专用高速总线，较之 PCI 总线的南、北桥结构要快得多。________与北桥芯片功能相似，________与南桥芯片功能相似，________，提供了 4MB 的 EEPROM。

解答：图形、内存控制中心 GMCH I/O 控制中心 ICH 固件中心 FWH GMCH ICH、FWH 主要用于存储系统 BIOS 和视频 BIOS，并集成了随机数发生器等电路

22. CMOS 是主板上一块用电池供电、可读写的________芯片。

解答：RAM

23. 主板性能是否优越，在一定程度上取决于板上的 BIOS 管理功能是否先进。在 BIOS 中主要有________、________、开机上电自检程序和系统启动自举程序等功能。

解答：基本输入/输出的程序 系统设置信息。

24. 多总线构成的基本思路，就是把与 CPU 相连的设备按________分类，分为________线路和________线路。

解答：传输速率 高速线路 低速线路

25. 主板上集成的声卡一般都符合________规范。

解答：Audio Code 97

二、选择题

1. 数据总线宽度 W，它表示构成计算机系统的________；地址总线位数，它决定了系统的寻址能力，表明构成计算机系统的规模；控制总线信号，它反映了总线的控制技巧，因而表示了总线的设计思想及其特色。

A. 内存容量的大小　　B. 计算能力和计算规模

C. 指令系统的指令数量　　D. 总线频带宽

解答：D

2. 接口一般是指主板和________之间的适配电路，其功能是解决主板和外设之间在电压等级、信号形式和速度上的匹配问题。

A. CPU　　B. 某类外设　　C. 寄存器　　D. 内存芯片

解答：B

3. 同步通信之所以比异步通信具有较高的传输率是因为________。

A. 同步通信不需要应答信号

B. 同步通信的总线长度较短

C. 通信双方由统一时钟控制数据的传送

D. 同步通信中各部件存取时间比较接近,异步方式允许速度差异很大的设备之间互相通信;但增加了延迟,降低了传输率

解答：D

4. ________通信适用于系统工作速度不很高、但又包含了许多工作速度差异较大的各类设备的系统。

A. 同步方式　　B. 异步方式

C. 周期分裂方式　　D. 半同步方式

解答：B

5. 主板的核心与灵魂________。

A. CPU 插座　　B. 扩展槽　　C. 电源　　D. 芯片组

解答：D

6. ________是一种目前比较流行的高速总线,主要用于对图形图像的处理。

A. AMR 总线　　B. AGP 总线

C. USB 总线　　D. PCI Express 总线

解答：B

7. 以下不属于外部总线的是________。

A. IDE 总线　　B. SCSI 总线

C. PCI 总线　　D. IEEE-488 总线

解答：C

三、判断改错题

(　　)1. 常见的集中仲裁有3种优先权仲裁方式：链式查询、CPU定时查询和协同请求方式。

改错：常见的集中仲裁有3种优先权仲裁方式：链式查询、计数器定时查询和独立请求方式。

(　　)2. BIOS芯片是一块可读写的RAM芯片,由主板上的电池供电,关机后其中的信息也不会丢失。所以CIH病毒不能对BIOS进行破坏。

改错：CMOS芯片是一块可读写的RAM芯片,由主板上的电池供电,关机后其中的信息也不会丢失。但请注意：如果电池没有电,或是突然接触出了问题,或是你把它取下来了,那么CMOS就会因为断电而丢掉内部存储的所有数据。

(　　)3. PCI Express 总线采用并行方式传输数据,传送数据能实现双向传发。

改错：PCI Express 总线采用点对点串行连接方式传输数据,并能实现双向传发。

( )4. 主板性能的好坏与级别的高低主要由CPU来决定。

改错：主板性能的好坏与级别的高低主要由芯片组来决定。

( )5. 北桥芯片工作的速度要远快于南桥芯片。

改错：没有错

( )6. 在选购主板时，一定要注意与CPU对应，否则是无法使用的。

改错：在选购主板时，一定要注意与芯片组和CPU对应，否则是无法使用的。

( )7. USB通用串行总线接口和IEEE 1394串行接口都支持即插即用和热插拔功能。

改错：USB通用串行总线接口和IEEE 1394串行接口都支持即插即用(即热插拔)功能。

四、名词解释

1. 异步通信方式

解答：总线上的数据与时钟不同步工作的总线称为异步总线。异步通信方式允许各模块速度的不一致性，给设计者充分的灵活性和选择余地。它没有公共的时钟标准，不要求所有部件严格地统一动作时间，而是采用应答方式(又称握手方式)，简单地说，即当主模块发出请求(Request)信号时，一直等待从模块反馈回来“响应”(Acknowledge)信号后，才开始通信。当然，这就要求主从模块之间增加两条应答线(即握手交互信号线Handshaking)。异步方式的最大优点是其灵活性，它可以允许速度差异很大的设备之间互相通信；缺点是增加了延迟，降低了传输率。

2. 串行传输

解答：串行传输：是指数据在一条线路上按位传输。只需一条数据传输线，线路的成本低，适合于长距离的数据传输。

3. PCI总线

解答：PCI总线是一种不依附于任何实体处理器的局部总线，是在CPU和系统总线之间插入的一级总线，并由一个桥接电路实现对这一层的管理协调上下数据的传送，形成了一种独特的中间缓冲器的设计，使总线与CPU及其时钟频率无关。

4. 主板

解答：主板，又叫主机板、系统板或母板；它安装在机箱内，是微机最基本的也是最重要的部件之一。主板一般为矩形电路板，上面安装了组成计算机的主要电路系统，一般有BIOS芯片、I/O控制芯片、键盘和面板控制开关接口、指示灯插接件、扩充插槽、主板及插卡的直流电源供电接插件等元件。

5. 总线仲裁方式

解答：总线裁决就是决定总线由哪个设备进行控制。总线裁决方式可分为集中式裁决和分布式裁决两种。集中式裁决将总线的控制功能用一个专门的部件实现，这个部件可以位于连接在总线的某个设备上。当一个设备需要向共享总线传输数据时，它必须先发出请求，在得到许可时才能发出数据。裁决部件接收来自各个设备的总线使用请求信号，向其中某一个设备发出总线许可信号。分布式裁决将控制功能分布在连接在总线上的各设备中,一般是固定优先级的。每个设备分配一个优先号,发出总线请求的设备将自己的优先号送往请求线上,与其他设备的请求信号构成一个合成信号,并将这个合成裁决信号读入以判断是否有优先级更高的设备申请总线。这样可使得优先级最高的设备获得总线使用权。

五、计算题

1. 某总线在一个总线周期中并行传送4个字节的数据,假设一个总线周期等于一个时钟周期,总线的时钟频率为33MHz,问总线的带宽是多少?

2. 在32位的总线系统中,若时钟频率为1000MHz,总线上5个时钟周期传送一个32位字,试求总线系统的数据传送速率。

3. 分析哪些数据影响总线带宽。

解答:

1. 设总线带宽用 D_r 表示,总线时钟周期用 $T=1/f$ 表示,一个周期传送的数据量用 D 表示,根据总线带宽定义,有:

$$D_r=D/T=D\times f=4\text{B}\times 33=132\text{MB/s}$$

2. $D_r=D/T=D\times f=(32/8)\text{B}\times 1000/5=800\text{MB/s}$

3. 总线频带宽 Q 又称标准传输率。总线的频带宽指的是总线本身所能达到的最大传输率,即单位时间内总线上可传送的数据量,通常用MB/s表示或bit/s(每秒多少位)表示。与总线频带宽 Q 密切相关的两个概念是总线宽度 W 和总线的工作频率 f。在工作频率一定的条件下,总线的频带宽与总线宽度成正比。

总线频带宽的计算公式如下:

$$Q=f\cdot W/N$$

公式中,f——总线工作频率(MHz);W——总线宽度(Byte);N——传送一次数据所需时钟周期 T 的个数。

六、综合题

1. 总线的主要性能指标有哪些?分别做简要说明。

解答:总线的主要性能指标有5个方面,其中第3条是最重要的.

① 总线宽度:总线中数据总线的数量,用位(bit)表示.总线宽度越宽,数据传输量越大。

② 总线时钟:总线中各种信号的定时基准。一般来说,总线时钟频率越高,其单位时间内 数据传输量越大,但不完全是比例关系。

③ 最大数据传输速率:在总线中每秒钟传输的最大字节量,用MB/s表示,即每秒多少兆字节。在现代微机中,一般可做到一个总线时钟周期完成一次数据传输,因此总线的最大数据传输速率为总线宽度除以8(每次传输的字节数)再乘以总线时钟频率。但有些总线采用了一些新技术(如在时钟脉冲的上升沿和下降沿都选通数据等),使最大数据传输速率比上面的计算结果高。最大数据传输速率有时被说成带宽(Bandwidth)。

④ 信号线数:总线中信号线的总数,反映了总线的复杂程度。

⑤ 负载能力：总线中信号线带负载的能力。

2. 简述提高总线速度的措施。

解答：从物理层次：增加总线宽度；增加传输的数据长度；缩短总线长度；降低信号电平；采用差分信号；采用多条总线。

从逻辑层次：简化总线传输协议、采用总线复用技术、采用消息传输协议。

3. BIOS 芯片的主要作用是什么？

解答：BIOS 是固化在计算机上的一组程序，为计算机提供最低级、最直接的硬件控制。准确地说是硬件和软件之间的转换器或者说是接口程序，负责计算机硬件的即时需求，是按软件对硬件操作要求具体执行的程序。

主要有以下功能：第 1，中断例程即 BIOS 中断服务程序；第 2，系统设置，即 BIOS 设置；第 3，POST 上电自检；第 4，系统启动自举，即完成 POST 后，读取操作系统引导记录。

习　题　6

一、填空题

1. 微型计算机存储系统由________、________、________和________构成。

解答：寄存器　高速缓冲存储器(Cache)　内存　外存

2. 在计算机系统中，作为________称为"存储字"，存储字的位数称为"________"，通常存储字长与________相同。

解答：一个整体一次读出或写入存储器的数据　字长　机器字长

3. 按读写功能分类，可将半导体存储器分：________、________和________。

解答：只读存储器 ROM　随机读写存储器 RAM　非易失 RAM(NVRAM)。

4. ROM 属于非易失性存储器(Nonvolatile Storage)。常见的类型有：________、________、________、________、________。

解答：MROM(掩膜式 ROM)　PROM(可编程 ROM)　EPROM(可擦除可编程 ROM)　EEPROM(电可擦除可编程 ROM)　闪速存储器。

5. MOS 型 RAM 又分为________和________，分别简称为________和________。

解答：静态 RAM　动态 RAM　SRAM　DRAM

6. 用户在选择存储器件时，应根据________、________、功耗、________、________、________、集成度等几个重要指标来进行选择。

解答：易失性　存储容量　存取速度　性能/价格比　可靠性

7. 为保证动态 RAM 中的内容不消失，需要进行________操作。

解答：定时刷新

因为动态 RAM 的基本存储电路是以电荷形式存储信息，电容上所保存的电荷时间长了就会泄漏，会造成信息的丢失，因此必须每隔一定的时间进行刷新操作。

8. DDR 200/266/333/400 的工作频率分别是 100/133/166/200MHz，而等效频率分别是________ MHz；DDR2 400/533/667/800 的工作频率分别是________，而等效频率分

别是 400/533/667/800MHz。

解答：200/266/333/400　100/133/166/200MHz

9. 通常以________来衡量存储器的可靠性。

解答：平均无故障工作时间

10. Cache 的中文名称是________，在系统中位于________和________之间。

解答：高速缓冲存储器　CPU　主存

11. 开机时 Cache 中________，当 CPU 送出一组地址去读取主存时，读取的主存的内容被同时________到 Cache 之中。此后，________，Cache 控制器要检查 CPU 送出的地址，判别 CPU 要读取的数据是否在 Cache 存储器中。若是存在于 Cache 之中，则称为________，CPU 可以用极快的速度从 Cache 中读取数据。

解答：无任何内容　"拷贝"　每次 CPU 读取存储器时　Cache 命中

12. 内存条上的元件主要是________和________、电容等元件组成的。

解答：集成电路内存芯片　电阻

13. 金手指是内存条下方的________是内存条与主板上内存槽接触的部分，数据就是靠它们来传输的。使用时间长就可能有氧化的现象，________，易发生________的故障，所以可以隔一年左右时间用________擦清理一下金手指上的氧化物。

解答：金黄色的铜箔　会影响内存的正常工作　无法开机　橡皮

14. 80386 以上的微处理支持________、________和________ 3 种工作方式。

解答：实地址　虚地址保护　虚拟 8086

15. 实现虚拟存储器的关键是自动而快速地实现________(即程序中的逻辑地址)向________的变换。通常把这种地址变换叫做________或________。

虚拟存储器通常由________和________两级存储系统组成。为了在一台特定的机器上执行程序，必须把________地址映射到这台机器主存储器的________地址空间上，这个过程称为________。目前普遍采用的方式有 3 种：________、________和________。

解答：虚拟地址　内存物理地址　程序定位　地址映像

主存　辅存　逻辑　物理　地址映射

页式　段式　段页式

16. 利用存储器芯片构成存储系统，包括________、________和________ 3 种扩充连接方式。

解答：字扩展　位扩展　字位同时扩展

17. 用 2K×8 的 SRAM 芯片组成 32K×16 的存储器，共需 SRAM 芯片________片，产生片选信号的地址至少需要________位。

解答：32　4

因为芯片数＝存储器容量/芯片容量＝32K×16/(2K×8)＝32；因此存储器的字长为 16，而芯片的存储字长为 8，则每 2 个芯片组合进行位扩展，32 片芯片被分为 16 组，16 组存储单元需要 4 位地址产生片选地址信号。

二、选择题

1. 下面关于主存储器(也称为内存)的叙述中,不正确的是________。

A. 正在执行的指令与数据都必须存放在主存内,否则处理器不能进行处理

B. 存储器的读、写操作,一次仅读出或写入一个字节

C. 字节是主存储器中信息的基本编址单位

D. 从程序设计的角度来看,Cache(高速缓存)也是主存储器

解答:B。CPU 对存储器的读、写操作,一次可读出或写入若干个字节,看 CPU 的字长而定。

2. 下面的说法中,________是正确的。

A. EPROM 是不能改写的

B. EPROM 是可改写的,所以也是一种读写存储器

C. EPROM 是可改写的,但它不能作为读写存储器

D. EPROM 只能改写一次

解答:B

3. 微机系统中的存储器可分为 4 级,其中存储容量最大的是________。

A. 内存　　B. 内部寄存器

C. 高速缓冲存储器　　D. 外存

解答:D

4. 若 256KB 的 SRAM 具有 8 条数据线,那么它具有________地址线,可以直接存取 1M 字节内存的微处理器,其地址线需________条。

A. 10　　B. 18　　C. 20　　D. 32

解答:B,因 $256K=2^{18}$;C,因 $1M=2^{20}$。

5. 断电后被存储的数据会丢失的存储器是________。

A. RAM　　B. ROM　　C. CD-ROM　　D. 硬盘

解答:A

6. 双端口存储器之所以能高速进行读/写,是因为采用________。

A. 高速芯片　　B. 两套相互独立的读写电路

C. 流水技术　　D. 新型器件

解答:B

7. 设内存按字节编址,若 8K×8 存储空间的起始地址为 7000H,则该存储空间的最大地址编号为________。

A. 7FFF　　B. 8FFF　　C. 9FFF　　D. AFFF

解答:B

8. 内存按字节编址,地址从 90000H 到 CFFFFH,若用存储容量为 16K×8bit 的芯片构成该内存,至少需要的存储芯片________片。

A. 2　　B. 4　　C. 8　　D. 16

解答:B

共有 CFFFFH－90000H＋1＝40000H＝4×16^3字节，若用存储容量为 16K×8bit 的芯片构成该内存，至少需要的存储芯片 $4\times16^3/(16\times2^{10})=2^2\times16\times(2^4)^2/(16\times2^{10})=$ 16 片。

9. 某主存的地址线有 11 根，数据线有 8 根，则该主存的存储空间大小为(　　)位。

A. 8　　B. 88　　C. 8192　　D. 16384

解答：D

主存的存储空间大小与地址线根数和数据线根数都有关，该题主存的存储空间大小应为 $2^{11}\times8$ 位＝16384 位。

10. Intel 2114 为 1K×4 位的存储器，要组成 64KB 的主存储器，需要(　　)片该芯片。

A. 16　　B. 32　　C. 48　　D. 128

解答：D

存储器容量为 64KB 是指存储器的容量为 64KB×8 位，故需要利用所需的芯片进行字向和位向的扩展。设要求的存储器容量为 $M\times N$ 位，实际提供的存储芯片容量为 L×K 位($L\leqslant M,K\leqslant N$)，则所需存储器芯片个数＝$(M/L)\times(N/K)=(64/1)\times(8/4)=$ 128 片。

11. 虚拟存储器是(　)。

A. 可提高计算机运算速度的设备

B. 扩大了主存容量

C. 实际上不存在的存储器

D. 可容纳总和超过主存容量的多个作业同时运行的一个地址空间

解答：D

虚拟存储技术是将内存和外存统一管理，虚拟存储器的容量取决于计算机的地址结构和寻址方法。

12. 下列存储器中速度最快的是(　　)。

A. 硬盘　　B. 光盘　　C. 磁带　　D. 半导体存储器

解答：D

由于存储器原理和结构的不同，各种存储器的访问速度各不相同。以上存储器中访问速度由快到慢的顺序为：半导体存储器、硬盘、光盘、磁带。

13. 表示主存容量的常用单位为(　　)。

A. 数据块数　　B. 字节数　　C. 扇区数　　D. 记录项数

解答：B

表示主存容量的常用单位为字节数 B，是基本单位。此外还有 KB，MB，GB，TB。

14. 组合一个 32KB 内存，采用(　　)组件来组合最适合。

A. DRAM　256K×1 位　　B. DRAM　64K×4 位

C. SRAM　64K×4 位　　D. SRAM　16K×8 位

解答：D

存储器扩展时，所选择的存储器芯片字向和位向不能大于扩展后的芯片，并且所需的芯片数越少越好。

15. 某计算机字长 32 位,其存储容量为 4MB,若按字编址,它的寻址范围是(　　)。

A. 0～1M　　B. 0～4MB　　C. 0～4M　　D. 0～1MB

解答:A

存储器存储容量为 4MB,按字编址,字长为 32 位,故此时存储器的寻址范围为(4MB=4M×8)/(32)=1M。按字编址,即每个存储单元存储的信息恰好为 1 个字长的信息(32 位),故寻址范围仍然为 0～1M 个地址(注意,不是 0～1MB)。

16. 设内存按字节编址,若 8K×8 存储空间的起始地址为 7000H,则该存储空间的最大地址编号为(　　)。

A. 7FFF　　B. 8FFF　　C. 9FFF　　D. AFFF

解答:B

因为存储单元为 8K,而存储单元数=最大地址编号－起始地址编号＋1H(H 表示十六进制),因 $8K=2^{13}=2\cdot 2^{12}=2\cdot 16^{3}=2000H$),则最大地址编号=8K＋7000H－1H=8FFFH。

三、判断改错题

(　　)1. CMOS 本质上是一种 ROM。

改错:

解答:错

CMOS 是指主板上一块可读写的存储芯片。CMOS 的准确含义是指目前绝大多数计算机中都使用的一种用电池供电的可读写的 RAM 芯片,不是 ROM。CMOS 存储芯片可以由主板的电池供电,即使系统掉电,存储的数据也不会丢失。如果电池也没有电,或是突然接触出了问题,或是你把它取下来了,那么 CMOS 就会因为断电而丢掉内部存储的所有数据。

(　　)2. 在计算机系统中,构成虚拟存储器只需要一定的硬件资源。

解答:错

虚拟存储器是一种通过硬件和软件的组合来扩大用户可用存储空间的技术。因此不仅需要一定的硬件资源,也需要一定的软件资源。

(　　)3. CPU 不能直接对硬盘中数据进行读写操作。

解答:对

硬盘是外部存储器的一种。而计算机当前正在执行的程序和处理的数据都是存放在内存中的。任何程序要在计算机中执行,如若该程序数据在外存中,都必须先将其通过 I/O 接口电路从外存中调入内存,再由 CPU 执行。因此,CPU 不能直接对硬盘中数据进行读写操作。

(　　)4. 即便关机停电,一台微机 ROM 中的数据也不会丢失。

解答:对

ROM 是只读存储器,存储的数据不会因为断电而消失。

四、简答题

1. 存储器与 CPU 连接时应考虑哪几个因素？存储器片选信号产生的方式有哪几种？

解答：

(1) 存储器同 CPU 连接时应注意 CPU 总线的负载能力问题；存储器的组织、地址分配以及片选问题；CPU 的时序与存储器芯片存取速度之间的配合问题；控制信号的连接问题。

(2) 存储器片选信号产生的方式有三种，分别是线选方式、全译码方式和局部译码方式。

2. 外存储器的主要作用是什么？它们有哪些特点？

解答：

(1) 外存储器用于存放暂时不使用的程序和数据，或转移程序和数据到另外的机器中，但不使用程序和数据。

(2) 其特点是：信息组织采用文件、数据块结构，存取方式采用顺序或直接存取、工作速度较主存慢、存储容量大且价格低。

五、计算题

1. 请问下列 RAM 芯片各需要多少个地址输入端？

(1) 256×1 位 (2) 512×4 位 (3) 1K×1 位 (4) 64K×1 位

解答：

(1) 256×1 位，表示该芯片有 256 个单元，每个单元的大小为 1 位。现在我们要准确地找到每个单元，则需对每个单元进行编号。因为计算机中用二进制数据表示，为了能对 256 个单元进行编号，根据数学中的排列组合原理：$256=2^8$，所以需要 8 个地址输入端。

(2) 512×4 位，因为 $512=2^9$，所以 512×4 位需要 9 个地址输入端。每 4 位一个地址。

(3) 1K×1 位，因为 $1K=2^{10}$，所以 1K×1 位需要 10 个地址输入端。

(4) 64K×1 位，因为 $64K=2^{16}$，所以 64K×1 位需要 16 个地址输入端。

2. 对下列 RAM 芯片组排列，各需要多少个 RAM 芯片？几个芯片一个组？共多少个组？多少根片内地址选择线？多少根芯片组地址选择线？

(1) 512×4 位 RAM 组成 16K×8 存储容量。

(2) 1K×4 位 RAM 组成 64K×8 存储容量。

解答：

(1) 512×4 位 RAM 组成 16K×8 存储容量需要 64 个 RAM 芯片，因为 16K×8/(512×4)=64；2 个芯片一个组，因为 8/4=2；共 32 个组，因为 64/2=32；

9 根片内地址选择线，因为 $2^9=512$；5 根芯片组地址选择线，因为 $2^5=32$。

(2) 1K×4 位 RAM 组成 64K×8 存储容量需要 128 个 RAM 芯片，因为 64K×8/(1K×4)=128；2 个芯片一个组，因为 8/4=2；共 64 个组，因为 128/2=64；6 根芯片组地

址选择线,因为 $2^6=64$。

3. 用 512×16 位的 Flash 存储器芯片组成一个 2M×32 位的半导体只读存储器,试问:

(1) 数据寄存器多少位?

(2) 地址寄存器多少位?

(3) 共需要多少个这样的存储器件?

解答:

(1) 数据寄存器 32 位,因为组成的半导体存储器是 32 位。

(2) 地址寄存器 21 位,因为半导体存储器的存储单元数为 $2M=2^{21}$,即需要用 21 位二进制数来表示存储地址。

(3) 共需要 8 片 Flash 存储芯片,因为 2M×32 位/512×16 位=8。

4. 要求用 256×4 位的存储芯片组成容量为 1KB 的随机读写存储器,问:

(1) 需要 256×4 位的存储芯片多少片?

(2) 需要对该存储芯片进行何种方式的扩展?

(3) 画出此存储器的组成框图。

解答:

(1) 芯片数=1KB/(256×4)=(1024×8)/(256×4)=8 片;

(2) 存储芯片的存储单元数为 256,而存储器的存储单元数位 1K 即 1024,即需要对芯片进行字扩展。存储芯片的字长为 4,而存储器的字长为 8,因此需要把 2 个芯片组成一个组进行位扩展。所以在组成存储器时需要对芯片进行字位同时扩展。

(3) 存储器的组成框图如题图 6-1 所示。

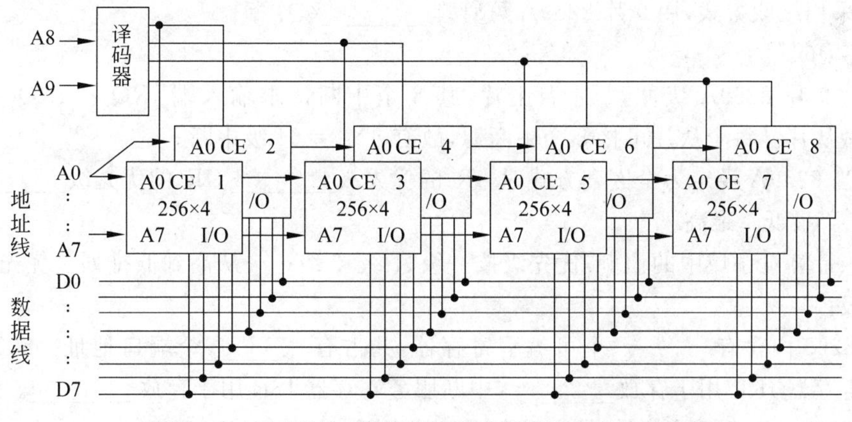

题图 6-1 用 256×4 位的芯片组成 1KB RAM 的方框图

习 题 7

一、填空题

1. 从 CPU 的 NMI 引脚产生的中断叫做________,它的响应不受________的影响。

解答：非屏蔽中断　IF

非屏蔽中断NMI就是不受CPU内部的中断允许寄存器IF标志的影响。只要指令执行完毕就立刻执行。其优先级高于可屏蔽中断INTR的优先级。

2. 8086系统最多能识别________种不同类型的中断，此种中断在中断向量表中分配有________个字节单元，用以指示中断服务程序的入口地址。

解答：256　1024

8086/8088可以处理256种向量中断。因为每个中断矢量号要占用4个字节单元。两个高字节单元用来存放中断服务程序入口的段地址CS，两个低字节单元用来存放从段地址到中断服务程序入口地址的偏移值IP。因此，256个中断的中断类型号要占用1024个字节的存储器单元。

3. 中断返回指令IRET总是安排在________，执行该指令完毕，将从堆栈弹出________。

解答：中断处理程序恢复断点操作后　被中断程序的CS和IP

在返回被中断程序(IRET)前，一定要做恢复断点操作，目的是得到要返回的原程序的断点地址，继续执行。

4. 中断控制器8259A有两种引入中断请求的方式：一种是________，另一种是________。

解答：边沿触发方式　电平触发方式

当选用边沿触发方式时，中断请求的实现是通过IR_i输入的电平从低电平到高电平跳变，并一直保持高电平，直到中断被响应时为止；当选用电平触发方式时，8259A通过采样IR_i端上输入的持续一定时间的高电平，来识别外部输入的中断请求信号。

5. 采用级联方式，用9片8259A可管理________级中断。

解答：64

因为9片8259A级联，1片做主片，其8个中断请求输入端IRQ_0～IRQ_7接8个8259A做从片。每个从片可接8个中断源，故有8×8=64级中断。

6. 当8259A设定为全嵌套方式时，IR_7的优先级________，IR_0的优先级________。

解答：最低　最高

依照计算机领域中的惯例，优先级按0级、1级、2级……从高到低排列。优先级最高的为0级。

7. 8259内含有________个可编程寄存器，共占有________个端口地址。8259的中断请求寄存器IRR用于存放________，中断服务寄存器ISR用于存放________。

解答：7　2　中断请求信号　正在服务的中断

一片8259A有8条外界中断请求线IRQ_0～IRQ_7，每一条请求线有一个相应的触发器来保存请求信号，这些触发器就形成了中断请求寄存器IRR。正在服务的中断，由中断服务寄存器ISR保存。8259A的引脚只有一个A_0，这样8259A的端口只有两个：偶地址端口(偏移为0)和奇地址端口(偏移为1)。

8. 8259A的初始化命令字包括________，其中________和________是必须设置的。

解答：ICW_1　ICW_2　ICW_3　ICW_4　ICW_1　ICW_2

在系统中,单片 8259A 与 8086/8088 配置时,初始化要写入的预置命令字是:ICW_1,ICW_2和 ICW_4;但如果系统运行在非缓冲方式,非 AEOI 操作,就只需送 ICW_1和 ICW_2。而级联方式系统要写入预置命令字是:ICW_1,ICW_2,ICW_3和 ICW_4;但如果系统运行在非缓冲方式,非 AEOI 操作,就只需送 ICW_1,ICW_2和 ICW_3。

9. CPU 响应可屏蔽中断的条件是________、________和________。

解答:CPU 执行一条指令结束　CPU 开中断　无更高优先级的中断请求。

CPU 是否响应可屏蔽中断取决于中断允许标志位 IF 的状态。若 IF=1,则响应 INTR 请求,暂停现行指令的执行,转去执行中断服务程序;若 IF=0,则不会响应 INTR 的请求。同时 CPU 仅在一条指令执行的最后一个时钟周期对请求进行检测。当没有 NMI 等更高级的中断请求时才会响应。

10. 8088 中的指令 INT *n* 用________指定中断类型码。

解答:一个整数 *n*

INT *n* 属于软件中断,中断类型码由 *n* 指定。

二、选择题

1. 为 PC 管理可屏蔽中断源的接口芯片是________。

A. 8251　　B. 8253　　C. 8255　　D. 8259

解答:D

因为 8251 是串口芯片,8253 是可编程间隔定时器,8255 是并行接口芯片。

2. 响应 NMI 请求的必要条件是________。

A. IF=1　　B. IF=0

C. 一条指令结束　　D. 无 INTR 请求

解答:C

NMI 是非屏蔽中断请求信号,上升沿有效。它不受标志位 IF 的约束。只要 CPU 在正常地执行程序,当该条指令结束时,就一定会响应 NMI 的请求。

3. 响应 INTR 请求要满足的条件是________。

A. IF=0　　B. IF=1　　C. TF=0　　D. TF=1

解答:B

CPU 是否响应 INTR 的请求,取决于中断允许触发器标志位 IF 的状态。若 IF=1,则响应 INTR 请求,暂停现行指令的执行,转去执行中断服务程序;若 IF=0,则不会响应 INTR 的请求。TF 是标志寄存器的一个位,单步中断标志。

4. 8086/8088 采用向量中断,8259A 可提供的类型号是________。

A. 0 号　　B. 1 号　　C. 2 号　　D. 08H~0FH

解答:D

IBM-PC/XT 保留的中断(所用的 PC-DOS 的版本号不同会有一些不同)中前 5 个中断类型是 8088 规定的专用中断,在 BIOS 里中断类型号安排到 IFH,在这些中断类型号中,类型号 08H~0FH 就是上述 8259A 的八级硬件中断。

5. 用 3 片 8259A 级联,最多可管理的中断数是________。

A. 24级　　B. 22级　　C. 23级　　D. 21级

解答：B

每片8259有8个IRQ输入端。3片8259A级联，其中1片为主控8259，它用两个IRQ输入端连接两个从片，故有6+8+8=22。

6. 8259A特殊完全嵌套方式要解决的主要问题是________。

A. 屏蔽所有中断　　B. 设置最低优先级

C. 开放低级中断　　D. 响应同级中断

解答：D

特殊完全嵌套方式和一般完全嵌套方式基本相同，只有一点不同，就是在特殊完全嵌套方式下，当处理某一级中断时，如果有同级的中断请求，那么也会给予响应，从而实现一种对同级中断请求的特殊嵌套。特殊全嵌套方式是专门为多片8259A系统提供的用来确认从片内部优先级的工作方式。

7. 在8086 CPU的下列4种中断中，需要由硬件提供中断类型码的是________。

A. INTR　　B. INTO　　C. INT n　　D. NMI

解答：A

因为INTO，当CPU内部溢出标志位OF被置1，执行完一条溢出中断指令INTO后，会产生4号中断，中断类型号是预定好的；INT n，CPU执行INT n指令，产生中断类型号为n的中断，中断类型号是指令中指定的；NMI引起2号向量中断，这是由芯片内部设置的。

8. 在8259A内部，用于反映当前有中断源请求CPU中断服务的寄存器是________。

A. 中断请求寄存器　　B. 中断服务寄存器

C. 中断屏蔽寄存器　　D. 中断优先级比较器

解答：A

中断服务寄存器用于反映当前哪些中断源处于服务状态；中断屏蔽寄存器用于反映当前哪些中断申请被屏蔽掉不能请求服务；中断优先级比较器用于将当前提出中断请求的中断源优先级进行排队，优先级高的先服务。

9. 位于CPU内部的IF触发器是(　　)。

A. 中断请求触发器　　B. 中断允许触发器

C. 中断屏蔽触发器　　D. 中断响应触发器

解答：B

中断请求触发器是8259内的IRR；中断屏蔽触发器是8259内的IMR；位于CPU内部的是中断允许触发器IF。

10. 程序控制的数据传送可分为(　　)。

A. 无条件传送　　B. 查询传送　　C. 中断传送　　D. 以上都是

解答：D

常用的数据传送方法包括无条件传送、查询传送、中断传送和DMA传送。这是为了适用不同外设对响应速度要求的不同而提出来的数据输入/输出解决方案。

三、判断改错题

( )1. 8086/8088 中,内中断源的级别均比外中断源级别高。

改错:

解答:×

不完全对,单步中断属于内部中断源,但它的级别是最低的。高低顺序是:内部中断(不包含单步中断)>NMI 非屏蔽中断>INTR 可屏蔽中断>单步中断。

( )2. 一片 8259A 中断控制器最多能接收 8 个中断源。

解答:√

( )3. 多个外设可以通过一条中断请求线,向 CPU 发中断请求。

改错:

解答:√

仅对于单线中断结构,多个中断源才共用一根中断请求线。它一方面要判别哪个中断优先级最高,另一方面要将程序引导到相应的中断处理程序入口。解决这种结构的中断源识别问题常常有三种处理方法,即软件查询法、硬件查询法和利用专门的中断优先权编码电路芯片支持的中断向量法。

( )4. PC 系统中的主机总是通过中断方式获得从键盘输入的信息。

改错:

解答:√

( )5. Intel 8086/80286/386/486/Pentium 系列 CPU 都拥有 256 个中断类型号。

改错:

解答:√

Intel 8086 系列 CPU 及 Pentium 系列 CPU 都拥有 256 个中断类型号,且规定中断向量表中各向量等长,中断处理程序的入口地址在向量表中按中断源类型码(0~255)排序。任何一个类型码乘上向量单元数(8086/8088 中每个中断向量占用 4 个单元;在 32 位机中,每个中断向量占用 8 个单元),再加上向量表的起始地址就可取得向量地址,从而转入中断处理程序。

( )6. 中断指令无须进行其他操作可以直接转向中断向量地址调用该地址中的例行程序。

改错:

解答:×

中断指令执行时要先保存源程序状态标志、所处代码段的首地址及断点地址,然后再转向调用的中断向量地址调用该地址中的例行程序。

( )7. 采用中断传送方式时,一台外设可以随时向 CPU 提出中断请求。

解答:×

一台外设要想向 CPU 提出中断请求必须满足两个条件:一是外设本身的准备工作已完成;二是本台外设未被屏蔽,即系统允许该外设发中断请求。

( )8. 8086 系统中,中断向量表存放在 ROM 地址最高端。

解答：×

应该是：8086系统中，中断向量表存放在RAM地址最低端。

(　　)9. 80486系统和8086系统一样，将中断分为可屏蔽中断和不可屏蔽中断两种。

解答：×

应该是：8086系统将中断分为内(软)中断和外(硬)中断两大类，而80486系统将广义中断分为异常和狭义中断两大类。

(　　)10. IBM PC/XT中，RAM奇偶校验错误会引起类型码为2的NMI中断。

解答：√

RAM奇偶校验错误引起的中断属于NMI非屏蔽中断，中断类型码是2。

(　　)11. 82380是专门为80386/80486系统设计的高性能多功能超大规模集成I/O接口芯片。

解答：√

四、简答题

1. 写出中断源的4种类型。

解答：外部硬件中断、不可屏蔽中断、软件中断和内部中断与异常4种类型。

2. 什么是硬件中断和软件中断？在PC机中两者的处理过程有什么不同？

解答：硬件中断是通过中断请求线输入信号来请求处理机进行中断服务；软件中断是处理机内部识别并进行处理的中断过程。硬件中断一般是由中断控制器提供中断类型码，处理机自动转向中断处理程序；软件中断完全由处理机内部形成中断处理程序的入口地址并转向中断处理程序，不需外部提供信息。

3. 设置中断优先级的主要目的何在？

解答：

(1) 当多个中断源同时提出申请时，根据优先级别判断先执行哪一个中断服务程序；

(2) 当系统正在执行某一个中断程序时，又有新的中断源提出中断，可根据中断优先级的高低，决定是否中断正在执行的中断服务程序，高级别的中断可中断正在执行的中断服务程序，而低级别的中断则不能中断正在执行的中断服务程序。

4. 试叙述基于8086/8088的微机系统处理硬件中断的过程。

解答：以INTR请求为例。当8086收到INTR的高电平信号时，在当前指令执行完且IF=1的条件下，8086在两个总线周期中分别发出INTA#有效信号；在第二个INTA#期间，8086收到中断源发来的一字节中断类型码；8086完成保护现场的操作，CS、IP内容进入堆栈，清除IF、TF；8086将类型码乘4后得到中断向量入口地址，从此地址开始读取4字节的中断处理程序的入口地址，8086从此地址开始执行程序，完成了INTR中断请求的响应过程。

5. 8259A中断控制器的功能是什么？

解答：8259A中断控制器可以接受8个中断请求输入并将它们寄存。对8个请求输入进行优先级判断，裁决出最高优先级进行处理，它可以支持多种优先级处理方式。

8259A 可以对中断请求输入进行屏蔽,阻止对其进行处理。8259A 支持多种中断结束方式。8259A 与微处理器连接方便,可提供中断请求信号及发送中断类型码。8259A 可以进行级联以便形成多于 8 级输入的中断控制系统。

6. 8259A 初始化编程过程完成哪些功能?这些功能由哪些 ICW 设定?

解答:初始化编程用来确定 8259A 的工作方式。ICW_1确定 8259A 工作的环境:处理器类型、中断控制器是单片还是多片、请求信号的电特性。ICW_2用来指定 8 个中断请求的类型码。ICW_3在多片系统中确定主片与从片的连接关系。ICW_4用来确定中断处理的控制方法:中断结束方式、嵌套方式、数据线缓冲等。

7. 8259A 的中断屏蔽寄存器 IMR 与 8086 中断允许标志 IF 有什么区别?

解答:中断请求 INTR 引线上的请求信号。8259A 有 8 个中断请求输入线,IMR 中的某位为 1,就把对应这位的中断请求 IR 禁止掉,无法被 8259A 处理,也无法向 8086 处理器产生 INTR 请求。

8. 比较中断与 DMA 两种传输方式的特点。

解答:中断方式下,外设需与主机传输数据时要请求主机给予中断服务,中断当前主程序的执行,自动转向对应的中断处理程序,控制数据的传输,过程始终是在处理器所执行的指令控制之下。直接存储器访问(DMA)方式下,系统中有一个 DMA 控制器,它是一个可驱动总线的主控部件。当外设与主存储器之间需要传输数据时,外设向 DMA 控制器发出 DMA 请求,DMA 控制器向中央处理器发出总线请求,取得总线控制权以后,DMA 控制器按照总线时序控制外设与存储器间的数据传输而不是通过指令来控制数据传输,传输速度大大高于中断方式。

9. 有 30 个外设要进行中断,共需要几块 8259A 芯片级联?

解答:需要 5 个 8259。一个 8259 可以处理 8 个外设中断请求,多个 8259 需要连接成一个主片和多个从片的级联形式。用 4 个的话,3 个从片处理 24 个中断;一个主片有 3 个中断请求要用于连接从片,还有 5 个可以处理外设中断请求;共能处理 24+5=29 个外设中断请求。所以 30 个外设中断请求要用 5 个。题目当然应该是指 30 个外设中断能够同时连接于系统,并能同时请求,否则可以减少。例如,在我们的 PC 中使用两个 8259,只有 15 个中断请求引脚,虽然这个资源不多,但能够应付多数情况。

10. 8259A 有哪些中断结束方式,分别适用于哪些场合?

解答:自动中断结束方式,适用于一片 8259,并且各中断不发生嵌套的情况。非自动中断结束方式适用于 8259 级联的情况。

11. 8259A 对优先级的管理方式有哪几种,各是什么含义?

解答:特殊完全嵌套方式、一般完全嵌套方式、优先级自动循环、优先级特殊循环。(含义略)

12. 中断方式与查询方式相比有何优点?中断方式和 DMA 相比又有什么不足之处?

解答:

(1) 中断方式与查询方式相比,其优点是:①提高了 CPU 的工作效率,把 CPU 从查询方式时漫长的等待时间中解放出来,使 CPU 和外设以及外设和外设之间能并行工作;

②实时响应能力强，在具有多个中断源的系统中，查询方式要轮流对多个中断源进行查询，所需时间较长，很难满足外设的实时要求，而采用中断方式便可满足外设的实时性要求。

(2) 中断方式与DMA方式相比的不足之处是：中断方式传送数据的速度比DMA慢，不适于高速外设的要求。

13. 中断方式和DMA方式传送数据，哪个的CPU效率高？

解答：当然DMA方式效率高。DMA方式中，CPU只需要进行初始化工作和扫尾工作，数据传输完全不需要CPU介入，而是由DMAC控制，这样CPU空出来可以做其他事情。

14. 要自己编一个中断程序，如何指定它的中断号呢？

解答：一般来说，硬件中断对应的中断号不能随便指定，操作系统基本已固定，而软件中断的号也有一部分不能随便使用。一般中断号在60H以前的都不要用，具体哪个可以用，每个机器不定相同，可用DEBUG查看中断向量表(0:0到0:3FFH)的内容，凡是中断向量为0的均是系统没有使用的，用户可以使用。要在自己的程序中使用中断，应设置中断向量。有两个办法。

(1) 将中断向量强行写入中断向量表。例如，要把自己的中断服务程序指定为61H号中断，则把中断服务程序的首地址(即中断向量)写入61H×4开始的两个字单元即可，偏移写入低字，段写入高字，设置好后即可用INT 61H调用自己的中断服务程序。

(2) 用DOS功能25H也能设置：把中断向量的段放在DS中，偏移放在DX中，中断号放在AL寄存器中，然后执行下面的指令即可设置好中断向量。

```
MOV  AH,25H
INT  21H
```

15. 82801BA芯片由哪些部分组成？

解答：内含PCI接口、处理器接口、两个8259中断接口、IDE接口、USB控制器、中心接口、两个8254定时/计数器、两个8237 DMA控制器。

16. PCI的中断共享是如何实现的？它比ISA总线优越的地方在哪里？

解答：PCI总线的中断共享由硬件与软件两部分组成。硬件上，采用电平触发的办法：中断信号在系统一侧用电阻接高电平，而要产生中断的板卡上利用三极管的集电极将信号电平拉低。这样不管有几块板产生中断，中断信号都为低电平；而只有当所有板卡的中断都得到处理后，中断信号才会恢复高电平。软件上，采用中断链的方法：假设系统启动时，发现板卡A用了中断7，就会将中断7对应的内存区指向A卡对应的中断服务程序入口ISR_A；然后系统发现板卡B也用中断7，这时就会将中断7对应的内存区指向ISR_B，同时将ISR_B的结束指向ISR_A。依此类推，就会形成一个中断链。而当有中断发生时，系统跳转到中断7对应的内存，也就是ISR_B。ISR_B就要检查是不是要处理B卡的中断，如果是，将板卡上的拉低电平电路启动；如果不是，则呼叫ISR_A。这样就完成了中断的共享。在每个系统中会有两颗芯片来提供16个IRQ，其中大多的IRQ都有固定的编排,例如 IRQ_0 固定为系统定时器,IRQ_1 则是键盘。因为每一个 IRQ 只能让一种设备使用,所以 IRQ 数目十分有限,若计算机安装很多的配件,IRQ 势必就会不敷使用,所以可能会发生两个设备共占同一个 IRQ 的现象,此时也就会出现 IRQ 冲突问题,造成该设备无法使用。ISA 卡的一个重要局限在于中断是独占的,而我们知道计算机的中断号只有 16 个,系统又用掉了一些,这样当有多块 ISA 卡要用中断时就会有问题了。

17. 在一个时钟内,每个 IRQ 数据帧都被分为哪 3 个阶段?

解答:

(1) 取样阶段。在这个阶段如果某中断信号为低电平,则相应的 SERIRQ 设备驱动 SERIRQ 为低电平;如果相应的中断为高电平,则 SERIRQ 设备使 SERIRQ 信号变为三态,SERIRQ 线被上拉电阻维持为高电平。在 IRQ_0、IRQ_1 和 $IPQ_{2\sim15}$ 帧期间的低电平指明没有高电平有效的 ISA 中断请求,但是有 PCI $\overline{INTA}\sim\overline{INTD}$、$\overline{SMI}$和$\overline{IOCHK}$帧期间的低电平表明有一个低电平有效的中断请求。

(2) 恢复阶段。如果取样阶段驱动 SERIRQ 为低,在这个阶段设备将驱动 SERIRQ 信号线为高;如果设备在取样阶段没有驱动 SERIRQ 信号线,则这个阶段使信号线为三态。

(3) 翻转阶段;设备使 SERIRQ 信号线为三态。

18. 有 4 个中断源 D_1、D_2、D_3 和 D_4,它们的中断优先级从高到低分别是 1 级、2 级、3 级和 4 级。即中断响应先后次序为 1→2→3→4,现要求其实际的中断处理次序为 4→3→2→1。

(1) 写出这些中断源的正常中断屏蔽码和改变后的中断屏蔽码(令“0”对应于开放,“1”对应于屏蔽)。

(2) 若在运行用户程序时,同时出现第 1、2、3、4 级中断请求,请画出此程序运行过程示意图。

解答:

(1) 依题意可知,各级中断处理程序的中断屏蔽位如题表 7-1 所示。

题表 7-1 中断屏蔽位

中断源名称	中断响应次序	正常中断屏蔽码 D_1 D_2 D_3 D_4	改变后的中断屏蔽码 D_1 D_2 D_3 D_4
D_1	1	1 1 1 1	1 0 0 0
D_2	2	0 1 1 1	1 1 0 0
D_3	3	0 0 1 1	1 1 1 0
D_4	4	0 0 0 1	1 1 1 1

(2) 此程序运行过程示意图如题图 7-1 所示。

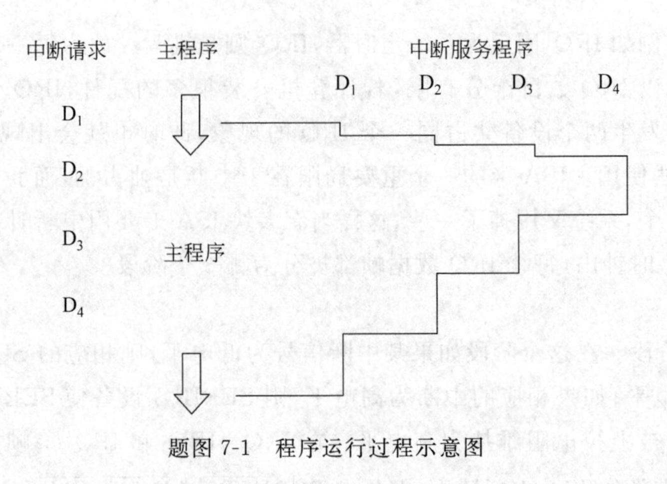

题图 7-1 程序运行过程示意图

习 题 8

一、填空题

1. CPU与外部设备(简称外设)之间的接口(I/O)一般有如下功能:①________;②________;③________;④________;⑤________;⑥________;⑦________。

解答:数据缓冲功能 接收和执行CPU命令的功能 信号转换功能 设备选择功能 中断管理功能 数据宽度变换的功能 可编程功能

2. 计算机系统中I/O端口有两种编址方式:I/O端口地址与内存统一编址方式,称为________;另一种是I/O与内存分开各自独立编址,称为________。

解答:存储器映射方式 I/O映射方式

3. 微机接口按功能分类,有3种基本类型,分别是________、________和________。

解答:运行辅助接口 用户交互接口 传感控制接口

4. CPU与I/O设备之间数据传输的同步控制方式,主要有________、________、________和________4种方式。

解答:程序查询方式 中断传送方式 直接存储器访问方式 I/O处理机方式

5. 程序控制方式又可分为________方式和________方式两类。

解答:无条件传送 查询

6. 外部设备与微机之间的信息传送,实际上是CPU与接口之间的信息传送。如前所述,当外设和存储器统一编址时,________都可用来访问I/O端口;当外设单独编址时,访问I/O端口另有________。

解答:所有用于访问存储器的指令 专门的I/O指令(IN或OUT指令)

7. IDE是Integrated Device Electronics的简称,是一种________,由Compaq和Western Digital公司开发。通常分为IDE1和IDE2两种,IDE1接________,IDE2接________。

解答:硬盘的传输接口 硬盘 光驱

8. 可编程控制器 8237 的内部结构由 4 大组成部分,分别是________、________、________和________。

解答:控制逻辑电路 优先权控制逻辑电路 缓冲器 内部寄存器组

9. 8255A 是一种适用于多种微处理器的________输入/输出接口芯片,可编程接口芯片的特点是无须改变硬件,仅通过________,就可以改变电路的功能,使用灵活、通用性强。

解答:可编程的 8 位通用并行 编程

10. 8237 有 4 个通道,可以带 4 台外设。其中,________为微机系统占用,分别用于刷新动态存储器,软盘控制器与存储器交换数据,硬盘控制器与存储器交换数据。只有________供用户使用。

解答:通道 0、2、3 通道 1

二、问答题

1. 微机常用的外部实用接口有哪些?

解答:

(1) USB:“通用串行总线”接口。

(2) PS/2 接口是一种鼠标或键盘接口。

(3) COM 串行接口。

(4) LPT 接口,打印机接口只有一个,一般用来连接打印机或扫描仪。

(5) IEEE 1394 接口,目前传输速率最高可达到 720Mb/s。适合连接高速的设备,如数码相机等。

(6) VGA(Video Graphics Array)接口,也叫 D-Sub 接口。

(7) DVI 接口。DVI(Digital Visual Interface)接口与 VGA 接力都是计算机中主要用于显示器信号传输的最常用的接口。与 VGA 不同的是,DVI 可以传输数字信号,不用再经过数模转换,免除显示卡到显示器之间传统的两次数/模转换。

2. 什么叫 USB 接口? USB 接口传输方式有什么特点? 数据传输标准有哪些?

解答:USB 是 Universal Serial Bus 的缩写,通用串行总线接口。它是一种串行总线系统,带有 5V 电压,可以独立供电,支持即插即用功能,支持热插拔功能,最多能同时连入 127 个 USB 设备,由各个设备均分带宽。USB 接口是现在最为流行的接口。目前的 USB 接口有 USB 2.0 和 USB 1.1 两种速度传输标准。其中 USB 1.1 的传输速率为 12Mb/s,而 USB 2.0 的传输速率已经达到了 480Mb/s。

3. 什么叫 IEEE1394 接口? 简述其工作原理及优点。

解答:Apple 公司在 SCSI 接口的基础之上推出了一种高速串行总线——Fire Wire,希望能取代并行的 SCSI 总线。后来 IEEE 联盟在此基础上制定了 IEEE 1394 标准。

工作原理是 IEEE 1394 标准接口结构的所有资源都是以统一存储编址形式,并用存储变换方式识别,实现资源配置和管理的。此外与 USB 相比,IEEE 1394 具有支持同步和异步传输的特点。可以将数据直接通过 IEEE 1394 的高带宽和同步传输直接传到计算上,从而少了以往的昂贵缓冲设备。这也是数码摄像机一直采用 IEEE 1394 作为标准接口的原因之一。

4. VGA接口与DVI接口在工作原理上有什么不同？在外观和引脚上有什么差别？在实际使用上有什么不同？(注意，仅就显示器而言)。

解答：

(1) 计算机与外部显示设备之间通过模拟VGA接口连接，计算机内部以数字方式生成的显示图像信息，被显示卡中的数字/模拟转换器转变为R、G、B 3原色信号和行、场同步信号，信号通过电缆传输到显示设备中。

(2) 与VGA不同的是，DVI可以传输数字信号，不用再经过数模转换，免除显示卡到显示器之间传统的两次数/模转换，避免信号损失，所以画面质量非常高。

5. 什么叫并行通信传输方式？简述其基本原理。

解答：并行通信就是把一个字符的各数位用几条线同时进行传输，即将组成数据的各位同时传输。实现并行通信的接口就是并行接口。

6. 什么叫IDE接口？IDE接口经历了哪些发展阶段？

解答：IDE(Integrated Drive Electronics，集成驱动器电子)，由Compaq和Western Digital公司开发，新版的IDE命名为ATA即(AT bus Attachment/Advanced Technology Attachment)接口，它的本意是指把控制器与盘体集成在一起的硬盘驱动器。通常我们所说的IDE指的是硬盘/光驱等存储设备的一种接口技术。它经历了ATA、Ultra ATA、DMA、Ultra DMA等发展阶段。

7. IDE接口引脚有什么特点？传输模式有哪几种？各自的数据传输率有何特点？

解答：由主教材图8-35的IDE所示接口引脚有如下特点。

(1) 外观为40脚插针。

(2) 硬盘接口IDE可分为并行ATA(PATA)接口和串行ATA(SATA)接口。在型号老些的主板上，多集成2个IDE口(通常分为IDE1和IDE2，IDE1接硬盘，IDE2接光驱)。

(3) 通常IDE接口都位于PCI插槽下方，从空间上则垂直于内存插槽(也有横着的)。

(4) IDE接口有两大优点：易于使用与价格低廉。

IDE硬盘的传输模式有以下三种：PIO(Programmed I/O)模式、DMA(Direct Memory Access)模式、Ultra DMA(简称UDMA)模式

(1) PDMA模式与PIO模式的最大区别是：DMA模式并不用过分依赖CPU的指令而运行，可达到节省处理器运行资源的效果。但由于Ultra DMA模式的出现和快速普及，这两个模式立即被UDMA所取代。

(2) 自Ultra ATA标准推行以来，其接口便应用了DDR(Double Data Rate)技术将传输的速度提升了一倍，目前已发展到Ultra ATA/133了，其传输速度高达133MB/s。

8. 什么叫串行数据传输方式？串行数据传输方式中有哪些重要技术参数？

解答：串行通信就是数据在一根传输线上一位一位地按顺序传送的通信方式。串行通信时，所有的数据、状态、控制信息都是在这一根传输线上传送。重要参数是：

(1) 波特率。

(2) 比特率，是指每秒传送的二进制位数。

计算机通信中常用的波特率是 110,300,1000,1200,2400,4800,9600 和 19200 波特。

9. 串行通信有哪些连接方式？各自有什么特点？

解答：串行通信的连接方式有 3 种,分别是：单工、双工、半双工。

(1) 单工,采用这种连接方式,数据只能单向传送。

(2) 半双工,这种连接方式能交替地进行双向的数据传送。

(3) 双工,数据的双向传输可以在同一时刻实现。

10. 串行接口与并行接口有什么不同？试从外观、针脚数目和功能等方面进行阐述。

解答：

(1) 外观：串口为 4 针,并口为 40 针。

(2) 并口就是把一个字符的各数位用几条线同时进行传输,即将组成数据的各位同时传输。实现并行通信的接口就是并行接口。

(3) 串行通信就是数据在一根传输线上一位一位地按顺序传送的通信方式。串行通信时,所有的数据、状态、控制信息都是在这一根传输线上传送。

11. 微机内部总线有哪些接口？

解答：

(1) PCI 是 Peripheral Component Interconnect(外设部件互连标准)。

(2) AGP(Accelerate Graphical Port),加速图形接口。

(3) PCI-Express 接口。

12. PCI 总线的工作原理。

解答：PCI 是一种局部总线。从结构上看,PCI 是在 CPU 和原来的系统总线之间插入的一级总线,具体由一个桥接电路实现对这一层的管理,并实现上下之间的接口以协调数据的传送。管理器提供了信号缓冲,使之能支持 10 种外设,并能在高时钟频率下保持高性能,它为显卡,声卡,网卡,MODEM 等设备提供了连接接口,它的时钟频率为 33MHz/66MHz。最大数据传输率 133MB/s 或者 266MB/s。

13. 简述 AGP 总线的发展历程及其传输速度。

解答：AGP 接口的发展经历了 AGP1.0(AGP1X、AGP2X)、AGP2.0(AGP Pro、AGP4X)、AGP3.0(AGP8X)等阶段,其传输速度也从最早的 AGP1X 的 266MB/s 的带宽发展到了 AGP8X 的 2.1GB/s。

14. 简述 PCI-E 总线的工作原理。

解答：PCI Express(以下简称 PCI-E)采用了目前业内流行的点对点串行连接,比起 PCI 以及更早期的计算机总线的共享并行架构,每个设备都有自己的专用连接,不需要向整个总线请求带宽,而且可以把数据传输率提高到一个很高的频率,达到 PCI 所不能提供的高带宽。相对于传统 PCI 总线在单一时间周期内只能实现单向传输,PCI-E 的双单工连接能提供更高的传输速率和质量,它们之间的差异跟半双工和双工类似。

15. 简述 DMA 接口数据传送的工作原理。

解答：典型的从适配卡到内存的数据传送是这样进行的：首先,对 DMA 控制器编程,写入数据要到达的内存地址和要传送的字节数。适配器可以开始传送数据时,它将激活 DREQ 线,与 DMA 控制器连通。DMA 控制器在与 CPU 取得总线控制权后,输出内存地址,发送控制信号,使得一个字节或一个字从适配器读出并写入相应内存中,然后更新内存地址,指向下一个字节(或字)要写入的地址,重复上面的操作,直至数据传送完毕。

三、选择题

1. 通常在PC机中用作硬盘驱动器和CD-ROM驱动器的接口是________。

A. IDE(EIDE)　　B. SCSI　　C. RS-232C　　D. USB

解答：A

2. 连接打印机不能使用________。

A. RS-232C接口总线　　B. IEEE-1284接口总线

C. USB接口总线　　D. AGP接口

解答：D

AGP加速图形接口。它是一种显示卡专用的局部总线。严格地说,AGP不能称为总线,它与PCI总线不同,因为它是点对点连接,即连接控制芯片和AGP显示卡,但在习惯上依然称其为AGP总线。其他总线都能用于打印机。

3. 在微机系统中采用DMA方式传输数据时,数据传送是________。

A. 由CPU控制完成

B. 通过执行程序完成

C. 由DMAC发出的控制信号控制完成

D. 由总线控制器发出的控制信号控制完成

解答：C

DMAC向外设发出DMA应答信号并将被访问存储单元地址送地址总线,向存储器和进行DMA传送的外设发出读写命令,开始DMA传送。

4. 在给接口编址的过程中,如果有5根地址线没有参加译码,则可能产生________个重叠地址。

A. 5^2　　B. 5　　C. 2^5　　D. 10

解答：C

DMAC向外设发出DMA应答信号并将被访问存储单元地址送地址总线,向存储器和进行DMA传送的外设发出读写命令,开始DMA传送。

5. CPU在执行OUT　DX,AL指令时,________寄存器的内容送到数据总线上。

A. AL　　B. DX　　C. AX　　D. DL

解答：A

将AL中的8位数据通过端口送出。

6. 地址译码器的输入端应接在________总线上。

A. 地址　　B. 数据　　C. 控制　　D. 以上都不对

解答：D

除了地址线以外,还应在端口地址译码电路上同时加控制信号来限定,参加译码：如IN或OUT指令所产生的$\overline{IOR}$或$\overline{IOW}$;又如表示DMA操作正在进行的AEN信号。当AEN=1时,表示机器处于DMA周期;当AEN=0时,即非DMA周期时,译码器才能译码。避免在 DMA 周期时由 DMA 控制器对这些 I/O 端口进行读写。因此选 D。

7. 下面几个芯片中,________可用于 DMA 控制。

A. 8237　　B. 8259A　　C. 8255　　D. 8253

解答:A

8237 是可编程 DMA 控制器,8259A 是中端控制器,8255 是可编程并行 I/O 接口芯片,8253 是可编程计数器/定时器。

8. 查询输入/输出方式需要外设提供________信号,只有其有效时,才能进行数据的传送。

A. 控制　　B. 地址　　C. 状态　　D. 数据

解答:C

CPU 在输入数据前,先要确定外设的状态,若外设准备好,就进行数据传送。当外设没有做好数据传送准备时,CPU 可以执行与传送数据无关的其他指令。

9. 若某个计算机系统中,内存地址与 I/O 地址统一编址,访问内存单元和 I/O 设备是靠________来区分的。

A. 数据总线上输出的数据

B. 不同的地址代码

C. 内存与 I/O 设备使用不同的地址总线

D. 不同的指令

解答:B

10. 标准 VGA 显示器 D 形接口为________。

A. 三排 15 针　　B. 两排 15 针　　C. 三排 24 针　　D. 两排 24 针

解解答:A

按照 VGA 接口标准,VGA 显示器 D 形接口为三排 15 针。

11. SCSI 接口一般不能用来接________。

A. 硬盘　　B. 光驱　　C. 显卡　　D. 扫描仪

解答:C

SCSI 接口的速度、性能和稳定性都非常出色,主要面向服务器和工作站市场。SCSI 是一种连接主机和外围设备的接口,支持包括硬盘、光驱、扫描仪等在内的多种设备。但目前没有显示卡 SCSI 接口。

12. S 端口不具备以下哪种优点?________。

A. 无须再进行亮色分离和解码工作

B. 避免了视频设备内信号串扰而产生的图像失真

C. 提高了图像的清晰度

D. 传输带宽基本不受限制

解答:D

S 端口的传输带宽仍然受到很大的传输限制。

13. 在 SATA 串口 4 芯数据线之中,用来供电的是第________针。

A. 1　　B. 2　　C. 3　　D. 4

解答：C

SATA串口用4个针就完成了所有的工作(第1针发出、2针接收、3针供电、4针地线)。

14. DMA操作的基本方式之一，周期挪用法________。

A. 利用CPU不访问存储器的周期来实现DMA操作

B. 在DMA操作期间，CPU一定处于暂停状态

C. 会影响CPU的运行速度

D. 使DMA传送操作可以有规则地、连续地进行

解答：A

周期挪用法是利用CPU不访问存储器的周期来实现DMA操作。

15. 在查询传送输入方式下，被查询I/O端口准备就绪后，给出________给处理器，等待响应。

A. 就绪信息　　B. 忙状态　　C. 请求信息　　D. 类型号

解答：A

16. LPT接口工作在ECP扩充型工作模式下所采用的数据传输模式是________。

A. 单工通信　　B. 半双工通信

C. 全双工通信　　D. 双向双全工通信

解答：D

LPT接口有3种工作模式：SPP标准工作模式、EPP增强型工作模式、ECP扩充型工作模式。其中，ECP采用双向全双工数据传输，传输速率比EPP要高。

四、判断改错题

(　　)1. 硬盘接口IDE可分为并行ATA接口和串行ATA接口，分别简称为PATA和SATA。

解答：对

(　　)2. DMA方式主要用于外设的定时是固定的而且是已知的场合，外设必须在微处理器限定的指令时间内准备就绪，并完成数据的接收或发送。

解答：错

上述描述的数据传送方式是无条件传送方式。

(　　)3. CPU与外设数据传输的查询传送方式的优点是能较好地协调CPU与慢速外设的时间匹配问题。

解答：对

(　　)4. 在中断输入输出方式下，外设的地址线可用于向CPU发送中断请求信号。

解答：错

是外设的状态线用于向CPU发送中断请求信号(参见教材图8-6)。

(　　)5. RJ-45异步串行接口常用于数据传输，是异步串行接口，例如可以用该接口连接电子键盘等。

解答：错

电子键盘是用 MIDI 接口连接，而 RJ-45 最常见应用于网卡接口。

五、简答题

1. VGA 接口与 DVI 接口在工作原理上有什么不同？在外观和引脚上有什么差别？在实际使用上有什么不同？(注意，仅就显示器而言)。

解答：

(1) 计算机与外部显示设备之间通过模拟 VGA 接口连接，计算机内部以数字方式生成的显示图像信息，被显示卡中的数字/模拟转换器转变为 R、G、B 3 原色信号和行、场同步信号，信号通过电缆传输到显示设备中。

(2) 与 VGA 不同的是，DVI 可以传输数字信号，不用再经过数模转换，免除显示卡到显示器之间传统的两次数/模转换，避免信号损失，所以画面质量非常高。

2. IDE 接口传输模式有哪几种？各自的数据传输率有何特点？

解答：

IDE 硬盘的传输模式有以下三种：PIO (Programmed I/O) 模式、DMA (Direct Memory Access)模式、Ultra DMA(简称 UDMA)模式

(1) PDMA 模式与 PIO 模式的最大区别是：DMA 模式并不用过分依赖 CPU 的指令而运行，可达到节省处理器运行资源的效果。但由于 Ultra DMA 模式的出现和快速普及，这两个模式立即被 UDMA 所取代。

(2) 自 Ultra ATA 标准推行以来，其接口便应用了 DDR(Double Data Rate)技术将传输的速度提升了一倍，目前已发展到 Ultra ATA/133 了，其传输速度高达 133MB/s。

3. 可编程 DMA 控制器 8237 只有 8 位数据线，为什么能完成 16 位数据的 DMA 传送？

解答：

I/O 与存储器间在进行 DMA 传送过程中，数据是通过系统的数据总线传送的，不经过 8237 的数据总线，系统数据总线具有 16 位数据的传输能力。

六、编程题

利用 8237 通道 2，由一个输入设备输入一个 32KB 的数据块至内存，内存的首地址为 34000H，采用增量、块传送方式，传送完不自动初始化，输入设备的 DREQ 和 DACK 都是高电平有效。请编写初始化程序，8237 的首地址用标号 DMA 表示。

解答：设存储器页面寄存器内容已被置为 3，8237 初始化程序如下：

```
MOV     AL,06H                              ;屏蔽通道 2
MOV     DX,DMA+0AH                          ;
OUT     DX,AL                               ;
MOV     AL,80H                              ;写通道 2 命令字:DREQ
MOV     DX, DMA+08H                         ;DACK 高电平有效,正常
DUT     DX,AL                               ;序、固定优先级、允许 8237 工作等
MOV     AL,86H                              ;写通道 2 磨石子:块传
```

```
MOV    DX,DMA+0BH          ;输、写传输、地址增
OUT    DX,AL               ;禁止自动预置等
MOV    DX,DMA+0CH          ;制0先/后触发器
OUT    DX,AL               ;
MOV    AL,00H              ;设通道2基地址为4000H
MOV    DX,DMA+04H          ;
OUT    DX,AL               ;
MOV    AL,40H              ;
OUT    DX,AL               ;
MOV    AL,0FFH             ;设通道2基字节数为7FFFH
MOV    DX,DMA+05H          ;
OUT    DX,AL               ;
MOV    AL,7FH              ;
OUT    DX,AL               ;
MOV    AL,02H              ;清除通道2屏蔽
MOV    DX,DMA+0AH          ;
OUT    DX,AL               ;
MOV    AL,06H              ;通道2发DMA请求
MOV    DX,DMA+09H          ;
OUT    DX,AL               ;
```

习 题 9

一、填空题

1. 并行通信就是把________用几条线同时进行传输，即将组成数据的各位同时传输。实现并行通信的接口就是________。

解答：一个字符的各数位　并行接口

2. 并行接口可分为硬件连接的简单并行接口和________接口。并行接口的每条数据线的________必须相等。

解答：可编程　长度

3. Intel 8212：是________接口芯片，作为CPU与________交换数据的接口芯片。它具有________、________、________和________多路转换功能，并且能向CPU发出________。

解答：8位通用并行输入/输出　外设之间　锁存功能　三态输出缓冲功能　总线驱动功能　多路转换功能　中断请求信号

4. 8255A有________种工作方式。

解答：3

5. 在PC/XT中用一片8255A来做三项工作：一是________，二是为________，三是________。

解答：管理键盘　控制扬声器　输入系统配置开关的状态

6. 工作方式控制字是对 8255A 的 3 个端口的________进行分配,应放在程序的________部分,对 8255A 进行初始化。

解答:工作方式及功能;开始

7. 按位"置位/复位"控制字只对________的输出进行控制,而且只是使 C 口的某一位输出高或低电平,使用时,可放在________。

解答:8255A 的 C 口;初始化程序以后的任何地方

8. 在对 8255 的 C 口进行初始化为按位置位或复位时,写入的端口地址应是________地址。

解答:8255 的内部控制寄存器。

二、选择填空题

1. 并行接口一般要对输出数据进行锁存,其原因是________。

A. 外设速度常低于主机速度　　B. 主机速度常低于外设速度

C. 主机与外设速度通常差不多　　D. 要控制对多个外设的存取

解答:A

2. 8255A 的 PA 口工作于方式 2,PB 口工作于方式 0 时,其 PC 口________。

A. 用作一个 8 位 I/O 端口　　B. 用作一个 4 位 I/O 端口

C. 部分作应答线　　D. 全部作应答线

解答:C

C 口的大部分引脚被指定为固定的专用应答线,即作为联络线。

3. 关于 8255A 的端口 A 和端口 B 的工作方式,下列说法中,正确的是________。

A. 端口 A 只能工作于方式 1,端口 B 只能工作于方式 2

B. 端口 B 不能工作于方式 2,端口 A 却能工作于方式 1

C. 只有端口 A 才能工作于方式 2,只有端口 B 才能工作于方式 1

D. 端口 A、B 既能工作于方式 1,也能工作于方式 2

解答:B

4. 在并行可编程 8255A 中,8 位的 I/O 端口共有________。

A. 1 个　　B. 2 个　　C. 3 个　　D. 4 个

解答:C

5. 8255A 的 B 组控制电路用来控制 B 口及________的工作方式。它还可以接收来自 CPU 的命令字对 C 口的________。

解答:PC3~PC0(C 口低 4 位);某位实现按位置位/复位

三、问答题

1. 请简述并行接口的主要特点及其主要功能?

解答:主要特点:数据并行传输,传输速度快,但距离较近。

主要功能:并行传输数据,在主机与外设之间起到数据缓冲和匹配的作用。

2. 8255A 的功能是什么,有哪几个控制字,各位的意义是什么?

解答：8255A是一种通用的可编程程序并行I/O接口芯片，它有两个控制字，一个是方式选择控制字，它的作用是实现对8255A的各个端口的选择。一个是对C口进行置位或复位控制字。它的作用是能实现对端口C的每一位进行控制。

3. 8255A有哪几种工作方式？不同工作方式的特点体现在哪几个方面？

解答：

(1) 8255A有3种工作方式，分别是：方式0，称为I/O方式；方式1，称为单向选通方式；方式2，称为双向选通方式。

(2) 工作方式的不同，主要体现在以下几个方面：

① 8255A与CPU及外设两侧交换数据的方式不同。

② 8255A的3个8位并行口的功能不同。

③ 8255A的工作时序及工作状态不同。

4. 在并行接口中为什么要对输出数据进行锁存？在什么情况下可以不锁存？

解答：数据锁存就是延长数据存在时间，便于与外设存取时间配合。在外设速度与主机相匹配时，可以不需要锁存。

四、设计题

1. 如题图9-1所示，8255的A口与共阴极的LED显示器相连，若其片选信号A_9～A_2＝11000100，问8255A的地址范围是多少？A口应工作在什么方式？写出8255A的初始化程序。

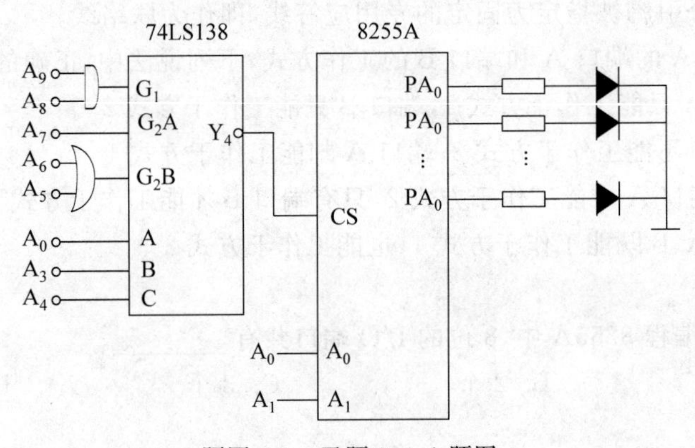

题图9-1　习题9.4.1题图

解答：

(1) 因片选信号A_9～A_2＝11000100，加上片内寻址A1A0(＝00,01,10,11)共10位。因此可得地址范围：310H～313H。

(2) A口工作在方式0输出，工作方式字为10000000B＝80H。

(3) 初始化程序

```
MOV  AL,80H
MOV  DX,313H
OUT  DX, AL
```

2. 对 8255A 进行初始化,要求端口 A 工作于方式 1,输入;端口 B 工作于方式 0,输出;端口 C 的高 4 位配合端口 A 工作,低 4 位为输入。设控制口的地址为 006CH。试写出初始化程序片段。

解答:由题知工作方式字应为 10111001H(B9H)

```
MOV  AL,B9H
MOV  DX,006CH
OUT  DX,AL
```

3. 试按照如下要求对 8259A 进行初始化:系统中只有一片 8259A,中断请求信号用电平触发方式,下面要用中断 ICW4,中断类型码为 60H,61H,62H,…,67H,用全嵌套方式,不用缓冲方式,采用中断自动结束方式。设 8259A 的端口地址为 94H 和 95H。试写出初始化程序片段。

解答:

```
MOV  DX,94H                  ;偶地址
MOV  AL,00011011B            ;ICW1
OUT  DX,AL
MOV  AL,10011111B            ;ICW2 ,中断源是 IR7
MOV  DX,95H                  ;奇地址
OUT  DX,AL
MOV  AL,00000011B            ;ICW4
OUT  DX,AL
```

4. 对 8255 编程。设 8255 的端口地址为 200H~203H。

(1) 要求 PA 口方式 1,输入;PB 口方式 0 输出;$PC_7 \sim PC_6$ 为输入;$PC_1 \sim PC_0$ 为输出。试写出 8255 的初始化程序。

(2) 程序要求当 $PC_7=0$ 时置位 PC_1,而当 $PC_6=1$ 时复位 PC_0,试编制相应的程序。

解答:

(1)

```
MOV  DX,  203H               ;送内部控制器地址到 DX
MOV  AL,  10111000B          ;送工作方式控制字到 AL
OUT  DX,  AL
```

(2)

```
      MOV    DX,  202H
      IN     AL, DX
      MOV    AH, AL
      TEST   AL, 80H
      JNZ    NEXT1
      MOV    DX, 203H
      MOV    AL, 00000011B      ;对 PC1 置位
      OUT    DX,AL
```

```
NEXT1: MOV   AL,AH
       TEST  AL,40H
       JZ    NEXT2
       MOV   AL,00000000B          ;对 PC0 复位
       MOV   DX,203H
       OUT   DX, AL
NEXT2: ………
```

五、综合题

如题图 9-2 所示，8255A 作打印机接口，工作于中断方式。8255A 端口 A 工作于方式 1 输出时，PC7 自动地作为 OBF 信号输出，PC6 自动作为$\overline{\text{ACK}}$信号输入，而 PC3 则自动作为 INTR 输出。试写出初始化程序片段。

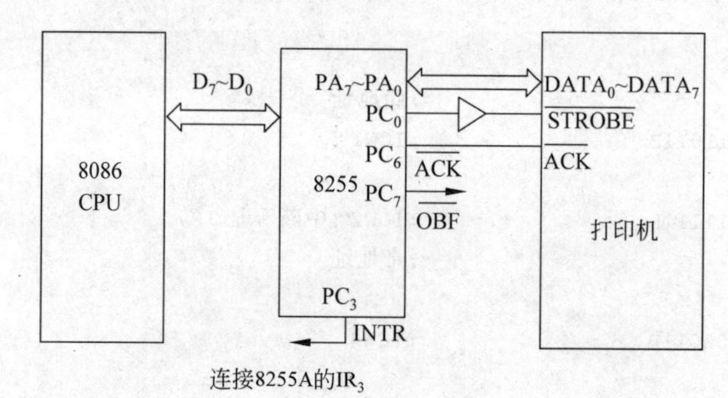

题图 9-2 习题 9 综合题图

解答：端口 B 不用。但 OBF 要等到打印机返回$\overline{\text{ACK}}$后，才能由低变高，形成一个负脉冲，因此其时序和宽度不适合直接作为打印机的 STB 信号，无法将数据锁存到打印机中。为此，将 OBF 信号弃用，用 PC_0 依靠软件产生一个负脉冲作为 STB 信号，PC_6 仍作为$\overline{\text{ACK}}$输入，PC_3 作为中断请求。

PC_3 连到 8259A 的中断请求信号输入端 IR_3；由于 PC 8259 中断控制器初始化后的中断类型为 08H～0FH(对应 IR_0～IR_7)，故 IR_3 对应的中断类型号为 0BH；该中断类型号对应的中断向量放在 00 段 0BH×4＝2CH 开始的 4 个单元中。8255A 的端口地址为：端口 A：00D0H，端口 C：00D4H，端口 B：00D2H，控制口：00D6H。8255A 端口 A 方式 1 输出，端口 B 不用，端口 C 的 P_0 输出；主程序在对 8255A 设置方式控制字、开放中断等初始化的工作之后，就可以执行其他操作。中断处理子程序中，输出缓冲区中的字符，并用置 1/置 0 命令对端口 C 的 PC_0 操作，使 STB 选通信号有效，从而将数据送进打印机。当打印机收到打印字符后，返回响应信号$\overline{\text{ACK}}$，由此清除 8255A 端口 A“缓冲器满”的指示，并使端口 A 产生新的中断请求，以便输出下一个数据。

主程序初始化 8255A 程序片段：

```
MAIN:
       MOV   AL,10100000B          ;设置 8255 PA 口方式 1 输出
```

```
        OUT     0D6H,AL                     ;PC0输出
        MOV     AL,01H
        OUT     0D6H,AL                     ;使 PC0=1,使选通无效
        XOR     AX,AX
        MOV     DS,AX                       ;DS←0
        MOV     AX,OFFSET ROUTINTR          ;中断服务程序段内偏移量
        MOV     WORD PTR[002CH],AX
        MOV     AX,SEG ROUTINTR             ;中断服务程序段地址
        MOV     WORD PTR[002EH],AX
        MOV     AL,0DH
        OUT     0D6H,AL                     ;使 PC6=1,允许端口 A 中断 STI ;开放中断
        MOV     AL,0AH                      ;0AH=LF(回车控制符)
        OUT     0D0H,AL                     ;使打印头回到开始位置
        MOV     AL,00H                      ;使 PC0产生 1 个负脉冲
        OUT     0D6H,AL                     ;首次启动打印机
        INC     AL                          ;产生中断,在中断服务中
        OUT     0D6H,AL
        ………………                            ;打印待输出的字符
```

汇编语言程序段如下:

```
        MOV     AL,100010×0B                ;8255A 控制字,使各口均工作在方式 0 下
                                            ;A 口输出,PC7~PC4输入,PC3~PC0输出
        OUT     0D3H,AL
        MOV     AL,00000001B                ;置 PC0为 1,准备产生选通信号STB
        OUT     0D3H,AL
LPST:   IN      AL,0D2H                     ;读 C 口,取打印机的"BUSY"状态
        AND     AL,80H                      ;分析打印机是否忙
        JNZ     LPST                        ;忙,则循环等待
        MOV     AL,CL
        OUT     0D0H,AL                     ;不忙,则输出一个待打印字符
        MOV     AL,00000000B                ;置 PC0 为 0,产生选通信号STB
        OUT     0D3H,AL
        INC     AL
        OUT     0D3H,AL
;再置 PC0 为 1,结束选通信号STB,并准备再次产生选通信号STB
```

习 题 10

一、填空题

1. 串行通信就是数据在一根传输线上________传送的通信方式。串行通信时,所有的数据、状态、控制信息都是在________传输线上传送的。

解答:一位一位地按顺序;一根

2. 数据传输速率的单位有________和________。

解答：波特率(Baud Rate)；比特率

3. 根据在串行通信中数据定时、同步的不同，串行通信的基本方式有两种：________和________。二者因通信方式的不同而有不同的数据格式。

解答：异步通信；同步通信。

4. 串行数据通信中都必须对传送的数据进行校验。在基本通信规程中一般采用________或________校验。在高级通信规程中一般采用________检错。

解答：奇偶校验；方阵码；循环冗余校验

5. RS-232C 主要用来规定计算机系统的一些________和________之间接口的电气特性。

解答：数据终端设备(DTE)；数据通信设备(DCE)

6. 在通信距离为________时，广泛采用 RS-485 串行总线标准。RS-485 采用平衡发送和差分接收，因此，具有________的能力。

解答：几十米到上千米；抑制共模干扰

7. 8251A 是________。

解答：可编程串行接口芯片

二、选择填空题

1. 与并行通信相比，串行通信适用于________的情况。

A. 传送距离远　　B. 传送速度快　　C. 传送信号好　　D. 传送费用高

解答：A，一般情况下，并行通信传输的速度比串行传输快，但需要更多的传输线。因此串行通信更适用于远距离传送。

2. 串行接口设计主要是两个选择：__(1)__，__(2)__。

(1) A. 主板　　B. 内存

C. 某一种串行标准总线　　D. 厂家

(2) A. 接口控制及电平转换芯片　　B. 传输介质

C. 电源　　D. 通信速度

解答：(1) C　(2) A

3. 一般串行通信接口中，根据具体的应用场合不同，信号线有下面几种连接方式：__(12)__，__(2)__，__(3)__。

(1) A. 使用计算机终端(DTE)连接　　B. 使用 MODEM 连接

C. 使用电话连接　　D. 使用远程 DCE 连接

(2) A. 直接连接　　B. 交叉连接　　C. 软件　　D. 遥控

(3) A. 另一台微机　　B. 数据总线缓冲器

C. 三线连接法　　D. 使用芯片连接

解答：(1) B　(2) A　(3) C

三、问答题

1. 串行数据传输方式中有哪些重要技术参数？

解答：

串行数据传输方式的重要技术参数是：

(1) 波特率。

(2) 比特率,是指每秒传送的二进制位数。

2. 串行通信有哪些传输方式? 各自有什么特点?

解答：串行通信的传输方式有 3 种,分别是：单工、双工、半双工。

(1) 单工,采用这种传输方式,数据只能单向传送。

(2) 半双工,这种传输方式能交替地进行双向的数据传送。

(3) 双工传输方式,数据的双向传输可以在同一时刻实现。

3. 串行接口与并行接口有什么不同? 试从外观、针脚数目和功能等方面进行阐述。

解答：

(1) 外观：串口为 4 针,并口为 40 针。

(2) 并口就是把一个字符的各数位用几条线同时进行传输,即将组成数据的各位同时传输。实现并行通信的接口就是并行接口。适用于近距离传送数据的场合。

(3) 串行通信就是数据在一根传输线上一位一位地按顺序传送的通信方式。串行通信时,所有的数据、状态、控制信息都是在这一根传输线上传送。适用于通信线少和传送距离远的场合。

4. 什么是波特率? 什么叫波特率因子? 常用的波特率有哪些? 若在串行通信中的波特率是 1200b/s,8 位数据位,1 个停止位,无校验位,传输 1KB 的文件需要多长时间?

解答：串行通信中,数据传输的速率是用波特率来表示的。所谓波特率是指每秒传送的数据的位数(即离散状态的数量),单位为波特 Bd。在波特率指定后,输入/输出移位寄存器在接收/发送时钟控制下,按指定的波特率速度进行移位。一般几个时钟脉冲移位一次。要求：接收/发送时钟是波特率的 16、32 或 64 倍。波特率因子就是发送/接收 1 个数据位所需要的时钟脉冲个数,其单位是个/位。常用的波特率为 110,300,600,1200,2400,4800,9600,19200,28800,36400,57600 波特。

在题设条件下,传输 1KB 的文件需要时间＝1024/(1200/10)＝8.53s。

5. 用图表示异步串行通信数据的位格式,标出起始位,停止位和奇偶校验位,在数字位上 标出数字各位发送的顺序。

解答：见题图 10-1。

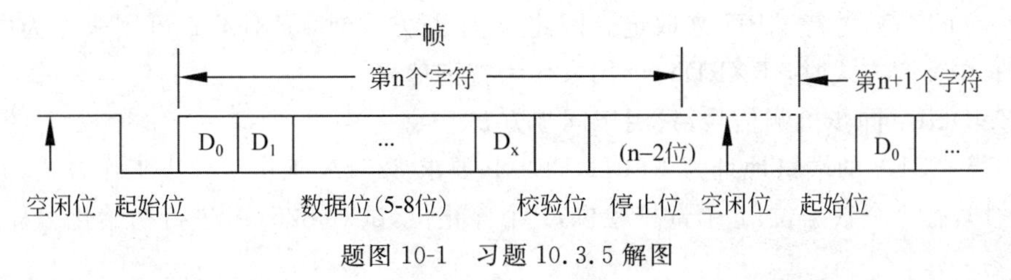

题图 10-1 习题 10.3.5 解图

6. 什么叫 UART? 什么叫 USART? 列举典型芯片的例子。

解答：仅用于异步通信的接口芯片,称为通用异步收发器 UART(Universal

Asynchronous Receiver-Transmitter),典型芯片如 INS 8250。既可以工作于异步方式,又可工作于同步方式,称为通用同步异步收发器 USART(Universal Synchronous-Asynchronous Receiver-Transmitter),典型芯片如 Intel 8251A。

7. 什么叫 MODEM? 用标准电话线发送数字数据为什么要用 MODEM? 调制的形式主要有哪几种?

解答:能将数字信号转换成音频信号及将音频信号恢复成数字信号的器件称为调制解调器,即 MODEM。标准电话线只能传送带宽为 300Hz~3000Hz 的音频信号,不能直接传送频带很宽的数字信号,为了解决此问题,在发送数据时,先把数字信号转换成音频信号后,称为调制,再利用电话线进行传输,接收数据时又将音频信号恢复成数字信号,称为解调。

调制的形式主要有:

幅度(Amplitude)调制或幅移键控 ASK(Amplitude-Shift Keying)简称"调幅";

频率键移 FSK(Frequency-Shift Keying,简称"调频");

相位键移 PSK(Phase-Shift Keying,简称"调相");

多路载波(Multiple Carrier)。

8. 如果系统中无 MODEM,8251A 与 CPU 之间有哪些连接信号?

解答:8251A 和 CPU 之间的连接信号可以分为 4 类。

(1) 片选信号 CS:片选信号,它由 CPU 的地址信号通过译码后得到。

(2) 数据信号 D0~D7:8 位,三态,双向数据线,与系统的数据总线相连。传输 CPU 对 8251A 的编 程命令字和 8251A 送往 CPU 的状态信息及数据。

(3) 读/写控制信号 RD:读信号,低电平时,CPU 当前正在从 8251A 读取数据或者状态信息。WR:写信号,低电平时,CPU 当前正在往 8251A 写入数据或者控制信息。C/D:控制/数据信号,用来区分当前读/写的是数据还是控制信息或状态信息。该信号也可看作是 8251A 数据口/控制口的选择信号。

(4) 收发联络信号

TXRDY:发送器准备好信号,用来通知 CPU,8251A 已准备好发送一个字符。

TXE:发送器空信号,TXE 为高电平时有效,用来表示此时 8251A 发送器中并行到串 行转换器空,说明一个发送动作已完成。

RXRDY:接收器准备好信号,用来表示当前 8251A 已经从外部设备或调制解调器接收到 一个字符,等待 CPU 来取走。因此,在中断方式时,RXRDY 可用来作为中断请求信号;在查询方式时,RXRDY 可用来作为查询信号。

SYNDET:同步检测信号,只用于同步方式。

9. 若 8251A 的端口地址为 FF0H,FF2H,要求 8251A 工作于异步工作方式,波特率因子为 16,有 7 个数据位,1 个奇校验位,1 个停止位,试对 8251A 进行初始化编程。

解答:

```
MOV  AL,0
MOV  DX,0FF2H
OUT  DX,AL
```

```
OUT  DX,AL
OUT  DX,AL                        ;向控制口写入三个 0
MOV  AL,40H
OUT  DX,AL                        ;写入复位字
MOV  AL,01011010B
OUT  DX,AL                        ;写入方式字
MOV  AL,00010101B
OUT  DX,AL                        ;写入命令字
```

10. RS-232C 的逻辑高电平与逻辑低电平的范围是多少？怎么与 TTL 电平的器件相连？规定 用什么样的接插件？最少用哪几根信号线进行通信？

解答：逻辑高电平：有负载时为－3V～－15V,无负载时为－25V。

逻辑低电平：有负载时为＋3V～＋15V,无负载时为＋25V。

通常用±12V 作为 RS-232C 的电平。

计算机及其接口芯片多采用 TTL 电平,即 0～0.8V 为逻辑 0,＋2.0V～＋5V 为逻辑 1,与 RS-232C 电平不匹配,必须设计专门的电路进行电平转换,常用的电平转换电路为 MAX232 和 MAX233。RS-232C 使用 25 芯的 D 型插头插座和 9 芯的 D 型接插件。

常用的信号线有：TxD 发送数据,RxD 接收数据，RTS# 请求发送，CTS# 清除发送,DSR# 数据装备准备好等信号。

习 题 11

一、填空题

1. 实现定时和计数有两种方法：________和________。

解答：硬件定时　软件定时

2. 利用可编程定时计数器芯片定时,可由用户________,设定定时或计数的________和________,使用灵活,定时时间________,且不占用________。通用的定时/计数器芯片很多,例如：________、________、________等。

解答：编程　工作方式　定时的时间长度　长　CPU 时间　Z80CTC MC6840PTM Intel 8253/8254。

3. 8253 是为微机配套设计开发的一个可编程定时计数器。它采用________,________封装。内有________的计数通道,这些通道均为________位,计数频率为________,工作方式可由用户________。

解答：＋5V 电源　24 脚 DIP　三个独立　16　0～2MHz　编程设定

4. 8253 的工作方式 0 是________。

解答：逐次减 1,计数到 0 时发中断请求

5. 8253 的工作方式 2 是________。

解答：周期性时间间隔计时器(频率发生器)

6. 8253 的工作方式 4 是________。

解答：软件触发选通

二、问答题

1. 对8253进行初始化编程分哪几步进行?

解答：

(1) 写入控制字。

用输出指令向控制字寄存器写入一个控制字,以选定计数器通道,规定该计数器的工作方式和计数格式。写入控制字还起到复位作用,使输出端OUT变为规定的初始状态,并使计数器清0。

(2) 写入计数初值。

用输出指令向选中的计数器端口地址中写入一个计数初值,初值设置时要符合控制字中有关格式规定。

2. 设8253的通道0～2和控制端口地址分别为300H,302H,304H和306H,定义通道0工作在方式3,CLK0=2MHz。试编写初始化程序,并画出硬件连接图。要求通道0输出1.5kHz的方波,通道1用通道0的输出作计数脉冲,输出频率为300Hz的序列负脉冲,通道2每秒钟向CPU发50次中断请求。

解答：通道0工作在方式3,n0=2MHz/1.5kHz=1334

通道1工作在方式2,n1=1.5kHz/300Hz=5

通道2工作在方式0,当CLK2=2MHz时,n2=2MHz/50Hz-1=39999;

当CLK2=OUT0=1.5kHz时,n2=1.5kHz/50Hz-1=29;

当CLK2=OUT1=300Hz时,n2=300Hz/50Hz-1=5;

硬件连接如题图11-1所示。

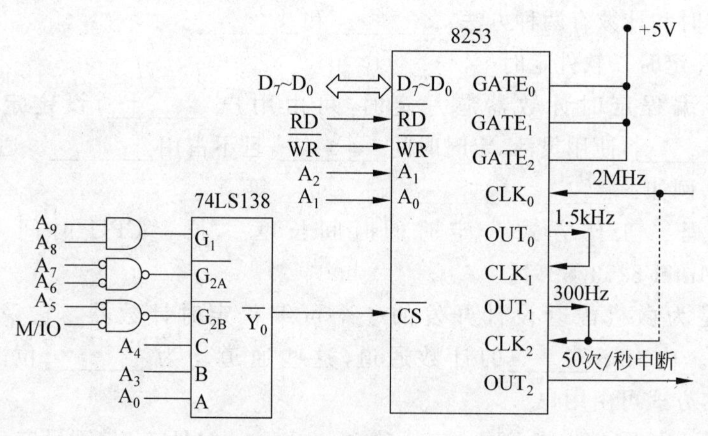

题图11-1　习题11.2.2解图

初始化程序如下。

通道0初始化:

```
MOV    DX, 306H
MOV    AL,00110111B(37H)              ;方式 3,先读/写低 8 位,
```

```
;后读/写低 8 位,BCD 计数
OUT     DX, AL
MOV     DX, 300H
MOV     AL,34H                  ;初值低 8 位
OUT     DX, AL
MOV     AL,13H                  ;初值高 8 位
OUT     DX, AL
```

通道 1 初始化:

```
MOV     DX, 306H
MOV     AL,  01010101B(55H)     ;方式 2,只读/写低 8 位,BCD 计数
OUT     DX, AL
MOV     DX, 302H
MOV     AL,05H                  ;初值
OUT     DX, AL
```

通道 2 初始化:

```
MOV     DX, 306H
MOV     AL,  10010001B(91H)     ;方式 0,只读/写低 8 位,BCD 计数
OUT     DX, AL
MOV     DX, 304H
MOV     AL,  29H(或 05H)        ;初值
OUT     DX, AL
```

3. 某微机系统中,8253 的端口地址为 40H～43H。要求通道 0 输出方波,使计算机每秒钟产生 18.2 次中断;通道 1 每隔 15μs 向 8237A 提出一次 DMA 请求;通道 2 输出频率为 2000Hz 的方波。试编写 8253 的初始化程序,并画出有关的硬件连接图。

解答:此微机系统为 IBM PC/XT 系统,通道 0 作实时时钟,每秒钟产生 18.2 次中断。

通道 0 工作于方式 3,n0=1.19318MHz/18.2=65536 即 0。

初始化编程:

```
MOV     AL, 00110110B           ;通道 0,先写低字节,后写高字节,方式 3,二进制计数
OUT     43H, AL                 ;写入控制字
MOV     AX, 0000H               ;预置计数值 n=65536
OUT     40H,AL                  ;先写低字节
MOV     AL,AH
OUT     40H,AL                  ;后写高字节
```

通道 1 工作于方式 2,周期为 15μs,频率为 66.2878kHz,

初值 n1=1.19318MHz/66.2878kHz=18

初始化编程:

```
MOV     AL,01010101B            ;控制字,计数 1,只写低字节,方式 2,BCD 计数
```

```
OUT    43H,AL                     ;写入控制字
MOV    AL,18H                     ;计数初值 BCD 数 18H
OUT    41H,AL                     ;送初值
```

通道 2 用于扬声器音调控制，要求输出频率 2000Hz 的方波，故工作于方式 3，

$$n_2 = 1.19318\text{MHz}/2000\text{Hz} = 596$$

初始化编程：

```
MOV    AL,10110111B          ;控制字,计数器 2,先写低字节,后写高字节,方式 3,BCD 计数
OUT    43H,AL
MOV    AX,596H                    ;预置初值
OUT    42H,AL                     ;先送低字节
MOV    AL,AH
OUT    42H,AL                     ;后送高字节
```

硬件连接如题图 11-2 所示。

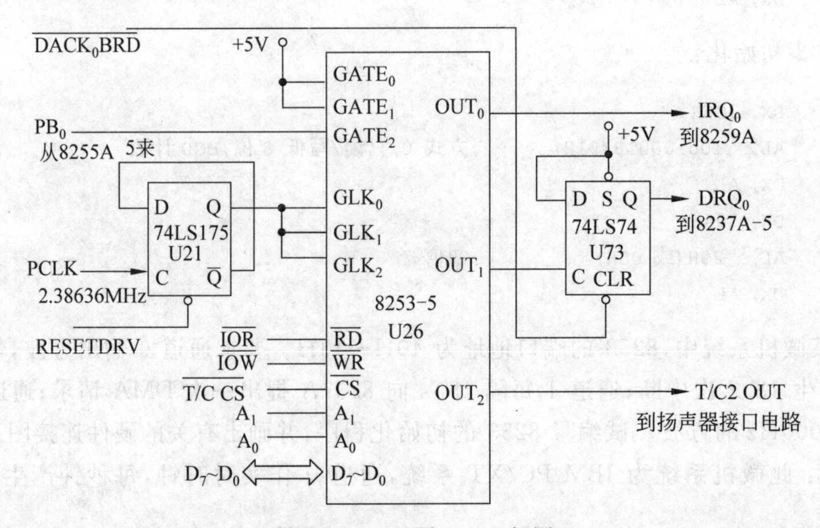

题图 11-2　习题 11-2-3 解图

4. 设某系统中 8254 芯片的基地址为 0F0H，在对 3 个计数通道进行初始化编程时，都设为先读写低 8 位，后读写高 8 位，试编程完成下列工作。

(1) 对通道 0～2 的计数值进行锁存并读出来。

(2) 对通道 2 的状态值进行锁存并读出来。

解答：

(1) 利用 8254 的读回功能锁存计数值。

```
MOV    AL,11011110B                        ;锁存 3 个计数通道计数值
OUT    0F3H,AL
IN     AL,0F0H                             ;读通道 0 低 8 位
MOV    AH,AL
IN     AL,0F0H                             ;读通道 0 高 8 位
XCHG   AH,AL                               ;将计数值置入 AX
```

```
PUSH   AX                                  ;入栈保存
IN     AL,0F1H                             ;读通道 1 低 8 位
MOV    AH,AL
IN     AL,0F1H                             ;读通道 1 高 8 位
XCHG   AH,AL
PUSH   AX                                  ;入栈
IN     AL,0F2H                             ;读通道 2 低 8 位
MOV    AH,AL
IN     AL,0F2H                             ;读通道 2 高 8 位
XCHG   AH,AL
PUSH   AX
```

(2) 利用 8254 的读回功能锁存状态。

```
MOV    AL,11101000B                        ;锁存通道 2 状态
OUT    0F3H,AL
IN     AL,0F2H                             ;读通道 2 状态
```

习　题　12

一、填空题

1. 传感器传送过来的模拟信号要经过________转换为数字信号才能被数字系统所识别,数字系统发出的信号要经过________转换为模拟信号才能被执行机构所识别。

解答:模数转换器 ADC　数模转换器 DAC

2. 倒 T 形 D/A 转换器要把一个数字量变为模拟电压,实际上需要两个环节,即先把数字量变为模拟电流,这是由________完成的;再将模拟电流变为模拟电压并加以放大,这是________完成的。

解答:R、$2R$ 两种阻值的电阻构成的倒 T 形电阻网络和模拟开关　运算放大电路

3. 模/数转换的方法有________、________、________等几种方式。

解答:计数式　积分式　逐次逼近式

4. 在模/数转换期间要求模拟信号保持稳定,因此当输入信号变化速率较快时,应采用________电路。

解答:保持

5. 最受关注的 D/A 转换器指标是________、________和________。

解答:分辨率　转换时间　精度

6. 如分辨率用 D/A 转换器的最小输出电压 V_{LSB} 与最大输出电压 V_{FSR} 的比值来表示。则 8 位 D/A 转换器的分辨率为________。

解答:$\frac{1}{2^8-1}\approx\frac{1}{2^8}=\frac{1}{256}$

7. 已知 D/A 转换电路中,当输入数字量为 10000000 时,输出电压为 6.4V,则当输入为 01010000 时,其输出电压为________。

解答：输出电压$=6.4\text{V}\times\frac{1}{2^7-1}\approx6.4\text{V}\times\frac{1}{2^7}=4\text{V}$

二、选择填空

1. 在DAC与CPU接口时，应首先考虑的是________。________与________连接时有3种形式：直接与CPU相连、通过外加________和数据锁存器与CPU相连以及通过并行口与CPU相连。

(1) DAC　(2) CPU　(3) 数据锁存能力　(4) 三态门

A. (1)(2)(3)(4)　　B. (1)(4)(2)(3)

C. (3)(1)(2)(4)　　D. (4)(2)(1)(3)

解答：C

2. 采样是通过________来实现的。采样器在________的控制下，周期地把随时间连续变化的模拟信号转化为时间上离散的模拟信号。只有在________，采样得到的值才和原来________的信号的值相等。

(1) 控制脉冲　(2) 采样器　(3) 输入　(4) 模拟信号　(5) 采样瞬间

A. (1)(2)(3)(4)　　B. (2)(1)(3)(5)

C. (2)(1)(5)(4)　　D. (4)(2)(5)(3)

解答：B

三、简答题

1. 什么叫采样、采样率、量化、量化单位？12位D/A转换器的分辨率是多少？

解答：在连续变化的模拟量上按一定的规律(周期的)取出其中的某一瞬时值来代表连续的模拟量，这个过程就是采样。

量化是以一定的量化单位(如重量单位千克、克、毫克等，也可取大多数采样值的最大公约数)，将数值上连续的模拟量通过量化装置(如天平)转变为数值上离散的阶跃量的过程。在量化过程中不可避免地出现了舍、入带来的误差，称为量化误差。

量化单位，用q表示，量化单位越小，精度越高。

12位D/A转换器，$2^n=4096$，其分辨率为$1/4096\times\text{LSB}=0.0244\%\ \text{LSB}$

2. 某D/A转换器的电阻网络如题图12-1所示。若$V_{REF}=10\text{V}$，电阻$R=10\text{k}\Omega$，试问输出电压u_O应为多少伏？

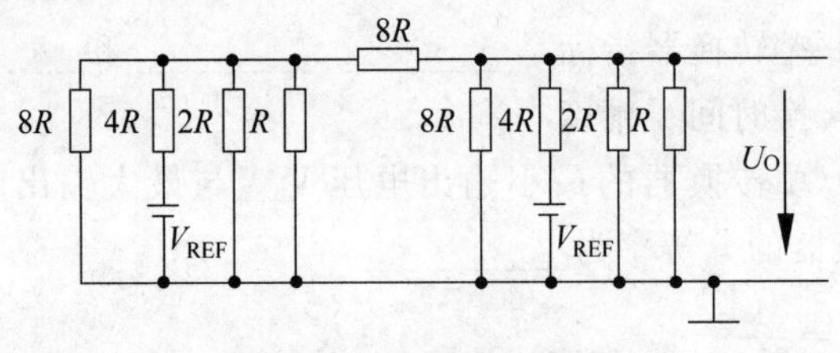

题图12-1　习题12-3-2图

解答：据题图12-1有

$$u_O=\frac{V_{REF}}{2^8}(2^5\times1+2\times1)\approx1.33V$$

3. 8 位权电阻 D/A 转换器电路如题图 12-2 所示。输入 $D=D_7D_6\cdots D_0$，相应的权电阻 $R_7=R_0/2^7$，$R_6=R_0/2^6$，…，$R_1=R_0/2^1$，已知 $R_0=10M\Omega$，$R_F=50k\Omega$，$V_{REF}=10V$。

(1) 求 v_O 的输出范围。

(2) 求输入 $D=10010110$ 时的输出电压。

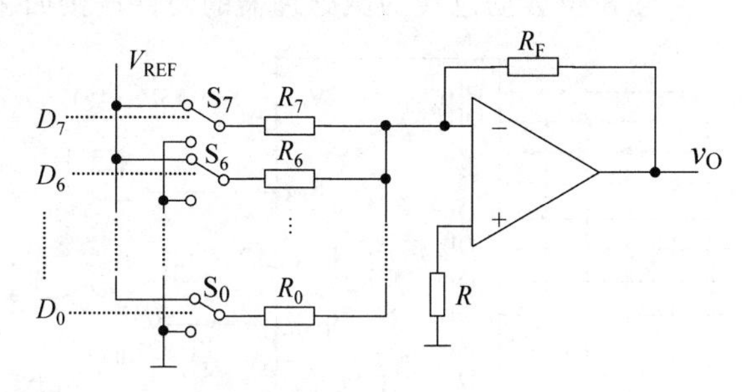

题图 12-2 习题 12-3-3 图

解答：有

(1) $v_O=-\frac{V_{REF}\cdot R_f}{R_0}\sum_{i=1}^{7}2^iS_i=-\frac{1}{20}\sum_{i=1}^{7}2^iS_i\quad v_{omin}=-12.75V, v_{omax}=0V$

(2) 输入 $D=10010110$ 时的输出电压为：

$$v_o=-\frac{V_{REF}\cdot R_f}{R_0}\sum_{i=1}^{7}2^iS_i=-\frac{1}{20}\sum_{i=1}^{7}2^iS_i=-\frac{1}{20}\times150=-7.5V$$

4. 利用 DAC0832 产生锯齿波，试画出硬件连线图，并编写有关的程序。

解答：如题图 12-3 所示。

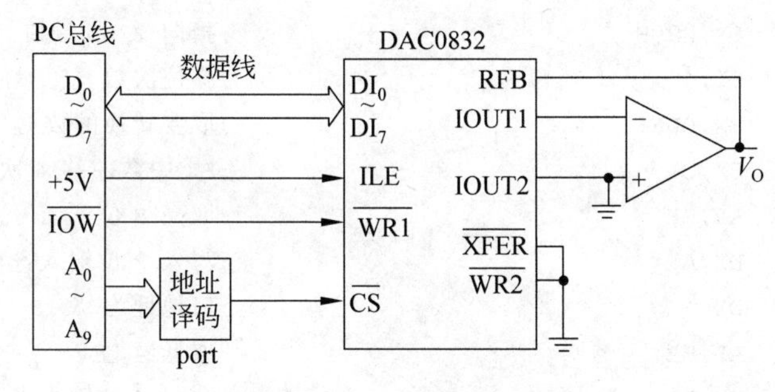

题图 12-3 习题 12-3-4 解图

设下限为 1.2V，上限为 4V，端口地址为 300H，产生锯齿波的程序如下。

```
BEGIN:  MOV     AL,3CH
        MOV     DX,300H
AGAIN:  INC     AL
        OUT     DX,AL                       ;D/A 转换
        CALL    DELAY
        CMP     AL,0CDH
        JNZ     AGAIN
```

```
        JMP     BEGIN
```

5. (1) 画出 DAC1210 与 8 位数据总线的微处理器的硬件连接图,若待转换的 12 位数字是存在 BUFF 开始的单元中,试编写完成一次 D/A 转换的程序。

(2) 将 DAC1210 与具有 16 位数据总线的 8086 相连,其余条件同(1),画出该硬件连线和编写 D/A 转换程序。

解答:(1) DAC1210 与 8 位数据总线的微处理器的硬件连接如题图 12-4 所示。

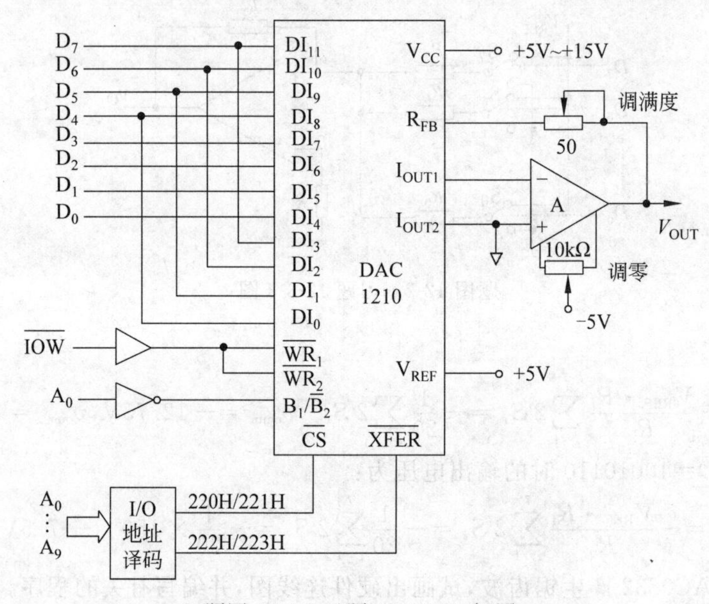

题图 12-4　习题 12-3-5(1)解图

```
START:  MOV     DX,220H                         ;指向 220H 端口
        MOV     CL,4                            ;移位次数
        MOV     BX,BUFF                         ;取要转换的数据
        SHL     BX,CL                           ;BX 中数左移 4 次后向左对齐
        MOV     AL,BH                           ;取高 8 位
        OUT     DX,AL                           ;写入 8 位输入寄存器
        INC     DX                              ;口地址为 221H
        MOV     AL,BL                           ;取低 4 位
        OUT     DX,AL                           ;写入 4 位输入寄存器
        INC     DX                              ;口地址为 222H
        OUT     DX,AL                           ;启动 D/A 转换,AL 中可为任意值
```

(2) DAC1210 与 16 位数据总线的微处理器的硬件连接如题图 12-5 所示。

```
START:  MOV     DX,220H                         ;指向 220H 端口
        MOV     AX,BUFF                         ;取要转换的数据
        OUT     DX,AX                           ;写入 8 位输入寄存器
        INC     DX
```

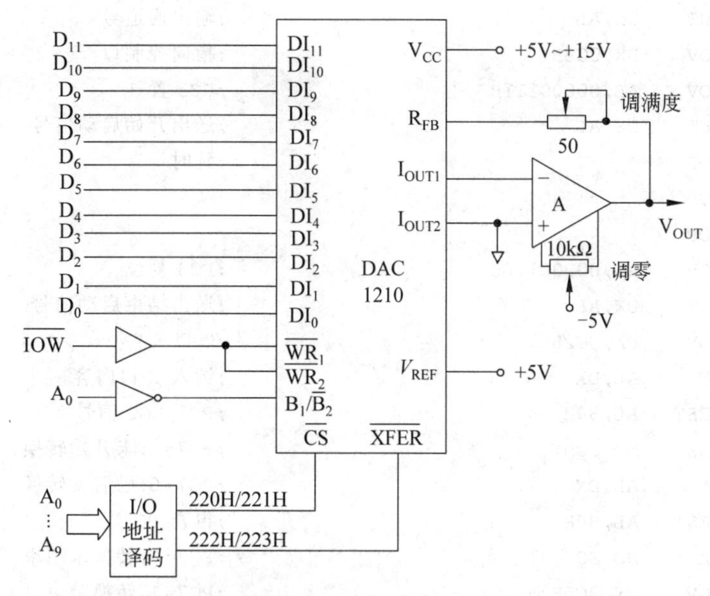

题图 12-5　习题 12-3-5(2)解图

```
        INC     DX                                  ;口地址为 222H
        OUT     DX,AL                               ;启动 D/A 转换,AL 中可为任意值
```

6. 利用 8255A 和 ADC0809 等芯片设计 PC 上的 A/D 转换卡，8255A 的口地址为 3C0H～3C3H,要求对 8 个通道各采集 1 个数据,存放到数据段中以 D_BUF 为始址的缓冲器中，试完成以下工作：(1)画出硬件连接图；(2)编写完成上述功能的程序。

解答：(1) DAC1210 与 8 位数据总线的微处理器的硬件连接如题图 12-6 所示。

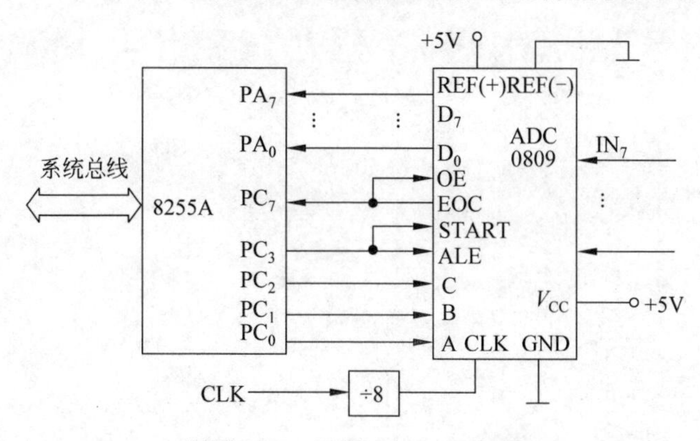

题图 12-6　习题 12-3-6(1)解图

```
AD_SUB  PROC    NEAR
        MOV     CX,8                                ;CX 作数据计数器
        MOV     BL,00H                              ;模拟通道号存在 BL 中
        LEA     DI,D_BUF                            ;缓冲区
NEXT_IN:MOV     DX,3C2H                             ;8255A 端口 C 地址
        MOV     AL,BL
```

```
          OUT    DX,AL                          ;输出通道号
          MOV    DX,3C3H                        ;指向控制口
          MOV    AL,00000111B                   ;PC3 置 1
          OUT    DX,AL                          ;送出开始启动信号
          NOP                                   ;延时
          NOP
          NOP
          MOV    AL,00000110B                   ;PC3 复位
          OUT    DX,AL                          ;送出结束启动信号
          MOV    DX,3C2H                        ;C 口
NO_CONV: IN     AL,DX                           ;读入 C 口内容
          TEST   AL,80H                         ;PC7,EOC 信号
          JNZ    NO_CONV                        ;PC7=1,未开始转换,等待
NO_EOC:  IN     AL,DX                           ;PC7=0,已启动转换
          TEST   AL,80H                         ;再查 PC7
          JZ     NO_EOC                         ;PC7=0,转换未结束,等待
          MOV    DX,3C0H                        ;PC7=1,转换结束,DX 指向 A 口
          IN     AL,DX                          ;读入数据
          MOV    [DI],AL                        ;存入缓冲区
          INC    DI
          INC    BL                             ;指向下个通道
          LOOP   NEXT_IN
          RET
AD_SUB  ENDP
```

附　　录

附录A 随机光盘实验程序名称表

汇编程序与C程序文件对照(二者实现相同或类似的功能)

	汇编程序	说明及对应C程序	
1	Ymq. asm	io地址译码	Ymq. cpp
2	E244. asm	简单并行口244	E244. cpp
3	E273. asm	简单并行口273	E273. cpp
4	E8253_1. asm	可编程定时器_计数器	E8253_1. cpp
5	E8253_2. asm	可编程定时器_计数器	E8253_2. cpp
6	E8255. asm	可编程并行口1_8255方式0	E8255. cpp
7	Led1. asm	七段数码管1	LED1. cpp
8	Led2. asm	七段数码管2	LED2. cpp
9	Led3. asm	七段数码管3	LED3. cpp
10	Jdq. asm	继电器	JDQ. cpp
11	Qdq. asm	竞赛抢答器	QDQ. cpp
12	Jtd. asm	交通灯控制	JTD. cpp
13	Int. asm	中断	INT. cpp
14	E8255_1o. asm	可编程并行口2_8255方式1_1	8255_lo. cpp
15	E8255_1i. asm	可编程并行口2_8255方式1_2	8255_li. cpp
16	Da_1. asm	数模转换1	DA_1. cpp
17	Da_2. asm	数模转换2	DA_2. cpp
18	Ad_1. asm	模数转换1	AD_1. cpp
19	Ad_2. asm	模数转换2	AD_2. cpp
20			
21	E8251. asm	8251串行通信	8251. cpp
22	Dma. asm	DMA传送1	DMA. cpp

续表

	汇编程序	说明及对应C程序	
23	Dma_o. asm	DMA 传送 2	DMA_O. cpp
24	Dma_i. asm	DMA 传送 3	DMA_I. cpp
25	Jc. asm	集成电路测试	JC. cpp
26	Dzq. asm	电子琴	DZQ. cpp
27	E8250. asm	8250 串行通信	E8250. cpp
28	Bjdj. asm	步进电机	BJDJ. cpp
29	Zldj. asm	直流电机	ZLDJ. cpp
30	Jpxshl. asm	8279 键盘显示控制器 1	JPXSH1. cpp
31	Jpxsh. asm	8279 键盘显示控制器 2	JPXSH. cpp
32	Memrwex. asm	存储器读写	MEMRWEX. cpp
33	11588. ASM	点阵实验一	11588. cpp
34	11588-1. ASM	点阵实验二	11588-1. cpp
35	KEY. ASM	8255A 并行口键盘扫描实验一	
36	KEY1. ASM	8255A 并行口键盘扫描实验二	
37	LED. ASM	总线控制 LED 显示实验一	
38	LED4. ASM	总线控制 LED 显示实验二	
39	KL. ASM	微机接口、键盘、LED 综合实验—I/O 编程	
40	KL1. ASM	微机接口、键盘、LED 综合实验—中断编程	
41	CHLCD. ASM	字符液晶模块实验一	
42	CHLCD1. ASM	字符液晶模块实验二	
43	GRLCD. ASM	测试液晶模块及屏幕像素程序的编程	
44	GRLCD1. ASM	汉字字符显示编程	
45	GRLCD2. ASM	图形显示编程	
46	GRLCD3. ASM	特效显示编程	
47	LCDCTR. ASM	液晶显示屏手动控制对比度实验	
48	LCDCTR1. ASM	液晶显示屏程序控制对比度实验	
49	LCDBL. ASM	图形液晶程序控制背光实验	
51	BMKEY. ASM	薄膜按键开关实验	
52	Wuxian. asm	无线通信实验	
53	Hongwai-q. asm	红外模块实验	

附录B TPC-USB通用微机接口实验系统硬件实验提要

(使用汇编编程,均支持 winnt/2000/XP/Win 7 32 位)

提示:(1) 参照实验指导书安装 TPC-USB 模块及其驱动程序后才能正常运行程序。

(2) 若换用 C 语言编程,请查看上表。均支持 winnt/2000/XP。

(3) 开关 K 向上为"1",向下为"0"。

为行文简洁,将"元件 X 的引脚 Y"采用"Y/X"代替;"微机通过译码器 74LS138 芯片的输出'IO 地址'" 采用"微机 IO 地址"代替;下同,不赘。

1. I/O 地址译码

连线:连接图 4-1 所示电路上的虚线部分。即

CD(即$\overline{R_D}$)/D 触发器——Y_5(即 2A8H～2AFH)/微机 IO 地址

SD(即$\overline{S_D}$)/D 触发器——+5V　　D/D 触发器——+5V　　Q/D 触发器——L7

CLK/D 触发器——Y_4(即 2A0H～2A7H)/微机 IO 地址

运行程序:YMQ 地址译码。

运行结果:发光二极管 L7 有规律地进行连续闪烁。

2. 简单并行接口

1) 将 74LS273 插在相关插座上

连线:D_0～D_7/总线——(3、4、7、8、13、14、17、18)脚/74LS273 芯片。

输入 A/或门 74LS32——Y_5(即 2A8H-2AFH)/微机 IO 地址。

输入 B/或门 74LS32——IOW/微机总线 输出 Y/或门 74LS32——11 脚/74LS273 芯片。

10 脚/74LS273 芯片——GND (1、20)脚/74LS273 芯片——+5V。

L0～L7/指示灯——(2、5、6、9、12、15、16、19)脚/74LS273 芯片。

运行程序:E273 简单并行口程序。

运行结果:拨动开关 K,相应置 1 的开关所对应的灯 L 亮,否则灭。

2) 将74LS244插在相关插座上

连线:($K_0 \sim K_7$)/逻辑电平开关——(2、4、6、8、11、13、15、17)脚/74LS244芯片。

输入A/或门74LS32——IOR/总线。

输入B/或门74LS32——Y_5(即2A0H~2A7H)/微机IO地址。

输出Y/或门74LS32——(1、19)脚/74LS244芯片 10脚/74LS244芯片——GND。20脚/74LS244芯片——+5V。

($D_0 \sim D_7$)/总线——(18、16、14、12、9、7、5、3)脚/74LS244芯片。

运行程序:E244简单并行口程序。

运行结果:用开关输入字母的ASCII码值,在屏幕上显示对应的字母。

3. 可编程定时器/计数器

(1) 连线:CLK0/8254芯片——正脉冲/单脉冲发生器。

CS/8254芯片——Y_0(即280H~287H)/微机I/O地址 GATE0/8254芯片——+5V。

运行程序:E8253_1可编程定时器/计数器程序。

运行结果:按单脉冲键,每按一次在屏幕上循环显示"1~9"、"A~F",把逻辑笔插入逻辑孔,用控测端测试OUT0,压15次单脉冲键后,可以看到OUT0的电平变化一次。

(2) 连线:CS/8254芯片——Y_0(即280H~287H)/微机IO地址,GATE1/8254芯片——+5V,GATE0/8254芯片——+5V,CLK1/8254芯片——OUT0/8254芯片。

CLK0/8254芯片——1MHz/单脉冲发生器。

运行程序:E8253_2可编程定时器/计数器程序。

运行结果:把逻辑笔插入逻辑孔,用探测端测试OUT1,可以看到OUT1的电平有规律地进行高低交替变化。

(3) 连线:同上(2)。

运行程序:E8253_3可编程定时器/计数器程序。

运行结果:

```
counter1:________
counter2:________
continue?(y/n)________
```

用示波器观察不同方式下的波形,并在纸上画出CLK0、OUT0、OUT1的波形。

4. 可编程并行接口(一)8255

(1) 连线:(PC0~PC7)/8255芯片——$K_0 \sim K_7$/逻辑电平开关。

CS/8255芯片——Y_1(即288H-28FH)/微机I/O地址。

(PA0~PA7)/8255芯片——(L0~L7)/指示灯。

运行程序:E8255可编程并行口(一)程序。

运行结果:拨动开关K,相应置1的开关所对应的灯L亮,否则灭。

(2) 连线：利用通用插座插好 74LS138 芯片，(PC0～PC7)/8255 芯片——(15～7)脚/74LS138 芯片，CS/8255 芯片——Y_1(即 288H～28FH)/微机 IO 地址，(PA3～PA7)/8255 芯片——(1、2、3、6、4)脚/74LS138 芯片，16 脚/74LS138 芯片——+5，8 脚/74LS138 芯片——GND，4 脚/74LS138 芯片——5 脚/74LS138 芯片。

运行程序：E8255_1 可编程并行口(一)程序。

运行结果：

```
+-------------------------------+
| A B C G1 G2A+G2B |
| |
| 74LS138 |
| |
|Y0 Y1 Y2 Y3 Y4 Y5 Y6 Y7|
+-------------------------------+
Test Again ? (Y/N)','$'
```

显示由 8255 的 A 口输出，由 C 口读入的数据。

5. 中断控制器 8259 的工作原理及应用

连线：单脉冲电路——IRQ/8259A 可编程中断控制器。

运行程序：INT 中断程序。

运行结果：每按一次中断，输出"TPC-USB INTERRUPT!"。

6. 串行通信

连线：将 8251 芯片插在相应的通用插座上。

OUT0/8253 芯片——(9、25)脚/8251 芯片，GATE0/8253 芯片——+5V，CS/8253 芯片——Y_1(即 280H～287H)/微机 IO 地址，CLK0/8253 芯片——1MHz/单脉冲发生器。

3 脚/8251 芯片——19 脚/8251 芯片；17 脚/8251 芯片——GND；26 脚/8251 芯片——+5V；

4 脚/8251 芯片——GND；20 脚/8251 芯片——1MHz/单脉冲发生器；

21 脚/8251 芯片——RESET；12 脚/8251 芯片——A0/总线；10 脚/8251 芯片——IOW/总线；

13 脚/8251 芯片——IOR/总线；11 脚/8251 芯片——Y_4(即 2B8H～2BFH)/微机 I/O 地址(27、28、1、2、5～8)脚/8251 芯片——(D0～D7)/总线。

运行程序：E8251 串行通信程序。

运行结果：从键盘输入一个字符，将其 ASCII 码加 1 后发出去，再接收回来在计算机屏幕上显示，实现自收发。(如：敲 a，显示 ab)。

7. 数/模转换器

(1) 连线:CS/DAC0832——Y_3(即 290H～297H)/微机 I/O 地址。

运行程序:DA_1 数模转换程序。

运行结果:用示波器观察,单极输出端 Ua 及双极输出端 Ub,均输出剧齿波。

(2) 连线:CS/DAC0832——Y_3(即 290H～297H)/微机 IO 地址。

运行程序:DA_2 数模转换程序。

运行结果:用示波器观察,单极输出端 Ua 及双极输出端 Ub,均输出正弦波。

8. 模/数转换器

(1) 连线:CS/模数转换器 ADC0809——Y_4(即 298H～29FH)/微机 IO 地址;电位器 RW1——IN0/模数转换器 ADC0809。

运行程序:AD_1 模/数转换程序。

运行结果:采集 IN0 输入的电压,在屏幕上显示转换后的数据。

(2) 连线:ADC0809CS——298H～29FH RW1——IN0。

运行程序:AD_2 模/数转换程序。

运行结果:将 JP3(左下方)的 1、2 短路使 IN2 处于双机性工作方式,给 IN1 输入一个低频交流信号(幅度为 0～+5V),编程采集这个数据并在屏幕上显示对应的幅度。

9. DMA 传送

(1) 连线:(D0～D7)/总线——(9、10、11、13、14、15、16、17)脚/扩展 6116 内存;

(A0～A10)/总线——(8、7、6、5、4、3、2、1、23、22、19)脚/扩展 6116 内存;

MEMW/DMA 控制器 8237A——21 脚/扩展 6116 内存;EMR——20 脚/扩展 6116 内存;

MEMCS/DMA 控制器 8237A——18 脚/扩展 6116 内存;24 脚/扩展 6116 内存——+5V;

12 脚/扩展 6116 内存——GND。

运行程序:DMA 存储器到实验箱上扩展 6116 块传送程序。

运行结果:显示源数据区 256 个 A～Z,显示目的数据区 256 个 a,显示传送后目的 256 个 A-Z。

(2) 将芯片 74LS273 插在相应的通用插座上。

连线:(D_0～D_7)/数据总线——(3、4、7、8、13、14、17、18)脚/74LS273 芯片;

输入 A(4 脚)/或门——DACK1/DMA 控制器 8237A;

输入 B(5 脚)/或门——IOW/DMA 控制器 8237A;10 脚/74LS273 芯片——GND;

输出 Y(6 脚)/或门——11 脚/74LS273 芯片;1、20 脚/74LS273 芯片——+5V;

(L0～L7)/指示灯——(2、5、6、9、12、15、16、19)脚/74LS273 芯片;

(D、S_D)/74LS74——+5V;Q/74LS74——中断请求端 DRQ1;

CD(即 R_D)/74LS74——$\overline{DACK}$/DMA 控制器 8237A;CLK/74LS74——正单脉冲。

运行程序：DMA_O 写程序。

运行结果：按压单脉冲键，使发光二极管 L0～L7 依次发光，10 次后结束。

(3) 将芯片 74LS244 插在通用插座上。

连线：(K_0～K_7)/逻辑电平开关——(2、4、6、8、11、13、15、17)脚/74LS244；

输入 A(1 脚)/或门——DACK1/DMA 控制器 8237A；

输入 B(2 脚)/或门——IOR/DMA 控制器 8237A；

(D_0～D_7)/数据总线——(18、16、14、12、9、7、5、3)脚/74LS244；

20 脚/74LS244——+5V；10 脚/74LS244——GND；

输出 Y(3 脚)/或门——(1、19)脚/74LS244；

CLK/74LS74——正单脉冲；(D、S_D)——+5V；

CD(即 R_D)/74LS74——DACK1/DMA 控制器 8237A；Q/74LS74——中断请求端 DRQ1。

运行程序：DMA_I 读程序。

运行结果：每压一次单脉冲键，便传送一次开关输入的值，显示开关所对应的 ASCII 码的字母，传送 8 次后结束。

10. 可编程并行接口(二)8255 可编程并行接口的原理与应用(8255A 方式 1)

(1) 连线：PC3/8255 芯片——中断请求端 IRQ_7；PC6/8255 芯片——单脉冲；

(PA0～PA7)/8255 芯片——(L0～L7)/指示灯；

CS/8255 芯片——Y_1(即 288H～28FH)/微机 IO 地址。

运行程序：E8255-1o 可编程并行接口程序。

运行结果：按一次单脉冲键，让 CPU 进行一次中断，使 L0～L7 依次发光，8 次后结束。

(2) 连线：(PA0～PA7)/8255 芯片——(L0～L7)/指示灯；

PC3/8255 芯片——中断请求端 IRQ_7；PC4/8255 芯片——单脉冲；

CS/8255 芯片——Y_1(即 288H～28FH)/微机 IO 地址。

运行程序：E8255- 可编程并行接口程序。

运行结果：按一次单脉冲键，让 CPU 进行一次中断，读取开关预置的 ASCII 码，在屏幕上显示其对应的字母，中断 8 次后结束。

综 合 实 验

1. 7 段数码管

(1) 连线：(PA0～PA6)/8255 芯片——(a～g)/LED1 7 段数码管；

CS/8255 芯片——Y_1(即 288H～28FH)/微机 IO 地址；

s0/LED1 7 段数码管——GND；dp/LED1 7 段数码管——GND；

s1/LED1 7 段数码管——+5V。

运行程序：LED1 7段数码管程序。

运行结果：从电脑键盘上输入0～9,并在7段数码管上直接显示出来。

(2) 连线：(PA0～PA6)/8255芯片——(a～g)/LED2 7段数码管；

s1/LED2七段数码管——PC1/8255芯片　s0/LED2 7段数码管——PC0/8255芯片；dp/LED2七段数码管——GND；

CS/8255芯片——Y_1(即288H～28FH)/微机I/O地址。

运行程序：LED2 7段数码管程序。

运行结果：在7段数码管上按秒循环显示00～99。

2. 继电器控制

连线：CLK0/8253芯片——1MHz/单脉冲发生器；GATE0/8253芯片——+5V；

OUT0/8253芯片——CLK1/8253芯片；GATE1/8253芯片——+5V；

CS/8253芯片——Y_0(即280H～287H)/微机IO地址；

OUT1/8253芯片——PA0/8255芯片；

CS/8255芯片——Y_1(即288H～28FH)/微机I/O地址；

PC0/8255芯片——开关量输入1K/继电器(实验台右上角)。

运行程序：JDQ继电器程序。

运行结果：继电器周而反复的闭合5秒,同时指示灯亮,断开5s,灯灭。

3. 竞赛抢答器

连线：dp/74LS244芯片2脚——GND；CS/8255芯片——Y_1(即288H～28FH)/微机IO地址；

s1/LED2七段数码管——+5V；(PA0～PA6)/8255芯片——(a～g)/LED2 7段数码管；(PC0～PC7)/8255芯片——(K0～K7)/逻辑电平开关。

运行程序：QDQ竞赛抢答器程序。

运行结果：当某开关置1,表示有按键按下,在数码管上显示其组号,同时喇叭响一下。

4. 交通灯控制实验

连线：(L_7、L_6、L_5)/交通灯——(PC_7、PC_6、PC_5)/8255芯片；

(L_2、L_1、L_0)/交通灯——(PC_2、PC_1、PC_0)/8255芯片；

CS/8255芯片——Y_1(即288H～28FH)/微机I/O地址。

运行程序：JTD交通灯控制程序。

运行结果：指示灯按交通灯规律进行亮灭。

5. 电子琴

连线：CS/8253芯片——Y_0(即280H～287H)/微机I/O地址；

CLK0/8253芯片——1MHz/单脉冲发生器；

GATE0/8253 芯片—PA1/8255 芯片；OUT0/8253 芯片——上输入端/与门；

CS/8255 芯片——Y_1(即 288H～28FH)/微机 I/O 地址；

PA0/8255 芯片——下输入端/与门；输出端/与门——K8——喇叭。

运行程序：DZQ 电子琴程序。

运行结果：在计算机的键盘上按数字键可以像弹钢琴一样发出不同音调。

6. 步进电机控制实验

连线：CS/8255 芯片——Y_1(即 288H～28FH)/微机 I/O 地址；

(PA0～PA3)/8255 芯片——(BA～BD)/74LS04；

(PC0～PC7)/8255 芯片——(K0～K7)/逻辑电平开关。

运行程序：BJDJ 步进电机程序。

运行结果：K_0～K_6 控制步进电机的转速，K7 控制其转向。

7. 小直流电机转速控制实验

连线：($\overline{XFER}$、CS)/DAC0832 芯片——Y_2(即 290H～297H)/微机 I/O 地址；

Ub/LM324 芯片——DJ/三极管输入端；

CS/8255 芯片——Y_1(即 288H～28FH)/微机 I/O 地址；

(K0～K5)/逻辑电平开关——(PC0～PC5)/8255 芯片；

三极管集电极 C/——+5V；三极管发射极 E/——J6(电机继电器开关)；

地端/电机——GND。

运行程序：ZLDJ 直流电机程序。

运行结果：K_0～K_5 控制直流电机的转速。

8. 键盘显示控制器实验

1）实验 1

连线：将小键盘上的 20 芯扁平电缆和实验台上的 J7 相连(注意接线别接反)。

运行程序：JPXSH1 键盘显示程序。

运行结果：按小键盘上键，数码管上显示相应的字符(如按 7，则显示 7)。

2）实验 2

连线：将小键盘上的 20 芯扁平电缆和实验台上的 J7 相连。

CS/8253 芯片——Y_0(即 280H～287H)/微机 IO 地址；

CLK0/8253 芯片——1MHz/单脉冲发生器；

(GATE0、GATE1)/8253 芯片——+5V；OUT0/8253 芯片——CLK1/8253 芯片；OUT1/8253 芯片——中断请求端 IRQ；

运行程序：JPXSH 键盘显示程序。

运行结果：按电子钟格式显示 XX XX XX 时、分、秒。

C 键，清除显示全零；G 键，启动电子钟计时。

D 键，停止停止计时；P 键，可以自由设置时、分、秒并且可以判断。

设置的数据的对错,出错显示 E-----,此时敲 P 键可重新输入预置值;

E 键,程序退出,返回。

9. 存储器读写实验

连线:扩展 6116 插在 40 芯通用插座上。

(8～1)脚/内存 6116 芯片——(A_0～A_7)/微机总线;

23 脚步/内存 6116 芯片——A_8/微机总线 22 脚/内存 6116 芯片——A_9/微机总线;

19 脚/内存 6116 芯片——A_{10}/微机总线;

(9～11)脚/内存 6116 芯片——(D_0～D_2)/微机总线;

(13～17)脚/内存 6116 芯片——(D_3～D_7)/微机总线;

24 脚/内存 6116 芯片——+5V;12、18 脚——GND;

21 脚/内存 6116 芯片——MEMW/DMA 控制器 8237A;

20 脚/内存 6116 芯片——MEMR/DMA 控制器 8237A。

运行程序:MEMRWEX。

运行结果:显示 256 个 A～Z。

10. 双色点阵发光二极管显示实验

各用一片 74LS273 锁存。行代码输出的数据通过行驱动器 7407 加至点阵的 8 条行线上,红和黄列代码的输出数据通过驱动器 DS75452 反相后分别加至红和黄的列线上。行锁存器片选信号为$\overline{\text{CS1}}$,红色列锁存器片选信号为$\overline{\text{CS2}}$,黄色列锁存器片选信号为$\overline{\text{CS3}}$。

连线:行片选信号 CS/74LS273 锁存器——Y_0(即 280H～287H)/微机 I/O 地址;

红列片选信号 CS2/74LS273 锁存器——Y_1(即 288H～28FH)/微机 I/O 地址;

黄列片选信号 CS32/74LS273 锁存器——Y_2(即 290H～297H)/微机 I/O 地址。

运行程序:11588、11588－1。

运行结果:

(1) LED 点阵红色逐列点亮,再黄色逐列点亮,再红色逐行点亮,黄色逐行点亮;

(2) LED 上重复显示红色"年"和黄色"年"(以上仅供参考,更多内容请参看实验指导书)。

11. 8250 串行通讯实验

连线:将 8250 芯片插在 40 芯通用插座上。

(D_0～D_7)/微机数据总线——(1～8)脚/8250 芯片;

(A_0～A_2)/微机地址总线——(28～26)脚/8250 芯片;

(38、39、40)脚——+5V;

IOR/微机总线——21 脚/8250 芯片;IOW/微机总线——18 脚/8250 芯片;

14 脚/8250 芯片——Y_7(即 2B8H～2BFH)/微机 IO 地址;

(19、22、25、36、37、20)脚——GND;

11 脚/8250 芯片——10 脚/8250 芯片;

15 脚/8250 芯片——9 脚/8250 芯片；16 脚/8250 芯片——2MHz/单脉冲；

35 脚/8250 芯片——RESET；(34、31、13、12)脚——+5V；

运行程序：E8250 串行通信程序。

运行结果：从键盘输入一个字符，将其 ASCII 码值加 1 后发出去，再自动接收回来在计算机的屏幕上显示出来，实现自收发。

12. 集成电路测试

连线：将被测试的芯片 74LS00 插在通用插座上。

8255CS/8255 芯片——Y_1(即 288H～28FH)/微机 IO 地址；

(PC0～PC3)/8255 芯片——(8、11、3、6)脚/74LS00 芯片；

(PA0～PA7)/8255 芯片——(1、2、4、5、9、10、12、13 脚)/74LS00 芯片；

7 脚/74LS00 芯片——GND；14 脚/74LS00 芯片——+5V。

运行程序：JC 集成电路测试程序。

运行结果：检测芯片的好坏，好则显示“This chip is ok”，否则显示“This chip is bad”。

附录C TPC-ZK-USB 实验系统简介

微机原理与接口技术和单片机与接口是高等院校理工科类各专业的一门重要的计算机技术基础课程。随着计算机软硬件的不断升级换代和微机技术的广泛应用，微型计算机教学内容也随之更新，这就对相应的教学实验设备提出了新的要求。为此我公司总结过去十几年设计生产微机接口和单片机与接口等实验装置的经验，综合各学校讲课及实验老师的意见之后推出《TPC-ZK 教学实验系统》新产品。该仪器适应能力更强，配置更灵活。该实验系统可以配接不同的核心板，成为不同的实验接口系统。

TPC-ZK 教学实验系统主要特点如下。

(1) 根据学校不同的需求，可以配接 PCI 卡、USB 接口、各类单片机等核心板。构成不同的接口实验系统。TPC-ZK 实验系统可以同时配接微机接口(PCI 微机接口或 USB 微机接口)和其他类型的接口核心板(51 单片机、AVR 单片机、386 微机接口 C8051 单片机、ARM 系统、PSOC 现场可编程实验系统等)两种核心板。两种核心板可以通过开关 SW2 选择手动选择。也可以自动优先级选择，即插上实验系统板上的核心时就自动断开实验系统板下的核心板。方便老师习惯选择核心板。

(2) 实验台结构采用了综合实验和扩展实验模块相结合的方式，既保证基本实验结构紧凑，实验方便又有扩展实验灵活的特点。

(3) 实验接线采用 8 芯排线和单根自锁紧导线相结合的方式，插线方便灵活。

(4) 接口实验增加了实用性、趣味性的项目，使用汇编语言和 C 语言编写实验的程序。

(5) 实验系统基本实验包括：8255 并行接口实验模块；8254 可编程定时器/计数器实验模块(书中部分图片说明标识为 8253)；8251 串行异步通信实验模块；8259 中断控制器实验模块；AD0809 模数转换实验模块；DA0832 数模转换实验模块；RAM6116 存储器实验模块；8237DAM 控制器实验模块等。

(6) 扩展实验模块包括：8279 键盘显示控制器实验模块；LCD 字符图形液晶显示模块；红外收发实验模块；无线收发实验模块；16×16LED 点阵显示模块；红外、压力、温度、湿度传感器实验模块；16650 串行异步通信、简单 I/O 扩展实验模块；FPGA 实验模块等。(陆续增加中)

(7) 核心控制板包括：51 系列单片机模块；PCI 微机接口模块；USB 微机接口模块；80386 微机接口模块；C8051 单片机；PSOC 现场可编程系统等(陆续增加中)。

(8) 微机接口集成开发环境，支持 WIN2000、WINXP 等操作系统。可以方便地对程序进行编译、链接和调试，可以查看实验原理图、实验接线、实验程序并进行实验演示。可以增加和删除自定义实验项目。

(9) 实验程序可以使用宏汇编和 C 语言，集成实验开发软件可以自动识别汇编语言还是 C 语言源程序，可以对汇编程序和 C 语言程序进行调试。

(10) 实验系统 PCI 微机接口备有 32 位数据可扩展模块(可选)，可以完成 32 位数据实验。

(11) 实验台有两个扩展接口，非常方便用户进行扩展块实验和扩展实验开发与设计。扩展接口采用 20 芯和 26 芯排线连接，接插非常方便。

附录D 学生实验编程指导样本

实验1 参考程序

汇编语言参考程序：YMQ. asm

```
outport1 equ 2a0h                      ;端口 1 的地址是 2a0h
outport2 equ 2a8h                      ;端口 2 的地址是 2a8h
code segment                           ;代码段开始
assume cs:code                         ;指定 cs 为代码段
start:                                 ;启动程序
      mov     dx,outport1              ;将端口 1 的地址送 dx
      out     dx,al                    ;Y4 输出一个负脉冲。
      call    delay                    ;调延时子程序
      mov     dx,outport2              ;将端口 2 的地址送 dx
      out     dx,al                    ;Y5 输出一个负脉冲
      call    delay                    ;调延时子程序
      mov     ah,1                     ;ah=1
      int     16h
```

;本句是 BIOS 调用语句,功能 16 为键盘驱动,ah 是扫描码,ah=0,从键盘读字符送到 AL。ah=1,读键盘缓冲区字符送到 AL。按键,出口参数 ZF=0,表示有输入;未有键按下,出口参数 ZF=1,表示无输入。ah=2,查看键盘状态字节 AL。

```
        je      start                  ;ZF=0,返回 start 重复以上操作。
        mov     ah,4ch                 ;DOS 调用,返回初态。
        int     21h                    ;
        delay   proc near              ;以下为延时子程序
        mov     bx,200                 ;延时 200 毫秒
lll:    mov     cx,0                   ;
ll:     loop    ll                     ;
        dec     bx                     ;(bx)=(bx)-1,即逐次减 1,
        jne     lll                    ;若(bx)不为 0,则转指令 lll
        ret                            ;返回
        delay   endp                   ;延时子程序结束
        code    ends                   ;代码段结束
        end     start                  ;程序结束
```

VC++ 语言参考程序：YMQ. cpp

```
#include<stdio.h>
#include<conio.h>
#include "..\\ApiEx.h"
#pragma comment(lib,"..\\ApiEx.lib")
void main()
{
if(!Startup())
{
printf("ERROR: Open Device Error!\n");
return;
}
printf("Press any key to exit!");
while(!kbhit())
{
PortWriteByte(0x2a0,0x10);
Sleep(1000);
PortWriteByte(0x2a8,0x10);
Sleep(1000);
}
Cleanup();
}
```

实验 2　参考程序

汇编语言参考程序 1：E273. asm

说明：本程序中用到了 int 21h 语句，为 DOS 功能调用，ah=1，键盘输入并回显，返回参数 AL=输出字符的 ASCII 码；ah=2 指明功能是显示输出，调用参数 DL=输出字符的 ASCII 码。

```
ls273 equ 2a8h                          ;规定 LS273 的端口地址
code  segment                           ;代码段开始
assume cs:code                          ;指定 CS 表示代码段
start:  mov   ah,2                      ;DOS 功能调用的功能号 ah=2
        mov   dl,0dh                    ;回车符的 ASCII 码为 0dh
        int   21h                       ;第 1 次 DOS 功能调用
        mov   ah,1                      ;DOS 功能调用的功能号 ah=1
        int   21h                       ;第 2 次 DOS 功能调用
        cmp   al,27                     ;判断是否为 ESC 键,ESC 键的 ASCII 码为 1bh=27
        je    exit                      ;若是则退出
        mov   dx,ls273                  ;若不是,从 2A8H 输出其 ASCII 码
        out   dx,al
        jmp   start                     ;转 start
```

```
exit:   mov   ah,4ch                          ;返回
        int   21h
code ends
end start
```

汇编语言参考程序2：E244.asm

```
ls244 equ 2a0h
code  segment
assume cs:code
start:
        mov   dx,ls244                        ;从2A0输入一数据
        in    al,dx
        mov   dl,al                           ;将所读数据保存在DL中
        mov   ah,02
        int   21h                             ;2号DOS功能调用
        mov   dl,0dh                          ;显示回车符
        int   21h
        mov   dl,0ah                          ;显示换行符
        int   21h
        mov   ah,06                           ;6号DOS功能调用,
        mov   dl,0ffh                         ;是否有键按下(输入)
        int   21h
        jnz   exit                            ;
        je    start                           ;若无,则转start
exit:   mov   ah,4ch                          ;返回
        int   21h
    code ends
end start
```

VC++语言参考程序1：E273.cpp

```
#include<stdio.h>
#include<conio.h>
#include "..\\ApiEx.h"
#pragma comment(lib,"..\\ApiEx.lib")
void main()
{
    char k;
    if(!Startup())
    {
        printf("ERROR: Open Device Error!\n");
        return;
    }
    printf("ESC is to exit!\n");
    while((k=getch())!=27)
```

```
    {
        printf("%x\n",k);
        PortWriteByte(0x2a8,(BYTE)k);
    }
    Cleanup();
}
```

VC++ 语言参考程序 2：E244.cpp

```
#include<stdio.h>
#include<conio.h>
#include "..\\ApiEx.h"
#pragma comment(lib,"..\\ApiEx.lib")
void main()
{
    byte data;
    if(!Startup())
    {
        printf("ERROR: Open Device Error!\n");
        return;
    }
    while(!kbhit())
    {
        PortReadByte(0x2a0,&data);
        printf("%x\n",data);
    }
    Cleanup();
}
```

实验 3　参考程序

汇编语言参考程序 1：E8253_1.asm

```
io8253a equ 283h
io8253b equ 280h
code segment
assume cs:code
start:
        mov   al,14h          ;设置 8253 通道 0 为工作方式 2,二进制计数
        mov   dx,io8253a
        out   dx,al
        mov   dx,io8253b      ;送计数初值为 0FH
        mov   al,0fh
        out   dx,al
lll:    in    al,dx           ;读计数初值
```

```
        call  disp                  ;调显示子程序
        push  dx
        mov   ah,06h                ;6号DOS调用
        mov   dl,0ffh               ;调用参数DL=0ffH
        int   21h                   ;
        pop   dx                    ;
        jz    lll                   ;
        mov   ah,4ch                ;返回,退出
        int   21h
        disp  proc near             ;显示子程序
        push  dx
        and   al,0fh                ;首先取低四位
        mov   dl,al
        cmp   dl,9                  ;判断是否<=9
        jle   num                   ;若是则为'0'-'9',ASCII码加30H
        add   dl,7                  ;否则为'A'-'F',ASCII码加37H
num:    add   dl,30h
        mov   ah,02h                ;2号调用,显示
        int   21h
        mov   dl,0dh                ;加回车符,其ASCII码为0dh
        int   21h
        mov   dl,0ah                ;加换行符,其ASCII码为0ah
        int   21h
        pop   dx
        ret                         ;子程序返回
        disp  endp
        code ends
        end start
```

汇编语言参考程序2：E8253_2.asm

```
io8253a equ 280h
io8253b equ 281h
io8253c equ 283h
code segment
assume cs:code
start:
        mov   dx,io8253c            ;向8253写控制字
        mov   al,36h                ;使0通道为工作方式3
        out   dx,al
        mov   ax,1000               ;写入循环计数初值1000
        mov   dx,io8253a
        out   dx,al                 ;先写入低字节
        mov   al,ah
        out   dx,al                 ;后写入高字节
```

```
        mov     dx,io8253c
        mov     al,76h                  ;设 8253 通道 1 工作方式 2
        out     dx,al
        mov     ax,1000                 ;写入循环计数初值 1000
        mov     dx,io8253b
        out     dx,al                   ;先写低字节
        mov     al,ah
        out     dx,al                   ;后写高字节
        mov     ah,4ch                  ;程序退出
        int     21h
        code ends
        end  start
```

汇编语言参考程序 3:E8253_3.asm

```
;*************************;
;* 8253 program *;
;*************************;
data segment
mesg0 db 13,10,'******** 8253 program********',13,10,'$'
mesg1 db 13,10,'Counter1:','$'
mesg2 db 13,10,'Counter2:','$'
mesg3 db 13,10,'Continue? (Y/N)','$'
mesg4 db 13,10,13,10,'Thank You ! ',13,10,'$'
errorm db 13,10,'Input Error ! ','$'
counter1 dw 0
counter2 dw 0
data ends
code segment
assume cs:code,ds:data
main proc far
start:
        mov     dx,seg data
        mov     ds,dx
        mov     dx,offset mesg0
        mov     ah,09h
        int     21h
do:     sub     bx,bx
        sub     ax,ax
        mov     counter1,0
        mov     counter2,0              ;init
l1:
        mov     dx,offset mesg1
        mov     ah,09h
        int     21h
```

```
rd1:                                ;read counter1
        mov   al,0                  ;判断有无输入
        mov   ah,01                 ;read a char
        int   21h
        cmp   al,0
        jz    rd1
        cmp   al,13                 ;if enter
        je    fdone1
        jmp   tdone1
fdone1: jmp   done1
tdone1: cmp   al,10
        je    fdone1
        cmp   al,'0'                ;if input<0 or input>9 error
        jb    error
        cmp   al,'9'
        ja    error
        push  ax
        mov   ax,10
        mul   counter1
        mov   counter1,ax           ;counter1=counter×10
        pop   ax
        sub   bx,bx
        mov   bl,al
        sub   bl,30h
        add   counter1,bx           ;counter=counter+input
        jmp   rd1
error:
        mov   dx,offset errorm
        mov   ah,09h
        int   21h
        mov   dl,7
        mov   ah,2
        int   21h
        jmp   done3
tr:                                 ;for jmp do
        mov   dl,al
        mov   ah,02h
        int   21h
        mov   dl,10
        int   21h
        mov   dl,13
        int   21h
        jmp   do
```

```
l2:
        mov   dx,offset mesg2
        mov   ah,09h
        int   21h
rd2:
        mov   al,0                          ;判断有无输入
        mov   ah,01                         ;read counter2
        int   21h
        cmp   al,0
        jz    rd2
        cmp   al,13                         ;if enter
        je    fdone2
        cmp   al,10
        je    fdone2
        jmp   tdone2
fdone2: jmp   done2
tdone2:
        cmp   al,10
        je    fdone2
        cmp   al,'0'
        jb    error
        cmp   al,'9'
        ja    error
        push  ax
        mov   ax,10
        mul   counter2
        mov   counter2,ax                   ;counter2=counter2×10
        pop   ax
        sub   bx,bx
        mov   bl,al
        sub   bl,30h                        ;bh=0
        add   counter2,bx                   ;counter2=counter2+input
        jmp   rd2
done1:
        jmp   l2
done2:
        jmp   out8253                       ;after enter two counters
                                            ;set 8253 and do it
done3:
        mov   dx,offset mesg3
        mov   ah,09h
        int   21h
l3:     mov   ah,07h
        int   21h
```

```
        cmp   al,'Y'
        je    tr
        cmp   al,'y'
        je    tr
        cmp   al,'N'
        je    quit
        cmp   al,'n'
        je    quit
        mov   dl,7
        mov   ah,02h
        int   21h
        jmp   l3
out8253:                                    ;work code
        mov   al,00110110b
        mov   dx,283h
        out   dx,al
        mov   ax, counter1
        mov   dx,280h
        out   dx,al
        mov   al,ah
        out   dx,al
        mov   al,01110110b
        mov   dx,283h
        out   dx,al
        mov   ax,counter2
        mov   dx,281h
        out   dx,al
        mov   al,ah
        out   dx,al
        mov   cx,2801
delay:  loop  delay
        jmp   done3
quit:                                       ;return to DOS
        mov   dx,offset mesg4
        mov   ah,9
        int   21h
        mov   ax,4c00h
        int   21h
        main  endp
        code ends
        end  start
```

VC++ 语言参考程序 1：E8253_1.cpp

```
#include<stdio.h>
```

```
#include<conio.h>
#include "..\\ApiEx.h"
#pragma comment(lib,"..\\ApiEx.lib")
void main()
{
byte data;
if(!Startup())
{
printf("ERROR: Open Device Error!\n");
return;
}
PortWriteByte(0x283,0x14);
PortWriteByte(0x280,0x0f);
while(!kbhit())
{
PortReadByte(0x280,&data);
printf("%d\n",data);
}
Cleanup();
}
```

VC++ 语言参考程序 2：E8253_2.cpp

```
#include<stdio.h>
#include<conio.h>
#include "..\\ApiEx.h"
#pragma comment(lib,"..\\ApiEx.lib")
void main()
{
if(!Startup())
{
printf("ERROR: Open Device Error!\n");
return;
}
PortWriteByte(0x283,0x36);
PortWriteByte(0x280,1000%256);
PortWriteByte(0x280,1000/256);
PortWriteByte(0x283,0x76);
PortWriteByte(0x281,1000%256);
PortWriteByte(0x281,1000/256);
Cleanup();
printf("Press any key to exit!\n");
}
```

实验4 参考程序

汇编语言参考程序1：E8255.asm

```
io8255a equ 288h
io8255b equ 28bh
io8255c equ 28ah
code segment
assume cs:code
start:
         mov   dx,io8255b                 ;设 8255 为 C 口输入,A 口输出
         mov   al,8bh
         out   dx,al
inout:   mov   dx,io8255c                 ;从 C 口输入一数据
         in    al,dx
         mov   dx,io8255a                 ;从 A 口输出刚才自 C 口
         out   dx,al                      ;所输入的数据
         mov   dl,0ffh                    ;判断是否有按键
         mov   ah,06h
         int   21h
         jz    inout                      ;若无,则继续自 C 口输入,A 口输出
         mov   ah,4ch                     ;否则返回
         int   21h
code ends
end start
```

汇编语言参考程序2：E8255_1.asm

```
data segment
chip db 13,10
     db 13,10
     db 'Program to test the chip of 74LS138',13,10
     db 13,10
     db 13,10
     db ' +-------------------------------+',13,10
     db ' |  A   B   C   G1  G2A+G2B      |',13,10
     db ' |                               |',13,10
     db ' |         74LS138               |',13,10
     db ' |                               |',13,10
     db ' |Y0 Y1 Y2 Y3 Y4 Y5 Y6 Y7        |',13,10
     db'  +-------------------------------+',13,10, '$'
mess db'After you have ready,Please press any key ! ', '$'
mes2 db 'Test Again ? (Y/N)', '$'
InA  db 0
OutC db 0
```

```
cll     db ' ', '$'
data    ends
;*******************************************
code segment
        assume cs:code,ds:data
start:  mov   ax,data
        mov   ds,ax
again:  call  cls
        call  InputB                 ;Output CTRLcode(write) to 28Bh
        mov   dx,28bh
        mov   al,10001011b
        out   dx,al                  ;Output In to 288h
        mov   dx,288h
        mov   al,InA
        out   dx,al
        call  OutputC
jmp1:   mov   ah,2
        mov   dh,15
        mov   dl,20
        int   10h
        mov   ah,09
        lea   dx,mes2
        int   21h
        mov   ah,1
        int   21h
        cmp   al,'y'
        je    again
        cmp   al,'n'
        je    exit
        mov   ah,2
        mov   dh,15
        mov   dl,0
        int   10h
        lea   dx,cll
        mov   ah,9
        int   21h
        jmp   jmp1
exit:   mov   ah,4ch
        int   21h
;*******************************************
InputB  proc  near
        mov   ah,2
        mov   bh,0
        mov   dx,0
```

```
        int   10h
        mov   ah,09
        lea   dx,chip
        int   21h
        mov   ah,2
        mov   bh,0
        mov   dh,15
        mov   dl,10
        int   10h
        mov   ah,09h
        lea   dx,mess
        int   21h
        mov   ah,0ch
        mov   al,08h
        int   21h
wait1:  mov   ah,0Bh
        int   21h
        cmp   al,0
        jne   wait1
        mov   ah,2
        mov   bh,0
        mov   dh,15
        mov   dl,10
        int   10h
        lea   dx,cll
        mov   ah,9
        int   21h
        mov   dh,4
        mov   dl,18
jmp3:   push  dx
        mov   ah,2
        mov   bh,0
        int   10h
jmp4:   mov   ah,7
        int   21h
        cmp   al,'1'
        jne   jmp2
        mov   ah,2
        xchg  al,dl
        int   21h
        mov   cl,1
        mov   bl,InA
        sal   bl,cl
        add   bl,1
```

```
        mov   InA,bl
        jmp   jmp5
jmp2:   cmp   al,'0'
        jne   jmp4
        mov   ah,2
        xchg  al,dl
        int   21h
        mov   cl,1
        mov   bl,InA
        sal   bl,cl
        mov   InA,bl
jmp5:   pop   dx
        add   dl,5
        cmp   dl,43
        jb    jmp3
        mov   cl,3
        mov   bl,InA
        sal   bl,cl
        mov   InA,bl
        ret
InputB  endp
;*****************************************
Cls     proc  near
        mov   ah,6
        mov   al,0
        mov   ch,0
        mov   cl,0
        mov   dh,24
        mov   dl,79
        mov   bh,7
        int   10h
        ret
cls     endp
;*****************************************
OutputC proc  near
        mov   dx,28ah
        in    al,dx
        mov   OutC,al
        mov   dh,12
        mov   dl,16
j:      push  dx
        mov   ah,2
        mov   bh,0
        int   10h
```

```
        mov   al,OutC
        mov   bl,01h
        and   bl,al
        mov   cl,1
        shr   al,cl
        mov   OutC,al
        add   bl,30h
        xchg  bl,dl
        mov   ah,2
        int   21h
        pop   dx
        add   dl,4
        cmp   dl,46
        jb    j
        ret
OutputC endp
;**********************************************
code    ends
        end start
```

VC++语言参考程序 E8255.cpp

```
#include<stdio.h>
#include<conio.h>
#include "..\\ApiEx.h"
#pragma comment(lib,"..\\ApiEx.lib")
void main()
{
    byte data;
    if(!Startup())
    {
        printf("ERROR: Open Device Error!\n");
        return;
    }
    printf("Press any key to exit!\n");
    while(!kbhit())
    {
        PortWriteByte(0x28b,0x8b);
        PortReadByte(0x28a,&data);
        PortWriteByte(0x288,data);
    }
    Cleanup();
}
```

实验 5　参考程序

汇编语言参考程序：INT. asm

```
data segment
mess db 'TPCA interrupt! ',0dh,0ah, '$'
data ends
code segment
assume cs:code,ds:data
start:
        mov   ax,cs
        mov   ds,ax
        mov   dx,offset int3
        mov   ax,250bh
        int   21h                    ;设置 IRQ3 的中断矢量
        in    al,21h                 ;读中断屏蔽寄存器
        and   al,0f7h                ;开放 IRQ3 中断
        out   21h,al
        mov   cx,10                  ;记中断循环次数为 10 次
        sti
ll:     jmp   ll
int3:                                ;中断服务程序
        mov   ax,data
        mov   ds,ax
        mov   dx,offset mess
        mov   ah,09                  ;显示每次中断的提示信息
        int   21h
        mov   al,20h
        out   20h,al                 ;发出 EOI 结束中断
        loop  next
        in    al,21h
        or    al,08h                 ;关闭 IRQ3 中断
        out   21h,al
        sti                          ;置中断标志位
        mov   ah,4ch                 ;返回 DOS
        int   21h
next:   iret
code ends
end start
```

VC++ 语言参考程序 1(查询方式)：INT0. cpp

```
#include<stdio.h>
#include<conio.h>
#include "..\\ApiEx.h"
```

```
#pragma comment(lib,"..\\ApiEx.lib")
void main()
{
    BYTE data;
    if(!Startup())
    {
        printf("ERROR: Open Device Error!\n");
        return;
    }
    printf("Please Press DMC! Press any key to exit!\n");
    PortWriteByte(0x28b,0x8b);
    while(!kbhit())
    {
        PortReadByte(0x28a,&data);
        if(data&0x01)
        {
            PortWriteByte(0x288,0x55);
            Sleep(1*1000);
        }
        PortWriteByte(0x288,0xaa);
    }
    Cleanup();
}
```

VC++ 语言参考程序 2(中断方式):

```
#include<stdio.h>
#include<conio.h>
#include "..\\ApiEX.h"
#pragma comment(lib,"..\\ApiEx.lib")
int i;
void MyISR()
{
    PortWriteByte(0x288,0x55);
    Sleep(1000);
    printf("%d\n",i++);
}
void main()
{
    printf("Press any key to begin!\n\n");
    getch();
    if(!Startup())
    {
        printf("ERROR: Open Device Error!\n");
        return;
```

```
    }
    printf("Please Press DMC! Press any key to exit!\n");
    PortWriteByte(0x28b,0xa0);
    RegisterLocalISR(MyISR);
    EnableIntr();
    while(!kbhit())
    {
        PortWriteByte(0x288,0xaa);
        Sleep(1000);
    }
    DisableIntr();
    Cleanup();
}
```

实验 6 参考程序

汇编语言参考程序:E8251.asm

```
data segment
io8253a equ 280h
io8253b equ 283h
io8251a equ 2b8h
io8251b equ 2b9h
mes1 db 'you can play a key on the keybord!',0dh,0ah,24h
mes2 dd mes1
data ends
code segment
assume cs:code,ds:data
start:
        mov   ax,data
        mov   ds,ax
        mov   dx,io8253b           ;设置 8253 计数器 0 工作方式
        mov   al,16h
        out   dx,al
        mov   dx,io8253a
        mov   al,52                ;给 8253 计数器 0 送初值
        out   dx,al
        mov   dx,io8251b           ;初始化 8251
        xor   al,al
        mov   cx,03                ;向 8251 控制端口送 3 个 0
delay:  call  out1
        loop  delay
        mov   al,40h               ;向 8251 控制端口送 40H,使其复位
        call  out1
```

```
        mov   al,4eh                  ;设置为1个停止位,8个数据位,波特率因子为16
        call  out1
        mov   al,27h                  ;向8251送控制字允许其发送和接收
        call  out1
        lds   dx,mes2                 ;显示提示信息
        mov   ah,09
        int   21h
waiti:  mov   dx,io8251b
        in    al,dx
        test  al,01                   ;发送是否准备好
        jz    waiti
        mov   ah,01                   ;是,从键盘上读一字符
        int   21h
        cmp   al,27                   ;若为ESC,结束
        jz    exit
        mov   dx,io8251a
        inc   al
        out   dx,al                   ;发送
        mov   cx,40h
s51:    loop  s51                     ;延时
next:   mov   dx,io8251b
        in    al,dx
        test  al,02                   ;检查接收是否准备好
        jz    next                    ;没有,等待
        mov   dx,io8251a
        in    al,dx                   ;准备好,接收
        mov   dl,al
        mov   ah,02                   ;将接收到的字符显示在屏幕上
        int   21h
        jmp   waiti
exit:   mov   ah,4ch                  ;退出
        int   21h
out1    proc  near                    ;向外发送一字节的子程序
        out   dx,al
        push  cx
        mov   cx,40h
gg:     loop  gg                      ;延时
        pop   cx
        ret
out1 endp
code ends
end start
```

VC++语言参考程序：E8251.cpp

```
#include <stdio.h>
#include <conio.h>
#include "..\\ApiEx.h"
#pragma comment(lib,"..\\ApiEx.lib")
void main()
{
    int i;
    BYTE data;
    if(!Startup())
    {
        printf("ERROR: Open Device Error!\n");
        return;
    }
    printf("You can Press a key to start:\n");
    getch();
    printf("ESC is exit!\n");
    PortWriteByte(0x283,0x16);
    Sleep(1*100);
    PortWriteByte(0x280,52);
    Sleep(1*100);
    for(i=0;i<3;i++)
    {
        PortWriteByte(0x2b9,0);
        Sleep(1*100)                ;
    }
    PortWriteByte(0x2b9,0x40);
    Sleep(1*100);
    PortWriteByte(0x2b9,0x4e);
    Sleep(1*100);
    PortWriteByte(0x2b9,0x27);
    Sleep(1*100);
    for(;;)
    {
        do{
            PortReadByte(0x2b9,&data);
          }while(!(data&0x01));
        data=getch();
        if(data==0x1b)exit(0);
        putchar(data);
        PortWriteByte(0x2b8,data+1);
        Sleep(1*100);
        do{
                PortReadByte(0x2b9,&data);
            }while(!(data&0x02));
```

```
        PortReadByte(0x2b8,&data);
        printf("%c",data);
    }
    Cleanup();
}
```

实验7 参考程序

汇编语言参考程序1：DA_1.asm

```
io0832a equ 290h
code segment
assume cs:code
start:
        mov   cl,0
        mov   dx,io0832a
lll:    mov   al,cl
        out   dx,al
        inc   cl                          ;cl加1
        inc   cl
        inc   cl
        inc   cl
        inc   cl
        inc   cl
        inc   cl
        push  dx
        mov   ah,06h                      ;判断是否有键按下
        mov   dl,0ffh
        int   21h
        pop   dx
        jz    lll                         ;若无则转LLL
        mov   ah,4ch                      ;返回
        int   21h
        code  ends
end start
```

汇编语言参考程序2：DA_2.asm

```
data segment
io0832a equ 290h
sin     db 80h,96h,0aeh,0c5h,0d8h,0e9h,0f5h,0fdh
        db 0ffh,0fdh,0f5h,0e9h,0d8h,0c5h,0aeh,96h
        db 80h,66h,4eh,38h,25h,15h,09h,04h
        db 00h,04h,09h,15h,25h,38h,4eh,66h          ;正弦波数据
data ends
```

```
code segment
assume cs:code,ds:data
start:
        mov   ax,data
        mov   ds,ax
ll:     mov   si,offset sin          ;置正弦波数据的偏移地址为 SI
        mov   bh,32                  ;一组输出 32 个数据
lll:    mov   al,[si]                ;将数据输出到 D/A 转换器
        mov   dx,io0832a
        out   dx,al
        mov   ah,06h
        mov   dl,0ffh
        int   21h
        jne   exit
        mov   cx,1
delay:  loop  delay                  ;延时
        inc   si                     ;取下一个数据
        dec   bh
        jnz   lll                    ;若未取完 32 个数据则转 lll
        jmp   ll
exit:   mov   ah,4ch                 ;退出
        int   21h
code ends
end start
```

VC++ 语言参考程序 1：DA_1.cpp

```
#include<conio.h>
#include<stdio.h>
#include "..\\ApiEx.h"
#pragma comment(lib,"..\\ApiEx.lib")
void main()
{
    char i=0;
    printf("Press any key to exit!\n");
    if(!Startup())
    {
        printf("ERROR: Open Device Error!\n");
        return;
    }
    do{
        PortWriteByte(0x290,i++);
      }while(!kbhit());
    Cleanup();
}
```

VC++语言参考程序2：DA_2.cpp

```
#include<conio.h>
#include<stdio.h>
#include "..\\ApiEx.h"
#pragma comment(lib,"..\\ApiEx.lib")
void main()
{
    int i;
    int m_sin[]={0x80,0x96,0x0ae,0x0c5,0x0d8,0x0e9,0x0f5,0x0fd,0x0ff,
        0x0fd,0x0f5,0x0e9,0x0d8,0x0c5,0x0ae,0x96,0x80,0x66,0x4e,0x38,
        0x25,0x15,0x09,0x04,0x00,0x04,0x09,0x15,0x25,0x38,0x4e,0x66};
    printf("Press any key to begin!\n\n");
    getch();
    printf("Press any key to exit!\n");
    if(!Startup())
    {
        printf("ERROR: Open Device Error!\n");
        return;
    }
    do{
        for(i=0;i<32;i++)
        {
            PortWriteByte(0x290,m_sin[i]);
            if(kbhit())
            break;
        }
      }while(!kbhit());
    Cleanup();
}
```

实验8　参考程序

汇编语言参考程序1：AD_1.asm

```
io0809a equ 298h
code segment
assume cs:code
start:
        mov   dx,io0809a           ;启动 A/D 转换器
        out   dx,al
        mov   cx,0ffh              ;延时
delay:  loop  delay
        in    al,dx                ;从 A/D 转换器输入数据
        mov   bl,al                ;将 AL 保存到 BL
```

```
        mov   cl,4
        shr   al,cl                       ;将 AL 右移四位
        call  disp                        ;调显示子程序显示其高 4 位
        mov   al,bl
        and   al,0fh
        call  disp                        ;调显示子程序显示其低 4 位
        mov   ah,02
        mov   dl,20h                      ;加回车符
        int   21h
        mov   dl,20h
        int   21h
        push  dx
        mov   ah,06h                      ;判断是否有键按下
        mov   dl,0ffh
        int   21h
        pop   dx
        je    start                       ;若没有转 START
        mov   ah,4ch                      ;退出
        int   21h
disp    proc  near                        ;显示子程序
        mov   dl,al
        cmp   dl,9                        ;比较 DL 是否>9
        jle   ddd                         ;若不大于则为'0'-'9',加 30h 为其 ASCII 码
        add   dl,7                        ;否则为'A'-'F',再加 7
ddd:    add   dl,30h                      ;显示
        mov   ah,02
        int   21h
        ret
disp endp
code ends
end start
```

汇编语言参考程序 2：AD_2. asm

```
io0809b equ 299h
code segment
assume cs:code
start:  mov   ax,0012h                    ;设屏幕显示方式为 VGA 640×480 模示
        int   10h
start1: mov   ax,0600h
        int   10h                         ;清屏
        and   cx,0                        ;cx 为横坐标
draw:   mov   dx,io0809b                  ;启动 A/D 转换器通道 1
        out   dx,al
        mov   bx,200                      ;延时
```

```
delay:  dec   bx
        jnz   delay
        in    al,dx                  ;读入数据
        mov   ah,0
        mov   dx,368                 ;dx 为纵坐标
        sub   dx,ax
        mov   al,0ah                 ;设置颜色
        mov   ah,0ch                 ;画点
        int   10h
        cmp   cx,639                 ;一行是否满
        jz    start1                 ;是则转 start
        inc   cx                     ;继续画点
        push  dx
        mov   ah,06h                 ;是否有键按下
        mov   dl,0ffh
        int   21h
        pop   dx
        je    draw                   ;无,则继续画点
        mov   ax,0003                ;有恢复屏幕为字符方式
        int   10h
        mov   ah,4ch                 ;返回
        int   21h
code ends
end start
```

VC++ 语言参考程序 1：AD_1.cpp

```
#include<conio.h>
#include<stdio.h>
#include "..\\ApiEx.h"
#pragma comment(lib,"..\\ApiEx.lib")
void main()
{
    byte data;
    printf("Press any key to begin!\n\n");
    getch();
    printf("Press any key to exit!\n");
    if(!Startup())
    {
        printf("ERROR: Open Device Error!\n");
        return;
    }
    while(!kbhit())
    {
        PortWriteByte(0x298,0x00);
```

```
        Sleep(70);
        PortReadByte(0x298,&data);
        printf("%d\n",data);
    }
    Cleanup();
}
```

VC++ 语言参考程序 2：AD_2. cpp

```
#include<stdio.h>
#include<conio.h>
#include "..\\ApiEx.h"
#pragma comment(lib,"..\\ApiEx.lib")
void main()
{
    if(!Startup())
    {
        printf("ERROR: Open Device Error!\n");
        return;
    }
    printf("press any key to start!\n");
    getch();
    byte data;
    printf("Press any key to exit!\n");
    while(!kbhit())
    {
        PortWriteByte(0x299,00);
        Sleep(70);
        PortReadByte(0x299,&data);
        for(data=data/4;data>0;data--)
        {
            printf("*");
        }
        printf("\n");
    }
    Cleanup();
}
```

实验 9　参考程序

汇编语言参考程序 1：DMA. asm

```
code segment
assume cs:code
start:
```

```
        mov   ax,0D000h
        mov   es,ax
        mov   bx,4000h
        mov   cx,0ffh;100h
        mov   dl,40h
rep1:   inc   dl
        mov   es:[bx],dl
        inc   bx
        cmp   dl,5ah
        jnz   ss1
        mov   dl,40h
ss1:    loop  rep1
        mov   dx,18h                ;关闭 8237
        mov   al,04h
        out   dx,al
        mov   dx,1dh                ;复位
        mov   al,00h
        out   dx,al
        mov   dx,12h                ;写目的地址低位
        mov   al,00h
        out   dx,al
        mov   dx,12h                ;写目的地址高位
        mov   al,60h;
        out dx,al
        mov   dx,13h                ;传送字节数低位
        mov   al,0ffh;
        out   dx,al
        mov   dx,13h                ;传送字节数高位
        mov   al,0;1h
        out   dx,al
        mov   dx,10h                ;源地址低位
        mov   al,00h
        out   dx,al
        mov   dx,10h                ;源地址高位
        mov   al,40h
        out   dx,al
        mov   dx,1bh                ;通道 1 写传输,地址增
        mov   al,85h
        out   dx,al
        mov   dx,1bh                ;通道 0 读传输,地址增
        mov   al,88h
        out   dx,al
        mov   dx,18h                ;DREQ 低电平有效,存储器到存储器,开启 8237
        mov   al,41h
```

```
        out   dx,al
        mov   dx,19h                  ;通道 1 请求
        mov   al,04h
        out   dx,al
        mov   cx,0F000h
delay:  loop  delay
        mov   ax,0D000h               ;---
        mov   es,ax
        mov   bx,06000h
        mov   cx,0ffh;
rep2:   mov   dl,es:[bx]
        mov   ah,02h
        int   21h
        inc   bx
        loop  rep2
        mov   ax,4c00h
        int   21h
code ends
end start
```

汇编语言参考程序 2：DMA_O.asm

```
data segment
outdata db 01,02,04,08,10h,20h,40h,80h,0ffh,00h
data ends
extra segment at 0d400h
ext db 10 dup(?)
extra ends
code segment
assume cs:code,ds:data,es:extra
start:
        mov   ax,data
        mov   ds,ax
        mov   ax,extra
        mov   es,ax
        lea   si,outdata
        lea   di,ext
        cld
        mov   cx,10
        rep   movsb
        out   1ch,al                  ;清字节指针
        mov   al,49h                  ;写方式字
        out   1bh,al
        mov   al,0dh                  ;置地址页面寄存器
        out   83h,al
```

```
        mov   al,0              ;写入基地址低16位
        out   12h,al
        mov   al,40h
        out   12h,al
        mov   al,0ah            ;写入传送的字节数10
        out   13h,al            ;先写低字节
        mov   al,00h
        out   13h,al            ;后写高字节
        mov   al,01             ;清通道屏蔽,启动DMA
        out   1ah,al
        mov   ah,4ch
        int   21h
code ends
end start
```

汇编语言参考程序3：DMA_I.asm

```
data segment
indata1 db 8 dup(30h),0dh,0ah,24h
data ends
extra segment at 0d400h
indata2 db 11 dup(?)
extra ends
code segment
assume cs:code,ds:data,es:extra
start:
        mov   ax,data
        mov   ds,ax
        mov   ax,extra
        mov   es,ax
        lea   si,indata1
        lea   di,indata2
        cld
        mov   cx,11
        rep   movsb
        mov   ax,extra
        mov   ds,ax
        mov   al,00
        out   1ch,al            ;清字节指针
        mov   al,45h            ;写方式字
        out   1bh,al
        mov   al,0dh            ;置地址页面寄存器
        out   83h,al
        mov   al,00
        out   12h,al            ;写入基地址的低16位
```

```
        mov    al,40h
        out    12h,al
        mov    ax,7                    ;写入传送的 8 个字节数
        out    13h,al                  ;先写低字节
        mov    al,ah
        out    13h,al                  ;后写高字节
        mov    al,01                   ;清通道屏蔽
        out    1ah,al                  ;启动 DMA
sss:    lea    dx,indata2
lll:    mov    ah,09
        int    21h
        mov    ah,1
        int    16h
        je     sss
exit:   mov    ah,4ch
        int    21h
code ends
end start
```

VC++ 语言参考程序 1：DMA. cpp

```
/************************/
/* DMA 传送(块模式)*/
/************************/
#include<stdio.h>
#include<conio.h>
#include "..\\ApiEx.h"
#pragma comment(lib,"..\\ApiEx.lib")
void main()
{
    if(!Startup())
    {
        printf("ERROR: Open Device Error!\n");
        return;
    }
        int addr;
        int addr1;
        BYTE b;
        BYTE b1;
        BYTE alpha='A';
        BYTE alpha1='a';
    printf("Writing pattern(0xff ~0x00)..\n");
    for(addr=0x00,alpha='A';addr <0x100;addr ++)
    {
        //往 USB6116 空间写入 100 个 A~Z
```

```
        MemWriteByte(addr, alpha++);
        //往实验箱扩展6116空间写入100个a
        MemWriteByte(addr+0x2000, alpha1);
        if(alpha>'Z')
        {
            alpha='A';
        }
    }
Sleep(100);
        //显示源地址数据
        for(addr=0x00;addr<0x100;addr++)
        {
        MemReadByte(addr,&b);
        printf("%c ",b);
        if((addr+1)%16==0)printf("\n");
        }
printf("............................\n");
        //显示目的地址数据
    for(addr1=0x00;addr1<0x100;addr1++)
        {
        MemReadByte(addr1+0x2000,&b1);
        printf("%c ",b1);
        if((addr1+1)%16==0)printf("\n");
        }
        printf("configuring 8237...\n");
        Sleep(100);
            Write8237(0x08, 0x04);       //关闭,0x08控制寄存器
            Write8237(0x0D, 0x00);       //复位
            Write8237(0x02, 0x00);       //目地址低位
            Write8237(0x02, 0x60);       //目的地址高位41
        Sleep(100);
            Write8237(0x03, 0xFF);       //传输数据长度低位
            Write8237(0x03, 0x00);       //传输数据低位
        Sleep(100);
            Write8237(0x00, 0x00);       //源地址低位
            Write8237(0x00, 0x40);       //源地址高位
        Sleep(100);
            Write8237(0x0B, 0x85);       //mode,传输方式10000101,通道0块传送
            Write8237(0x0B, 0x88);       //mode(0)?
        Sleep(100);
            Write8237(0x08, 0x41);       //command word,控制字
        Sleep(100);
            Write8237(0x0A, 0x01);       //启动
            Write8237(0x0A, 0x00);
```

```
        Sleep(100);
            Write8237(0x09, 0x04);
        for(addr=0x00;addr <0x100;addr ++)      //显示目的地址数据
        {
            MemReadByte(addr+0x2000, &b);
            printf("%c ",b);
            if((addr+1)%16==0)printf("\n");
        }
    Cleanup();
}
```

VC++ 语言参考程序 2：DMA_O. cpp

```
#include<stdio.h>
#include<conio.h>
#include "..\\ApiEx.h"
#pragma comment(lib,"..\\ApiEx.lib")
BYTE outdata[]={0x01,0x02,0x04,0x08,0x10,0x20,0x40,0x80,0xff,0x00};
int Dmaout()
{
    int addr;
    printf("Writing pattern(0xff ~0x00)..\n");
    for(addr=0;addr <10;addr ++)
    {
        MemWriteByte(addr, outdata[addr]);
    }
    printf("configuring 8237...\n");
    Write8237(0x0C, 0x00);                  //clear
    Write8237(0x0b, 0x49);                  //mode
    Write8237(0x02, 0x00);                  //address
    Write8237(0x02, 0x40);
    Write8237(0x03, 0x00);                  //count
    Write8237(0x03, 0x0a);
    Write8237(0x0A, 0x01);                  //clear mask
    Sleep(100);
    return 1;
}
void main()
{
    if(!Startup())
    {
    printf("ERROR: Open Device Error!\n");
    return;
    }
    Dmaout();
```

```
    Cleanup();
}
```

VC++ 语言参考程序 3：DMA_I. cpp

```
#include<stdio.h>
#include<conio.h>
#include "..\\ApiEx.h"
#pragma comment(lib,"..\\ApiEx.lib")
BYTE indata[]={0x20,0x20,0x20,0x20,0x20,0x20,0x20,0x20,0x0d,0x0a};
int Dmain()
{
    int addr;
    printf("Writing pattern(0xff~0x00)..\n");
    for(addr=0;addr<10;addr++)
    {
        MemWriteByte(addr, indata[addr]);
    }
    printf("configuring 8237...\n");
    Write8237(0x0C, 0x00);                //clear
    Write8237(0x0b, 0x45);                //mode
    Write8237(0x02, 0x00);                //address
    Write8237(0x02, 0x40);
    Write8237(0x03, 0x00);                //count
    Write8237(0x03, 0x07);
    Write8237(0x0A, 0x01);                //clear mask
    Sleep(100);
    for(;;)
    {
        for(addr=0;addr<8;addr++)
        {
            MemReadByte(addr, &indata[addr]);
        }
        printf("%s",indata);
    }
    return 1;
    }
    void main()
    {
        if(!Startup())
        {
            printf("ERROR: Open Device Error!\n");
            return;
    }
    Dmain();
```

```
    Cleanup();
}
```

实验 10 参考程序

汇编语言参考程序 1：E8255-1o. asm

```
code segment
assume cs:code
start:
        mov   ax,cs
        mov   ds,ax
        mov   dx,offset int_proc
        mov   ax,250bh                ;设外部中断 int_proc 类型号为 0BH
        int   21h
        mov   dx,21h
        in    al,dx
        and   al,0f7h                 ;开放 IRQ3 中断
        out   dx,al
        mov   dx,28bh                 ;置 8255 为 A 口方式 1 输出
        mov   al,0a0h
        out   dx,al
        mov   al,0dh                  ;将 PC6 置位
        out   dx,al
        mov   bl,1
ll:     jmp   ll                      ;循环等待
        int_proc:
        mov   al,bl
        mov   dx,288h                 ;将 AL 从 8255 的 A 口输出
        out   dx,al
        mov   al,20h
        out   20h,al
        shl   bl,1
        jnc   next                    ;中断次数小于 8,返回主程序
        in    al,21h
        or    al,08h                  ;关闭 IRQ7 中断
        out   21h,al
        sti                           ;开中断
        mov   ah,4ch                  ;返回 DOS
        int   21h
next:   iret
code ends
end start
```

汇编语言参考程序 2：E8255-1i. asm

```
code segment
assume cs:code
start:
        mov   ax,cs
        mov   ds,ax
        mov   dx,offset int_proc          ;设置 IRQ3 中断矢量
        mov   ax,250bh
        int   21h
        mov   dx,21h
        in    al,dx
        and   al,0f7h                     ;开放 IRQ7 中断
        out   dx,al
        mov   dx,28bh                     ;设 8255 为 A 口方式 1 输入
        mov   al,0b8h
        out   dx,al
        mov   al,09h
        out   dx,al
        mov   bl,8                        ;BL 为中断次数计数器
ll:     jmp   ll
        int_proc:                         ;中断服务程序
        mov   dx,288h                     ;自 8255A 口输入一数据
        in    al,dx
        mov   dl,al                       ;将所输入的数据保存到 DL
        mov   ah,02h                      ;显示 ASCII 码为 DL 的字符
        int   21h
        mov   dl,0dh                      ;回车
        int   21h
        mov   dl,0ah                      ;换行
        int   21h
        mov   dx,20h                      ;发出 EOI 结束命令
        mov   al,20h
        out   dx,al
        dec   bl                          ;计数器减 1
        jnz   next                        ;不为 0 则返回主程序
        in    al,21h
        or    al,08h
        out   21h,al                      ;关 IRQ3 中断
        sti                               ;开中断
        mov   ah,4ch                      ;返回 DOS
        int   21h
next:   iret
code ends
end start
```

VC++ 语言参考程序 1：E8255-1o. cpp

```
#include<stdio.h>
#include<conio.h>
#include "..\\ApiEx.h"
#pragma comment(lib,"..\\ApiEx.lib")
byte Count=0x01;
void IntS();
void main()
{
    if(!Startup())
    {
    printf("ERROR:Open Device Error!\n");
    return;
    }
    printf("Press DMC !Press any key to exit!\n");
    RegisterLocalISR(IntS);
    EnableIntr();
    PortWriteByte(0x28b,0xa0);
    PortWriteByte(0x28b,0x0d);
    while(!kbhit());
    DisableIntr();
    Cleanup();
}
void IntS()
{
    PortWriteByte(0x288,Count);
    printf("This is a Interrupt!Out=%x\n",Count);
    Count<<=1;
    if(Count==0)
    exit(0);
    Sleep(1000);
}
```

VC++ 语言参考程序 2：E8255-1i. cpp

```
#include<stdio.h>
#include<conio.h>
#include "..\\ApiEx.h"
#pragma comment(lib,"..\\ApiEx.lib")
int Count=8;
void IntS();
void main()
{
    if(!Startup())
```

```
        {
            printf("ERROR:Open Device Error!\n");
            return;
        }
        printf("Press DMC !Press any key to exit!\n");
        RegisterLocalISR(IntS);
        EnableIntr();
        PortWriteByte(0x28b,0xb8);
        PortWriteByte(0x28b,0x09);
        while(!kbhit());
        DisableIntr();
        Cleanup();
    }
    void IntS()
    {
        byte data;
        PortReadByte(0x288,&data);
        printf("This is a Interrupt!In=%x\n",data);
        Count--;
        if(Count==0)
            exit(0);
    }
```

综合实验参考程序

综合实验1 参考程序

汇编语言参考程序1：LED1.asm

```
data segment
io8255a equ 288h
io8255b equ 28bh
led db 3fh,06h,5bh,4fh,66h,6dh,7dh,07h,7fh,6fh
mesg1 db 0dh,0ah,'Input a num(0--9),other key is exit:',0dh,0ah,'$'
data ends
code segment
assume cs:code,ds:data
start:
        mov   ax,data
        mov   ds,ax
        mov   dx,io8255b                    ;使 8255 的 A 口为输出方式
        mov   ax,80h
        out   dx,al
sss:    mov   dx,offset mesg1               ;显示提示信息
```

```
        mov   ah,09h
        int   21h
        mov   ah,01                         ;从键盘接收字符
        int   21h
        cmp   al,'0'                        ;是否小于 0
        jl    exit                          ;若是则退出
        cmp   al,'9'                        ;是否大于 9
        jg    exit                          ;若是则退出
        sub   al,30h                        ;将所得字符的 ASCII 码减 30H
        mov   bx,offset led                 ;bx 为数码表的起始地址
        xlat                                ;求出相应的段码
        mov   dx,io8255a                    ;从 8255 的 A 口输出
        out   dx,al
        jmp   sss                           ;转 sss
exit:   mov   ah,4ch                        ;返回
        int   21h
code ends
end start
```

汇编语言参考程序 2：LED2.asm

```
data segment
io8255a equ 28ah
io8255b equ 28bh
io8255c equ 288h
led db 3fh,06h,5bh,4fh,66h,6dh,7dh,07h,7fh,6fh   ;段码
buffer1 db 6,5                              ;存放要显示的个位和十位
bz dw ?                                     ;位码
data ends
code segment
assume cs:code,ds:data
start:
        mov   ax,data
        mov   ds,ax
        mov   dx,io8255b                    ;将 8255 设为 A 口输出
        mov   al,80h
        out   dx,al
        mov   di,offset buffer1             ;设 di 为显示缓冲区
loop2:  mov   bh,02
lll:    mov   byte ptr bz,bh
        push  di
        dec   di
        add   di, bz
        mov   bl,[di]                       ;bl 为要显示的数
        pop   di
```

```
        mov   al,0
        mov   dx,io8255a
        out   dx,al
        mov   bh,0
        mov   si,offset led          ;置 led 数码表偏移地址为 SI
        add   si,bx                  ;求出对应的 led 数码
        mov   al,byte ptr [si]
        mov   dx,io8255c             ;自 8255A 的口输出
        out   dx,al
        mov   al,byte ptr bz         ;使相应的数码管亮
        mov   dx,io8255a
        out   dx,al
        mov   cx,3000
delay:  loop  delay                  ;延时
        mov   bh,byte ptr bz
        shr   bh,1
        jnz   lll
        mov   dx,0ffh
        mov   ah,06                  ;6 号调用
        int   21h
        je    loop2                  ;有键按下则退出
        mov   dx,io8255a
        mov   al,0                   ;关掉数码管显示
        out   dx,al
        mov   ah,4ch                 ;返回
        int   21h
code ends
end start
```

汇编语言参考程序 3：LED3. asm

```
data segment
io8255a equ 28ah
io8255b equ 28bh
io8255c equ 288h
led db 3fh,06h,5bh,4fh,66h,6dh,7dh,07h,7fh,6fh   ;段码
buffer1 db 0,0                       ;存放要显示的十位和个位
bz dw ?                              ;位码
data ends
code segment
assume cs:code,ds:data
start:
        mov   ax,data
        mov   ds,ax
        mov   dx,io8255b             ;将 8255 设为 A 口输出
```

```
        mov   al,80h
        out   dx,al
        mov   di,offset buffer1          ;设 di 为显示缓冲区
loop1:  mov   cx,030h                    ;循环次数
loop2:  mov   bh,02
lll:    mov   byte ptr bz,bh
        push  di
        dec   di
        add   di, bz
        mov   bl,[di]                    ;bl 为要显示的数
        pop   di
        mov   bh,0
        mov   si,offset led              ;置 led 数码表偏移地址为 SI
        add   si,bx                      ;求出对应的 led 数码
        mov   al,byte ptr [si]
        mov   dx,io8255c                 ;自 8255A 的口输出
        out   dx,al
        mov   al,byte ptr bz             ;使相应的数码管亮
        mov   dx,io8255a
        out   dx,al
        push  cx
        mov   cx,100
delay:  loop  delay                      ;延时
        pop   cx
        mov   al,00h
        out   dx,al
        mov   bh,byte ptr bz
        shr   bh,1
        jnz   lll
        loop  loop2                      ;循环延时
        mov   ax,word ptr [di]
        cmp   ah,09
        jnz   set
        cmp   al,09
        jnz   set
        mov   ax,0000
        mov   [di],al
        mov   [di+1],ah
        jmp   loop1
set:    mov   ah,01
        int   16h
        jne   exit                       ;有键按下则转 exit
        mov   ax,word ptr [di]
        inc   al
```

```
        aaa
        mov   [di],al                    ;al 为十位
        mov   [di+1],ah                  ;ah 中为个位
        jmp   loop1
exit:   mov   dx,io8255a
        mov   al,0                       ;关掉数码管显示
        out   dx,al
        mov   ah,4ch                     ;返回
        int   21h
code ends
end start
```

VC++ 语言参考程序 1：LED1. cpp

```
#include<stdio.h>
#include<conio.h>
#include "..\\ApiEx.h"
#pragma comment(lib,"..\\ApiEx.lib")
char led[10]={0x3f,0x06,0x5b,0x4f,0x66,0x6d,0x7d,0x07,0x7f,0x6f};
void main()
{
    int out;
    if(!Startup())
    {
        printf("ERROR: Open Device Error!\n");
        return;
    }
    PortWriteByte(0x28b,0x80);
    printf("\nInput a number(0-9),other key is to exit!:\n");
    while(true)
    {
        out=getch();
        if(out<0x30||out>0x39)break;
        printf("%c\n",out);
        PortWriteByte(0x288,led[out-48]);
        }
        Cleanup();
}
```

VC++ 语言参考程序 2：LED2. cpp

```
#include<stdio.h>
#include<conio.h>
#include "..\\ApiEx.h"
#pragma comment(lib,"..\\ApiEx.lib")
void main()
```

```
{
    if(!Startup())
    {
        printf("ERROR: Open Device Error!\n");
        return;
    }
    printf("Please enter any key return!");
    do{
        PortWriteByte(0x28b,0x82);
        PortWriteByte(0x288,0x6d);
        PortWriteByte(0x28a,0x02);
        Sleep(1000);
        PortWriteByte(0x288,0x7d);
        PortWriteByte(0x28a,0x01);
        Sleep(1000);
      }while(!kbhit());
    PortWriteByte(0x28a,0x00);
    Cleanup();
}
```

VC++ 语言参考程序 3：LED3. cpp

```
#include<stdio.h>
#include<conio.h>
#include "..\\ApiEx.h"
#pragma comment(lib,"..\\ApiEx.lib")
char led[10]={0x3f,0x06,0x5b,0x4f,0x66,0x6d,0x7d,0x07,0x7f,0x6f};
void main()
{
    int i,j;
    printf("Press any key to begin!\n\n");
    getch();
    if(!Startup())
    {
        printf("ERROR: Open Device Error!\n");
        return;
    }
    printf("Please enter any key return!");
    do{
        PortWriteByte(0x28b,0x82);
        for(i=0;i<10;i++)
        {
            for(j=0;j<10;j++)
            {
            PortWriteByte(0x288,led[j]);
```

```
                PortWriteByte(0x28a,0x01);
                Sleep(60);
                PortWriteByte(0x288,led[i]);
                PortWriteByte(0x28a,0x02);
                Sleep(60);
                if(kbhit())break;
                }
            }
        }while(!kbhit());
        PortWriteByte(0x28a,0x00);
        Cleanup();
    }.
```

综合实验2 参考程序

汇编语言参考程序1：JDQ.asm

```
io8255a equ 280h
io8255b equ 281h
io8255c equ 283h
io8255d equ 288h
io8255e equ 28bh
code segment
assume cs:code
start:
        mov   dx,io8255e                  ;设 8255 为 A 口输入,C 口输出
        mov   al,90h
lll:    out   dx,al
        mov   al,01                       ;将 PC0 置位
        out   dx,al
        call  delay                       ;延时 5s
        mov   al,0                        ;将 PC0 复位
        out   dx,al
        call  delay                       ;延时 5s
        jmp   lll                         ;转 lll
delay   proc near                         ;延时子程序
push    dx
        mov   dx,io8255c                  ;设 8253 计数器为方式 3
        mov   al,36h
        out   dx,al
        mov   dx,io8255a
        mov   ax,10000                    ;写入计数器初值 10000
        out   dx,al
        mov   al,ah
```

```
        out   dx,al
        mov   dx,io8255c
        mov   al,70h              ;设计数器1为工作方式0
        out   dx,al
        mov   dx,io8255b
        mov   ax,500              ;写入计数器初值500
        out   dx,al
        mov   al,ah
        out   dx,al
ll2:    mov   ah,06               ;是否有键按下
        mov   dl,0ffh
        int   21h
        jne   exit                ;若有则转exit
        mov   dx,io8255d
        in    al,dx               ;查询8255的PA0是否为高电平
        and   al,01
        jz    ll2                 ;若不是则继续
        pop   dx
        ret                       ;定时时间到,子程序返回
exit:   mov   ah,4ch
        int   21h
        delay endp
code ends
end start
```

VC++语言参考程序:

```
JDQ.cpp
#include<stdio.h>
#include<conio.h>
#include "..\\ApiEx.h"
#pragma comment(lib,"..\\ApiEx.lib")
void m_delay();
void main()
{
    if(!Startup())
    {
        printf("ERROR: Open Device Error!\n");
        return;
    }
    printf("press any key to return!\n");
    PortWriteByte(0x28b,0x90);
    while(true)
    {
        PortWriteByte(0x28b,1);
```

```
        m_delay();
        PortWriteByte(0x28b,0);
        m_delay();
    }
    Cleanup();
    }
    void m_delay()
    {
        byte data;
        PortWriteByte(0x283,0x36);
        PortWriteByte(0x280,1000%256);
        PortWriteByte(0x280,1000/256);
        PortWriteByte(0x283,0x70);
        PortWriteByte(0x281,1000%256);
        PortWriteByte(0x281,1000/256);
        do{
            if(kbhit())
                exit(0);
            PortReadByte(0x288,&data);
    }while(!(data&0x01));
}
```

综合实验3 参考程序

汇编语言参考程序:QDQ.asm

```
data segment
io8255a equ 28ah
io8255b equ 28bh
io8255c equ 288h
led db 3fh,06h,5bh,4fh,66h,6dh,7dh,07h     ;数码表
data ends
code segment
assume cs:code,ds:data
start:
        mov   ax,data
        mov   ds,ax
        mov   dx,io8255b                   ;设8255为A口输出,C口输入
        mov   ax,89h
        out   dx,al
        mov   bx,offset led                ;使BX指向段码管首址
sss:    mov   dx,io8255a
        in    al,dx                        ;从8255的C口输入数据
        or    al,al                        ;比较是否为0
```

```
        je     sss                          ;若为0,则表明无键按下,转sss
        mov    cl,0ffh                      ;cl作计数器,初值为-1
rr:     shr    al,1
        inc    cl
        jnc    rr
        mov    al,cl
        xlat
        mov    dx,io8255c
        out    dx,al
        mov    dl,7                         ;响铃ASCII码为07
        mov    ah,2
        int    21h
wai:    mov    ah,1
        int    21h
        cmp    al,20h                       ;是否为空格
        jne    eee                          ;不是,转eee
        mov    al,0                         ;是,关灭灯
        mov    dx,io8255c
        out    dx,al
        jmp    sss
eee:    mov    ah,4ch                       ;返回
        int    21h
code ends
end start
```

VC++语言参考程序1：QDQ.cpp

```
#include<stdio.h>
#include<conio.h>
#include "..\\ApiEx.h"
#pragma comment(lib,"..\\ApiEx.lib")
int led[8]={0x3f,0x06,0x5b,0x4f,0x66,0x6d,0x7d,0x07};
int num[8]={0x01,0x02,0x04,0x08,0x10,0x20,0x40,0x80};
int i=0;
void main()
{
    BYTE data;
    if(!Startup())
    {
        printf("ERROR: Open Device Error!\n");
        return;
    }
    printf("ESC is to exit!");
    PortWriteByte(0x28b,0x89);
    for(;;)
```

```
    {
        do{
        PortReadByte(0x28a,&data);
        }while(!data);
        for(i=0;i<8;i++)
        {
            if(data==num[i])
            {
            printf("\7");
            break;
            }
        }
        if(i<8)
        {
            PortWriteByte(0x288,led[i+1]);
            data=0;
        }
        if(getch()==27)
            exit(0);
        PortWriteByte(0x288,0);
    }
    Cleanup();
}
```

综合实验4 参考程序

汇编语言参考程序：JTD.asm

```
data segment
io8255a equ 28ah
io8255b equ 28bh
portc1  db 24h,44h,04h,44h,04h,44h,04h     ;6个灯可能的状态数据
        db 81h,82h,80h,82h,80h,82h,80h
        db 0ffh                             ;结束标志
data ends
code segment
assume cs:code,ds:data
start:  mov   ax,data
        mov   ds,ax
        mov   dx,io8255b
        mov   al,90h
        out   dx,al                         ;设置8255为C口输出
        mov   dx,io8255a
re_on:  mov   bx,0
```

```
on:     mov   al,portc1[bx]
        cmp   al,0ffh
        jz    re_on
        out   dx,al                         ;点亮相应的灯
        inc   bx
        mov   cx,200                        ;参数赋初值
        test  al,21h                        ;是否有绿灯亮
        jz    de1                           ;没有,短延时
        mov   cx,2000                       ;有,长延时
de1:    mov   di,9000                       ;di 赋初值 9000
de0:    dec   di                            ;减 1 计数
        jnz   de0                           ;di 不为 0
        loop  de1
        push  dx
        mov   ah,06h
        mov   dl,0ffh
        int   21h
        pop   dx
        jz    on                            ;没有,转到 on
exit:   mov   ah,4ch                        ;返回
        int   21h
code ends
end start
```

VC++ 语言参考程序：JTD. cpp

```
#include<stdio.h>
#include<conio.h>
#include "..\\ApiEx.h"
#pragma comment(lib,"..\\ApiEx.lib")
void main()
{
    int i;
    int portc[]={0x24,0x44,0x04,0x44,0x04,0x44,0x04,
    0x81,0x82,0x80,0x82,0x80,0x82,0x80,0xff};
    if(!Startup())
    {
        printf("ERROR:Open Device Error!\n");
        return;
    }
    printf("Enter any key will return!\n");
    PortWriteByte(0x28b,0x80);
        for(;;)
        {
        for(i=0;i<14;i++)
```

```
        {
            PortWriteByte(0x28a,portc[i]);
            if(kbhit())
               exit(0);
            if(portc[i]&0x21)
                  Sleep(1800);
            else
                  Sleep(600);
        }
    }
    Cleanup();
}
```

综合实验5　参考程序

汇编语言参考程序：DZQ.asm

```
data segment
      io8255a equ 288h
      io8255b equ 28bh
      io8253a equ 280h
      io8253b equ 283h
table dw 524,588,660,698,784,880,988,1048        ;高音的
table dw 262,294,330,347,392,440,494,524         ;低音的
msg db 'Press 1,2,3,4,5,6,7,8,ESC:',0dh,0ah,'$'
data ends
code segment
assume cs:code,ds:data
start:
         mov   ax,data
         mov   ds,ax
         mov   dx,offset msg
         mov   ah,9
         int   21h                              ;显示提示信息
sing:
         mov   ah,7
         int   21h                              ;从键盘接收字符,不回显
         cmp   al,1bh
         je    finish                           ;若为 ESC 键,则转 finish
         cmp   al,'1'
         jl    sing
         cmp   al,'8'
         jg    sing                             ;若不在'1'-'8'之间转 sing
         sub   al,31h
```

```
        shl   al,1                          ;转为查表偏移量
        mov   bl,al                         ;保存偏移到 bx
        mov   bh,0
        mov   ax,4240H                      ;计数初值=1000000 / 频率，保存到 AX
        mov   dx,0FH
        div   word ptr[table+bx]
        mov   bx,ax
        mov   dx,io8253b                    ;设置 8253 计时器 0 方式 3，先读写低字节，
                                            ;再读写高字节
        mov   al,00110110B
        out   dx,al
        mov   dx,io8253a
        mov   ax,bx
        out   dx,al                         ;写计数初值低字节
        mov   al,ah
        out   dx,al                         ;写计数初值高字节
        mov   dx,io8255b                    ;设置 8255 A 口输出
        mov   al,10000000B
        out   dx,al
        mov   dx,io8255a
        mov   al,03h
        out   dx,al                         ;置 PA1PA0=11(开扬声器)
        call  delay                         ;延时
        mov   al,0h
        out   dx,al                         ;置 PA1PA0=00(关扬声器)
        jmp   sing
finish:
        mov   ax,4c00h
        int   21h
delay   proc  near                          ;延时子程序
        push  cx
        push  ax
        mov   ax,15
x1:     mov   cx,0ffffh
x2:     dec   cx
        jnz   x2
        dec   ax
        jnz   x1
        pop   ax
        pop   cx
        ret
delay   endp
code    ends
        end start
```

VC++语言参考程序：DZQ.cpp

```
/*******************************/
/* 电子琴(低频率)*/
/*******************************/
    #include<stdio.h>
    #include<conio.h>
    #include "..\\ApiEx.h"
    #pragma comment(lib,"..\\ApiEx.lib")
    unsigned short time[]={0xf5,0x4c,0xd9,0x2f,0xf7,0xe0,0xe8,0x99};
    //计数值的低位
    unsigned short time1[]={0x0e,0x0d,0x0b,0x0b,0x9,0x8,0x7,0x7};
    //计数值的高位
    //{3829,3404,3033,2863,2551,2272,2024,1945};
    //*8253发不同音的计数器初值,将其换算
    //为以上十六进制
    //1000000/各音阶标称频率值=计数初值
    void de_lay(unsigned short i,unsigned short j);
    void main()
    {
        int i,k;
        if(!Startup())                          /*打开设备*/
        {
            printf("ERROR: Open Device Error!\n");
            return;
        }
        printf("Press 1,2,3,4,5,6,7,8\n");
        printf("Press other key to exit!\n");
            while((k=getch())!=27)
            {
            if(0x31<k <0x38)                    //break;
                {
                PortWriteByte(0x283,0x36);
                //00010110,8253控制字,分高低位传送
                Sleep(10);
                de_lay(time[k-0x31],time1[k-0x31]);
                Sleep(10);
                PortWriteByte(0x28b,0x80);    //10000000,8255控制字
                Sleep(10);
                PortWriteByte(0x288,0x03);    //设置8255A口,开扬声器
                Sleep(500);                     /*延时*/
                PortWriteByte(0x288,0x00);    //设置8255A口,关扬声器
            }
        }
```

```
    Cleanup();                               /*关闭设备*/
    }
    void de_lay(unsigned short i,unsigned short j)
    {
        PortWriteByte(0x280,i);              /*输出计数值低位*/
        Sleep(50);
        PortWriteByte(0x280,j);              /*输出计数值高位*/
}
```

综合实验 6 参考程序

汇编语言参考程序：BJDJ.asm

```
data    segment
p55a    equ 288h                    ;8255 a port output
p55c    equ 28ah                    ;8255 c port input
p55ctl  equ 28bh                    ;8255 coutrl port
buf     db 0
mes     db 'k0-k6 are speed contyol',0ah,0dh
db      'k6 is the lowest speed ',0ah,0dh
db      'k0 is the highest speed',0ah,0dh
db      'k7 is the direction control',0ah,0dh,'$'
data ends
code segment
assume cs:code,ds:data
start:
        mov   ax,cs
        mov   ds,ax
        mov   ax,data
        mov   ds,ax
        mov   dx,offset mes
        mov   ah,09
        int   21h
        mov   dx,p55ctl
        mov   al,8bh
        out   dx,al                 ;8255 c input, a output
        mov   buf,33h
out1:   mov   al,buf
        mov   dx,p55a
        out   dx,al
        push  dx
        mov   ah,06h
        mov   dl,0ffh
        int   21h                   ;any key pressed
```

```
        pop   dx
        je    in1
        mov   ah,4ch
        int   21h
in1:    mov   dx,p55c
        in    al,dx                          ;input switch value
        test  al,01h
        jnz   k0
        test  al,02h
        jnz   k1
        test  al,04h
        jnz   k2
        test  al,08h
        jnz   k3
        test  al,10h
        jnz   k4
        test  al,20h
        jnz   k5
        test  al,40h
        jnz   k6
stop:   mov   dx,p55a
        mov   al,0ffh
        jmp   out1
k0:     mov   bl,10h
sam:    test  al,80h
        jz    zx0
        jmp   nx0
k1:     mov   bl,18h
        jmp   sam
k2:     mov   bl,20h
        jmp   sam
k3:     mov   bl,40h
        jmp   sam
k4:     mov   bl,80h
        jmp   sam
k5:     mov   bl,0c0h
        jmp   sam
k6:     mov   bl,0ffh
        jmp   sam
zx0:    call  delay
        mov   al,buf
        ror   al,1
        mov   buf,al
        jmp   out1
```

```
nx0:    call  delay
        mov   al,buf
        rol   al,1
        mov   buf,al
        jmp   out1
        delay proc near
delay1: mov   cx,05a4h
        103
delay2: loop  delay2
        dec   bl
        jnz   delay1
        ret
delay   endp
code ends
end start
```

VC++ 语言参考程序：BJDJ. asm

```
#include<stdio.h>
#include<conio.h>
#include "..\\ApiEx.h"
#pragma comment(lib,"..\\ApiEx.lib")
void main()
{
    BYTE data;
    int buf=0x33,d;
    printf("Press any key to begin!\n\n");
    getch();
    printf("press any key to return! \n");
    if(!Startup())
    {
        printf("ERROR: Open Device Error!\n");
        return;
    }
    PortWriteByte(0x28b,0x8b);
    while(!kbhit())
    {
        PortReadByte(0x28a,&data);
        if(data & 1)d=400;
        else if(data & 2)d=200;
        else if(data & 4)d=100;
        else if(data & 8)d=80;
        else if(data & 16)d=40;
        else if(data & 32)d=20;
        else if(data & 64)d=10;
```

```
        else d=0;
        if(d !=0)
        {
            Sleep(d);
            if(data & 128)
                buf=((buf&1)<<7)|(buf>>1);
            else
                buf=((buf&128)>>7)|(buf<<1);
            PortWriteByte(0x288,buf);
        }
        else
            PortWriteByte(0x288,0xff);
    }
    Cleanup();
}
```

综合实验7 参考程序

汇编语言参考程序：ZLDJ.asm

```
data    segment
port1   equ 290h
port2   equ 28bh
port3   equ 28ah
buf1    dw ?
buf2    dw ?
data ends
code segment
assume cs:code,ds:data
start:
        mov   ax,data
        mov   ds,ax
        mov   dx,port2
        mov   al,8bh
        out   dx,al                     ;8255 port c input
lll:    mov   al,80h
        mov   dx,port1
        out   dx,al                     ;d/a output 0v
        push  dx
        mov   ah,06h
        mov   dl,0ffh
        int   21h
        pop   dx
        je    intk                      ;not any key jmp intk
```

```
        mov   ah,4ch
        int   21h                  ;exit to dos
intk:   mov   dx,port3
        in    al,dx                ;read switch
        test  al,01h
        jnz   k0
        test  al,02h
        jnz   k1
        test  al,04h
        jnz   k2
        test al,08h
        jnz   k3
        test  al,10h
        jnz   k4
        test  al,20h
        jnz   k5
        jmp   lll
k0:     mov   buf1,0400h
        mov   buf2,0330h
delay:  mov   cx,buf1
delay1: loop  delay1
        mov   al,0ffh
        mov   dx,port1
        out   dx,al
        mov   cx,buf2
delay2: loop  delay2
        jmp   lll
k1:     mov   buf1,0400h
        mov   buf2,0400h
        jmp   delay
k2:     mov   buf1,0400h
        mov   buf2,0500h
        jmp   delay
k3:     mov   buf1,0400h
        mov   buf2,0600h
        jmp   delay
k4:     mov   buf1,0400h
        mov   buf2,0700h
        jmp   delay
k5:     mov   buf1,0400h
        mov   buf2,0800h
        jmp   delay
code ends
end start
```

VC++语言参考程序：ZLDJ.cpp

```
#include<stdio.h>
#include<conio.h>
#include "..\\ApiEx.h"
#pragma comment(lib,"..\\ApiEx.lib")
void main()
{
    BYTE data;
    int d;
    printf("Press any key to begin!\n\n");
    getch();
    printf("press any key to return!\n");
    if(!Startup())
    {
        printf("ERROR: Open Device Error!\n");
        return;
    }
    PortWriteByte(0x28b,0x8b);
    while(!kbhit())
    {
        PortWriteByte(0x290,0x80);
        PortReadByte(0x28a,&data);
        if(data & 1)d=15;
        else if(data & 2)d=25;
        else if(data & 4)d=35;
        else if(data & 8)d=50;
        else if(data & 16)d=70;
        else if(data & 32)d=80;
        else d=0;
        Sleep(200);
        PortWriteByte(0x290,0xff);
        Sleep(d);
    }
    Cleanup();
}
```

综合实验8 参考程序

汇编语言参考程序1：JPXSH1.asm

```
port0   equ 2b0h                          ;8279 data port
port1   equ 2b1h                          ;8279 ctrl port
data    segment
sec1    db 0                              ;hour hight
```

```
sec2    db 0                                ;houp low
min1    db 0                                ;min hight
min2    db 0                                ;min low
hour1   db 0                                ;sec hight
hour2   db 0                                ;sec low
led     db 3fh,06,5bh,4fh,66h,6dh,7dh,07,7fh,6fh,77h,7ch,39h,5eh,79h
        db 71h,67h,37h,73h,31h,3eh,36h,66h
data    ends
code    segment
main    proc far
assume cs:code,ds:data
start:
        cli
        mov   ax,data
        mov   ds,ax
        mov   sec1,0
        mov   sec2,0
        mov   min1,0
        mov   min2,0
        mov   hour1,0
        mov   hour2,0
        mov   dx,port1
        mov   al,0d3h
        out   dx,al                         ;8279 clear
        mov   al,2ah
        out   dx,al                         ;8279 clock
        mov   al,40h
        out   dx,al                         ;read fifo ram command
        mov   al,00h
        out   dx,al                         ;keybord disply mode
        mov   al,80h
        out   dx,al                         ;write ram command
key1:   call  key2                          ;call keybord and disply
next2:  mov   hour2,al
        mov   hour1,al
        mov   min2,al
        mov   min1,al
        mov   sec2,al
        mov   sec1,al
        push  ax
        mov   ah,1
        int   16h
        jne   toexit
lp0:    pop   ax
```

```
        cmp   al,13h                        ;'r' command
        jnz   lp1
toexit: mov   ax,4c00h                      ;quit to dos
        int   21h
lp1:    jmp   key1
        main endp
        key2 proc near
        mov   dx,port1
        mov   al,0d1h
        out   dx,al                         ;clear display
wrep:   call  disp
        mov   dx,port1
        in    al,dx
        and   al,07h
        jz    wrep
keyn:   mov   dx,port0
        in    al,dx
        mov   bl,al
        and   al,07h
        and   bl,38h
        mov   cl,03
        shr   bl,cl
        cmp   bl,00h
        jnz   line1
        add   al,08h
        jmp   quit1
line1:  cmp   bl,01h
        jnz   line2
        jmp   quit1
line2:  add   al,10h
quit1:  ret
        key2 endp
        disp proc  near
        push cx
        mov   ax,data
        mov   ds,ax
        mov   dx,port1
        mov   al,90h
        out   dx,al
        mov   si,offset sec1
        mov   cx,0006
        mov   bx,offset led
disp1:  cld
        lodsb
```

```
        xlat
        mov   dx,port0
        out   dx,al
        loop  disp1
        pop   cx
        ret
        disp  endp
code    ends
end     start
```

汇编语言参考程序 2：JPXSH.asm

```
inta00  equ 20h                              ;8259a port,口地址
inta01  equ 21h                              ;8259a port,口地址
port0   equ 2b0h                             ;8279 data port,8279数据口
port1   equ 2b1h                             ;8279 ctrl port,8279控制口
time0   equ 280h                             ;8253 time0 port,8253定时器 0 口地址
time1   equ 281h                             ;8253 time1 port,8253定时器 1 口地址
timec   equ 283h                             ;8253 ctrl port,8253控制口地址
stacks  segment stack
sta     dw 512 dup(?)
top     equ length sta
stacks  ends
data    segment
csreg   dw ?
ipreg   dw ?
irq_times dw 00h
buf     db 0                                 ;count,计数单元
sign    db 0                                 ;flage,计数标志
sec1    db 0                                 ;hour hight,秒高位
sec2    db 0                                 ;houp low,秒低位
min1    db 0                                 ;min hight,分高位
min2    db 0                                 ;min low,分低位
hour1   db 0                                 ;sec hight,时高位
hour2   db 0                                 ;sec low,时低位
err1    db 0                                 ;error flage,出错标志
hms     db 0                         ;00 is hour,11 is min,22 is sec,预置时、分、秒标志
led     db 3fh,06,5bh,4fh,66h,6dh,7dh,07,7fh,6fh,79h,40h
mes     db 'pleas first create the irq pulse!',0ah,0dh,0ah,0dh
        db 'in small keybord:',0ah,0dh
        db 'c--clear to zero;g--go ahead',0ah,0dh
        db 'd--stop the disply;e--exit',0ah,0dh
        db 'p--position the beginning time',0ah,0dh,'$'
data ends
code segment
```

```
main proc far
assume cs:code,ds:data,ss:stacks,es:data
start:  cli
        mov    ax,data
        mov    ds,ax
        mov    buf,0
        mov    sign,01
        mov    sec1,0
        mov    sec2,0
        mov    min1,0
        mov    min2,0
        mov    hour1,0
        mov    hour2,0
        mov    err1,0
        mov    dx,timec                       ;8253初始化
        mov    al,36h
        out    dx,al
        mov    dx,time0
        mov    ax,1000
        out    dx,al
        mov    al,ah
        out    dx,al
        mov    dx,timec
        mov    al, 74h
        out    dx,al
        mov    ax,100
        mov    dx,time1                       ;定时器1每0.1s中断一次
        out    dx,al
        mov    al,ah
        out    dx,al
        mov    ax,stacks
        mov    ss,ax
        mov    sp,top
        mov    ax,data
        mov    ds,ax
        mov    es,ax
        mov    dx,offset mes
        mov    ah,09
        int    21h
        mov    ax,cs
        mov    ds,ax
        mov    dx,offset int_proc
        mov    ax,250bh
        int    21h
```

```
        in    al,21h
        and   al,0f7h

        out   21h,al
        mov   dx,port1
        mov   al,0d3h
        out   dx,al                      ;8279 clear,清零
        mov   al,2ah
        out   dx,al                      ;8279 clock,置时钟命令
        mov   al,40h
        out   dx,al                      ;read fifo ram command,fifo ram 命令
        mov   al,00h
        out   dx,al                      ;keybord disply mode,置键盘显示模式
        mov   al,80h
        out   dx,al                      ;write ram command,写 ram 命令
        sti
key1:   call  key2                       ;call keybord and disply,调键盘显示子命令
        cmp   hour2,0ah                  ;err flage
        jz    next2
next1:  cmp   al,0ch                     ;'c' command,'c'命令否
        jnz   lp0
next2:  mov   sign,00h
        mov   hour2,00h
        mov   hour1,00h
        mov   min2,00h
        mov   min1,00h
        mov   sec2,00h
        mov   sec1,00h
lp0:    cmp   al,0eh                     ;'e' command,'e'命令退出程序
        jnz   lp1
        mov   sign,00h
        jmp   exit
lp1:    cmp   al,10h                     ;'g' command,'g'命令否
        jnz   lp2
        mov   sign,01h
        jmp   key1
lp2:    cmp   al,0dh                     ;'d' command,'d'命令否
        jnz   seti
        mov   sign,00h
key3:   jmp   key1
seti:   cmp   al,12h                     ;'p' command,'p'命令否

        jnz   key1
        mov   sign,00h                   ;add 1 flage,'00'为预置时标志
```

```
        mov   hms,00h                   ;hour flage
        call  high0
        cmp   err1,01h
        jz    key3
        call  low0
        cmp   err1,01h
        jz    key3
        mov   hms,11h                   ;min flage,'11'为预置分标志
        call  high0
        cmp   err1,01h
        jz    key3
        call  low0
        cmp   err1,01h
        jz    key3
        mov   hms,22h                   ;sec flage,'22'为预置秒标志
        call  high0
        cmp   err1,01h
        jz    key3
        call  low0
        jmp   key1
exit:   in    al,21h                    ;关中断 IRQ3
        or    al,08h
        out   21h,al
        sti
        mov   ax,4c00h
        int   21h
        main  endp
int_proc proc far
        cli
        push  ax
        push  bx
        push  cx
        push  dx
        push  si
        push  di
        push  ds
        cmp   sign,00                   ;sign is add 1 flage,是否允许计数
        jz    endt1
        inc   buf                       ;buf is count,计数单元加 1
        cmp   buf,10
        jl    endt
        mov   buf,0
        inc   sec1
        cmp   sec1,10
```

```
        jl    endt
        mov   sec1,0
        inc   sec2
        cmp   sec2,6
        jl    endt
        mov   sec2,0
        inc   min1
        cmp   min1,10
        jl    endt
        mov   min1,0
        inc   min2
        cmp   min2,6
        jl    endt
        mov   min2,0
        inc   hour1
        cmp   hour2,2
        jl    hh
        cmp   hour1,4
        jl    endt
        mov   hour1,0
        mov   hour2,0
endt1:  jmp   endt
hh:     cmp   hour1,10
        jl    endt
        mov   hour1,0
        inc   hour2
endt:   mov   al,20h                        ;send EOI
        mov   dx,inta00
        out   dx,al
        mov   cx,0ffffh
loopx:  nop
        loop  loopx                         ;延时

        pop   ds
        pop   di
        pop   si
        pop   dx
        pop   cx
        pop   bx
        pop   ax
        mov   al,20h
        out   20h,al
        iret
int_proc endp
```

```
key2 proc near
        mov   dx,port1
        mov   al,0d1h
        out   dx,al                          ;clear display,清显示
wrep:   call  disp                           ;调显示子程序
        mov   dx,port1
        in    al,dx
        and   al,07h
        jz    wrep
keyn:   mov   dx,port0                       ;读状态
        in    al,dx
        mov   bl,al
        and   al,07h
        and   bl,38h
        mov   cl,03
        shr   bl,cl
        cmp   bl,00h                         ;是否第一行键
        jnz   line1
        add   al,08h
        jmp   quit1
line1:  cmp   bl,01h
        jnz   line2                          ;是否第二行键
        jmp   quit1
line2:  add   al,10h
quit1:  ret
key2    endp
disp proc near
        push  cx

        mov   ax,data
        mov   ds,ax
        mov   dx,port1
        mov   al,90h
        out   dx,al
        mov   si,offset sec1
        mov   cx,0006
        mov   bx,offset led
disp1:  cld
        lodsb
        xlat
        mov   dx,port0
        out   dx,al
        loop  disp1
        pop   cx
```

```
        ret
disp    endp
errs    proc  near
        mov   hour2,0ah
        mov   hour1,0bh                          ;error
        mov   min2,0bh                           ;disply 'E-----'显示出错标志
        mov   min1,0bh
        mov   sec2,0bh
        mov   sec1,0bh
        mov   err1,01h                           ;err flage,标记出错
        ret
errs    endp
high0   proc  near
        call  key2
        mov   err1,00
        cmp   hms,00h                            ;hms is hour min sc flage,预置时、分、秒
        jnz   min0
        cmp   al,02h                             ;00 is hour,预置时
        jg    error                              ;11 is min,预置分
        mov   hour2,al                           ;22 is sec,预置秒
        jmp   hqut1
min0:   cmp   hms,11h
        jnz   sec0
        cmp   al,05h

        jg    error
        mov   min2,al
        jmp   hqut1
sec0:   cmp   al,05h
        jg    error
        mov   sec2,al
hqut1:  ret
error:  call  errs
        ret
high0   endp
low0    proc  near
        call  key2                               ;get hour min sec low,预置时、分、秒低位
        mov   err1,00
        cmp   hms,00h
        jnz   min3
        mov   dl,hour2
        cmp   dl,01
        jg    hour3
        cmp   al,09h
```

```
        jg    error
        mov   hour1,al
        jmp   lqut1
hour3:  cmp   al,03h
        jg    error
        mov   hour1,al
        jmp   lqut1
min3:   cmp   hms,11h
        jnz   sec3
        cmp   al,09h
        jg    error
        mov   min1,al
        jmp   lqut1
sec3:   cmp   al,09h
        jg    error
        mov   sec1,al
lqut1:  ret
low0 endp
code ends
end  start
```

VC++语言参考程序1：JPXSH1.cpp

```
#include<stdio.h>
#include<conio.h>
#include "..\\ApiEx.h"
#pragma comment(lib,"..\\ApiEx.lib")
#define ioport 0x2b0                                  //8279数据口
#define ioport1 0x2b1                                 //8279控制口
int led[]={0x3F,0x06,0x5B,0x4F,0x66,0x6D,0x7D,0x07,0x7F,0x6F,0x77,0x7C,0x39,
0x5E,0x79,0x71,0x67,0x37,0x73,0x31,0x3E,0x36,0x66,0x80};
int keyin=0;
void key();
void disp();
void main()
{
    if(!Startup())
    {
        printf("ERROR: Open Device Error!\n");
    return;
    }
    printf("Press small keybord,'R' is exit!\n");
    PortWriteByte(ioport1,0xd3);
    PortWriteByte(ioport1,0x2a);
    PortWriteByte(ioport1,0x40);
```

```
    PortWriteByte(ioport1,0x00);
    PortWriteByte(ioport1,0x80);
    do{
        key();
      }while(!(keyin==0x13));
    Cleanup();
}
void key()
{
    BYTE data;
    PortWriteByte(ioport1,0xd1);
    Sleep(100);
    do{
        disp();
        PortReadByte(ioport1,&data);
    }while(!(data&0x07));
    PortReadByte(ioport,&data);
    keyin=data & 0x07;
    data=data & 0x38;
    data>>=3;
    if(data==0)
        keyin=keyin+0x08;
    else if(data!=1)
        keyin=keyin+0x10;
}
void disp()
{
    int i;
    PortWriteByte(ioport1,0x90);
    for(i=0;i<6;i++)
    {
        PortWriteByte(ioport,led[keyin]);
    }
}
```

VC++ 语言参考程序 2：JPXSH. cpp

```
#include <stdio.h>
#include <conio.h>
#include "..\\ApiEx.h"
#pragma comment(lib,"..\\ApiEx.lib")
#define ioport 0x2b0
#define ioport1 0x2b1
#define time 0x280
#define time1 0x281
```

```
#define timec 0x283
int buf=0;
int sign=1;
int sec1=0,sec2=0;
int min1=0,min2=0;
int hour1=0,hour2=0;
int err1=0;
int hms;
int led[]=0x3F,0x06,0x5B,0x4F,0x66,0x6D,0x7D,0x07,0x7F,0x6F,0x77,0x7C,0x39,
0x5E,0x79,0x71,0x67,0x37,0x73,0x31,0x3E,0x36,0x66,0x80,0x40};
int keyin=0;
void key();
void disp();
void high();
void low();
void int_proc();
void error();
void main()
{
    printf("Press any key to begin!\n\n");
    getch();
    printf("Press small keybord:\n");
    printf("C--CLEAR TO ZERO;\n");
    printf("G--GO AHEAD\n");
    printf("D--STOP THE DISPLY;\n");
    printf("P--POSITION THE BEGINNING TIME\n");
    printf("E--EXIT\n");
    if(!Startup())
    {
        printf("ERROR: Open Device Error!\n");
        return;
    }
    PortWriteByte(timec,0x36);
    PortWriteByte(time,1000%256);
    PortWriteByte(time,1000/256);
    PortWriteByte(timec,0x74);
    PortWriteByte(time1,100%256);
    PortWriteByte(time1,100/256);
    PortWriteByte(ioport1,0xd3);
    PortWriteByte(ioport1,0x2a);
    PortWriteByte(ioport1,0x40);
    PortWriteByte(ioport1,0x00);
    PortWriteByte(ioport1,0x80);
    RegisterLocalISR(int_proc);
```

```
EnableIntr();
do{
    key();
    if((hour2==0x0a)|(keyin==0x0c))
    {
        sign=0;
        hour2=0;
        hour1=0;
        min2=0;
        min1=0;
        sec2=0;
        sec1=0;
    }
    if(keyin==0x10)
    {
        sign=0x01;
    }else if(keyin==0x0d)
    {
        sign=0x00;
    }else if(keyin==0x12)
    {
        sign=0x00;
        hms=0x00;
        high();
        if(err1!=0x01)
        {
            low();
            if(err1!=0x01)
            {
                hms=0x11;
                high();
                if(err1!=0x01)
                {
                    low();
                    if(err1!=0x01)
                    {
                        hms=0x22;
                        high();
                        if(err1!=0x01)
                        {
                            low();
                        }
                    }
                }
```

```
                }
            }
        }
    }while(!(keyin==0x0e));
    DisableIntr();
    Cleanup();
}
void int_proc()
{
    if(sign!=0)
    {
        buf++;
        if(buf==10)
        {
            buf=0;
            sec1++;
            if(sec1==10)
            {
                sec1=0;
                sec2++;
                if(sec2==6)
                {
                    sec2=0;
                    min1++;
                    if(min1==10)
                    {
                        min1=0;
                        min2++;
                        if(min2==6)
                        {
                            min2=0;
                            hour1++;
                            if((hour1==4)&(hour2==2))
                            {
                                hour2=0;
                                hour1=0;
                            }
                            if(hour1==10)
                            {
                                hour1=0;
                                hour2++;
                            }
                        }
                    }
```

```
                }
            }
        }
    }
}
void key()
{
    BYTE data;
    PortWriteByte(ioport1,0xd1);
    Sleep(100);
    do{
        disp();
        PortReadByte(ioport1,&data);
      }while(!(data&0x07));
    PortReadByte(ioport,&data);
    keyin=data & 0x07;
    data=data & 0x38;
    data>>=3;
        if(data==0)
            keyin=keyin+0x08;
        else if(data!=1)
            keyin=keyin+0x10;
}
void disp()
{
    PortWriteByte(ioport1,0x90);
    Sleep(100);
    PortWriteByte(ioport,led[sec1]);
    PortWriteByte(ioport,led[sec2]);
    PortWriteByte(ioport,led[min1]);
    PortWriteByte(ioport,led[min2]);
    PortWriteByte(ioport,led[hour1]);
    PortWriteByte(ioport,led[hour2]);
}
void high()
{
    key();
    err1=00;
    if(hms==0x00)
    {
        if(keyin<=0x02)
        {
            hour2=keyin;
        }else
```

```
            {
                error();
            }
        }else if(hms==0x11)
        {
            if(keyin<=0x05)
            {
                min2=keyin;
            }else
            {
                error();
            }
        }else if(keyin<=0x05)
        {
            sec2=keyin;
        }else
        {
            error();
        }
    }
    void error()
    {
        err1=0x01;
        hour2=0x0e;
        hour1=0x18;
        min2=0x18;
        min1=0x18;
        sec2=0x18;
        sec1=0x18;
    }
    void low()
    {
        key();
        err1=00;
        if(hms==0x00)
        {
        if(((keyin<=0x09)&(hour2==0))|((keyin<=0x09)&(hour2==1))|
                    ((keyin<=0x03)&(hour2==2)))
            {
                hour1=keyin;
            }else
            {
                error();
            }
```

```
    }else if(hms==0x11)
    {
        if(keyin<=0x09)
        {
            min1=keyin;
        }else
        {
            error();
        }
    }else if(keyin<=0x09)
    {
        sec1=keyin;
    }else
    {
        error();
    }
}
```

综合实验 9 参考程序

汇编语言参考程序：MEMRWEX.asm

```
data segment
message db 'please enter a key to show the contents! ',0dh,0ah, '$'
data ends
code segment
assume cs:code,ds:data,es:data
start:
        mov   ax,data
        mov   ds,ax
        mov   ax,0d000h
        mov   es,ax
        mov   bx,06000h
        mov   cx,100h
        mov   dx,40h
rep1:   inc   dl
        mov   es:[bx],dl
        inc   bx
        cmp   dl,5ah
        jnz   ss1
        mov   dl,40h
ss1:    loop  rep1
        mov   dx,offset message
        mov   ah,09
```

```
        int   21h
        mov   ah,01h
        int   21h
        mov   ax,0d000h
        mov   es,ax
        mov   bx,06000h
        mov   cx,0100h
rep2:   mov   dl,es:[bx]
        mov   ah,02h
        int   21h
        inc   bx
        loop  rep2
        mov   ax,4c00h
        int   21h
code ends
end start
```

VC++ 语言参考程序：MEMRWEX. cpp

```
#include<stdio.h>
#include<conio.h>
#include "..\\ApiEx.h"
#pragma comment(lib,"..\\ApiEx.lib")
int Memrw()
{
    int addr;
    BYTE b;
    BYTE alpha='A';
    for(addr=0,alpha='A';addr <0x100;addr ++)
    {
        MemWriteByte(addr+0x2000, alpha++);
        if(alpha>'Z')
        {
            alpha='A';
        }
    }
    Sleep(100);
    printf("please enter a key to show the content of mem!\n");
    getch();
    for(addr=0;addr <0x100;addr++)
    {
    MemReadByte(addr+0x2000, &b);
    printf("%c ",b);
    if((addr+1)%16==0)printf("\n");
    }
```

```
    if(addr !=0x200)return 0;
    return 1;
}
void main()
{
    if(!Startup())
    {
        printf("ERROR: Open Device Error!\n");
        return;
    }
    Memrw();
    Cleanup();
}
```

综合实验 10　参考程序

汇编语言参考程序 1：LED 点阵逐行逐列显示程序 11588-1.asm

```
proth equ 280h
protlr equ 288h
protly equ 290h
data segment
mess    db 'strike any key,return to dos! ',0ah,0dh, '$'
count   db 07
count1  dw 0000
buff    db 24h,22h,3bh,2ah,0feh,2ah,2ah,22h
data ends
code segment
assume cs:code,ds:data
start:
        mov   ax,data
        mov   ds,ax
        mov   dx,offset mess
        mov   ah,09
        int   21h                         ;显示提示信息
agn:    mov   al,0ffh
        mov   dx,proth
        out   dx,al
        mov   ah,01
        mov   cx,0008h
agn1:   shl   ah,01
        mov   dx,protlr
        mov   al,ah
        out   dx,al                       ;红行亮
```

```
        push cx
        mov  cx,0030h
d5:     call delay1
        loop d5
        pop  cx
        loop agn1
        mov  ah,01
        int  16h
        jnz  a2
        mov  ah,01
        mov  cx,0008h
agn2:   mov  dx,protly
        mov  al,ah
        out  dx,al
        push cx
        mov  cx,0030h                       ;黄行亮
d4:     call delay1
        loop d4
        pop  cx
        shl  ah,01
        loop agn2
        mov  ah,01
        int  16h
        jnz  a2
        mov  al,0ffh
        mov  dx,protlr
        out  dx,al                          ;红列亮
        mov  ah,01
        mov  cx,0008h
agn3:   mov  dx,proth
        mov  al,ah
        out  dx,al
        push cx
        mov  cx,0030h
d2:     call delay1
        loop d2
        pop  cx
        shl  ah,01
        loop agn3
        mov  al,00h
        mov  dx,protlr
        out  dx,al
        mov  ah,01
        int  16h
```

```
        jnz   a2
        mov   al,0ffh
        mov   dx,protly
        out   dx,al                          ;黄列亮
        mov   ah,01
        mov   cx,0008h
agn4:   mov   dx,proth
        mov   al,ah
        out   dx,al
        push  cx
        mov   cx,0030h
d1:     call  delay1
        loop  d1
        pop   cx
        shl   ah,01
        loop  agn4
        mov   ah,01
        int   16h
        jnz   a2
        jmp   agn
delay1  proc  near                           ;延迟子程序
        push  cx
        mov   cx,4000h
ccc:    loop  ccc
        pop   cx
        ret
delay1  endp
a2:     mov   ah,4ch                         ;返回
        int   21h
code ends
end  start
```

汇编语言参考程序 2：LED 点阵显示“年”字程序 11588-2.asm

```
proth   equ 280h
protlr  equ 288h
protly  equ 290h
data    segment
mess    db 'Strike any key,return to DOS!',0AH,0DH,'$'
min1    db 00h,01h,02h,03h,04h,05h,06h,07h
count   db 0
buff    db 44h,54h,54h,7fh,54h,0dch,44h,24h
data ends
code segment
assume cs:code,ds:data
```

```
start:  mov   ax,data
        mov   ds,ax
        mov   dx,offset mess
        mov   ah,09
        int   21h                          ;显示提示信息
agn:    mov   cx,80h
d2:     mov   ah,01h
        push  cx
        mov   cx,0008h
        mov   si,offset min1
next:   mov   al,[si]
        mov   bx,offset buff
        xlat                               ;得到第一行码
        mov   dx,proth
        out   dx,al
        mov   al,ah
        mov   dx,protlr
        out   dx,al                        ;显示第一行红
        shl   ah,01
        inc   si
        push  cx
        mov   cx,8fffh
delay2: loop  delay2                       ;延时
        pop   cx
        loop  next
        pop   cx
        call  delay
        loop  d2
        mov   al,00
        mov   dx,protlr
        out   dx,al
        mov   ah,01                        ;有无键按下
        int   16h
        jnz   a2
agn1:   mov   cx,80h                       ;agn1为显示黄色
d1:     mov   si,offset min1
        mov   ah,01
        push  cx
        mov   cx,0008h
next1:  mov   al,[si]
        mov   bx,offset buff
        xlat
        mov   dx,proth
        out   dx,al
```

```
        mov   al,ah
        mov   dx,protly
        out   dx,al
        shl   ah,01
        inc   si
        push  cx
        mov   cx,8fffh
delay1: loop  delay1
        pop   cx
        loop  next1
        pop   cx
        call  delay
        loop  d1
        mov   al,00
        mov   dx,protly
        out   dx,al
        mov   ah,01
        int   16h
        jnz   a2
        jmp   agn                          ;黄色红色交替显示
delay   proc  near                         ;延迟子程序
        push  cx
        mov   cx,0ffffh
ccc:    loop  ccc
        pop   cx
        ret
        delay endp
a2:     mov   ah,4ch
        int   21h                          ;返回
code ends
end start
```

VC++ 语言参考程序 1：LED 点阵逐行逐列显示程序 11588-1. cpp

```
#include<stdio.h>
#include<conio.h>
#include "..\\ApiEx.h"
#pragma comment(lib,"..\\ApiEx.lib")

#define porth 0x280                        //行
#define portlr 0x288                       //红列
#define portly 0x290                       //黄列
void main()
{
   if(!Startup())                          //打开设备
```

```
    {
        printf("ERROR: Open Device Error!\n");
        return;
    }
while(!kbhit())
{
    int ah=0x01;                                    //红行亮
    for(int c1=0;c1<8;c1++)
    {
        PortWriteByte(porth,0xff);
        PortWriteByte(portlr,ah);
        Sleep(50);
        ah=ah<<1;
    }
    PortWriteByte(portlr,0x00);
    ah=0x01;                                        //黄行亮
    for(int c2=0;c2<8;c2++)
    {
        PortWriteByte(porth,0xff);
        PortWriteByte(portly,ah);
        Sleep(50);
        ah=ah<<1;
    }
    PortWriteByte(portly,0x00);
    ah=0x01;                                        //红列亮
    for(int c3=0;c3<8;c3++)
    {
    PortWriteByte(portlr,0xff);
        PortWriteByte(porth,ah);
        Sleep(50);
        ah=ah<<1;
        }
    PortWriteByte(portlr,0x00);
        ah=0x01;                                    //黄列亮
    for(int c4=0;c4<8;c4++)
    {
        PortWriteByte(portly,0xff);
        PortWriteByte(porth,ah);
        Sleep(50);
        ah=ah<<1;
    }
    PortWriteByte(portly,0x00);
}
Cleanup();
```

```
}
```

VC++ 语言参考程序 2：LED 点阵显示“年”字程序 11588-2. cpp

```
#include<stdio.h>
#include<conio.h>
#include "..\\ApiEx.h"
#pragma comment(lib,"..\\ApiEx.lib")
#define porth 0x280
#define portlr 0x288
#define portly 0x290
unsigned int buff[]={0x44,0x54,0x54,0x7f,0x54,0x0dc,0x44,0x24};
void main()
{
    if(!Startup())                              //开启设备
    {
        printf("ERROR: Open Device Error!\n");
        return;
    }
while(!kbhit())
{
for(int count1=10;count1>=0;count1--)  //显示红色"年字"
    {
        int ah=0x01;
        for(int c0=0;c0<8;c0++)
        {
        PortWriteByte(porth,buff[c0]);
        PortWriteByte(portlr,ah);
        Sleep(2);
        PortWriteByte(portlr,0x00);
        ah=ah<<1;
        }
        PortWriteByte(portlr,0x00);
    }
for(int count2=10;count2>=0;count2--)  //显示黄色"年字"
    {
        int al=0x01;
        for(int c1=0;c1<8;c1++)
        {
        PortWriteByte(porth,buff[c1]);
        PortWriteByte(portly,al);
        Sleep(2);
        PortWriteByte(portly,0x00);
        al=al<<1;
        }
```

```
        PortWriteByte(portly,0x00);
    }
}
Cleanup();
}
```

综合实验 11　参考程序

汇编语言参考程序：E8250.asm

```
data segment
port equ 2b8h
port1 equ 2b9h
port3 equ 2bbh
port5 equ 2bdh
mes db 'you can play a key on the keyboard!',0ah,0dh
    db 'esc quit to dos!',0ah,0dh,'$'
data ends
code segment
assume cs:code,ds:data
start:
        mov   ax,data
        mov   ds,ax
        mov   al,80h
        mov   dx,port3
        out   dx,al
        mov   al,13                    ;set light divisor
        mov   dx,port
        out   dx,al
        mov   al,00                    ;set low divisor 9600 boud
        mov   dx,port1
        out   dx,al
        mov   al,00011011b             ;8 bits 1 stop
        mov   dx,port3
        out   dx,al
        mov   al,00h
        mov   dx,port1
        out   dx,al                    ;interrupt enable all off
        mov   dx,offset mes
        mov   ah,09h
        int   21h
waiti:  mov   dx,port5
        in    al,dx                    ;get line status
        and   al,20h
```

```
        test  al,20h
        jz    waiti
        mov   ah,01
        int   21h
        cmp   al,27
        jz    exit
        mov   dx,port
        inc   al
        out   dx,al
        mov   cx,10h
s50:    loop  s50
next:   mov   dx,port5
        in    al,dx
        and   al,01
        test  al,01
        jz    next
        mov   dx,port
        in    al,dx
        mov   dl,al
        mov   ah,02
        int   21h
        jmp   waiti
exit:   mov   ah,4ch
        int   21h
code ends
end start
```

VC++ 语言参考程序：

E8250. cpp

```
#include<stdio.h>
#include<conio.h>
#include "..\\ApiEx.h"
#pragma comment(lib,"..\\ApiEx.lib")
#define ioport 0x2b8
void main()
{
    BYTE data;
    if(!Startup())
    {
        printf("ERROR: Open Device Error!\n");
        return;
    }
    PortWriteByte(ioport+3,0x80);
    Sleep(1*100);
```

```
        PortWriteByte(ioport,0x0d);
        Sleep(1*100);
        PortWriteByte(ioport+1,0x00);
        Sleep(1*100);
        PortWriteByte(ioport+3,0x1b);
        Sleep(1*100);
        PortWriteByte(ioport+1,0x00);
        Sleep(1*100);
        printf("You can play a key on the keybort!ESC is exit!\n");
        for(;;)
        {
            do{
            PortReadByte(ioport+5,&data);
            }while(!(data & 0x20));
            data=getch();
            if(data==0x1b)exit(0);
            putchar(data);
            PortWriteByte(ioport,data+1);
            Sleep(1*100);
            do{
                PortReadByte(ioport+5,&data);
            }while(!(data & 0x01));
        PortReadByte(ioport,&data);
        putchar(data);
        }
        Cleanup();
    }
```

综合实验12 参考程序

汇编语言参考程序：JC.asm

```
data     segment
i08255a equ 288h
i08255b equ 28ah
i08255c equ 28bh
se       db 00000000b                        ;检测时发送的数据
         db 01010101b
         db 10101010b
         db 11111111b
ac0      db 00001111b                        :74LS001确时检测时接收的数据
         db 00001111b
         db 00001111b
         db 00000000b
```

```
outbuf  db 'THE CHIP IS OK',07h,0ab,0dh,'$'
news    db 'THE CHIP IS BAD',07h,0ah,0dh,'$'
data ends
code segment
assume cs:code,ds:code
start:
        mov  ax,data
        mov  ds.ax
        mov  dx,i08255c                  ;对 8255 进行初始化编程
        mov  al,89h                      ;使 A 口输出,C 口输入
        out  dx,al
        moy  di,offset ac0               ;DI 中存放接收数据的缓冲区首址
        mov  si,offset se                ;SI 中存放发收数据的缓冲区首址
        mov  cx,05h                      ;发送四个字节
again:  dec  cx
        jz   exit                        ;如果四个数值都相等,则显示提示信息
        mov  dx.io8255a
        mov  al,[si]
        mov  bl。[di]
        out  dx,al                       ;发送数据
        inc  si
        inc  di
        mov  dx,io8255b
        in   al.dx                       ;读芯片的逻辑输出
        and  al,Ofh
        cmp  al,bl
        je   again                       ;若正确就继续
error:  mov  dx,offset news              ;若有错,芯片有问题
        mov  ah,09h                      :显示错误的提示信息
        int  21h
        jmp  ppp
exit:   mov  dx.offset outbuf            :显示正确的提示信息
        mov  ah,09h
        int  21h
ppp:    mov  ah,4ch                      :返回
        int  21h
code  ends
end  start
```

VC++ 语言参考程序：JC. cpp

```
#include<stdio.h>
#include<conio.h>
#include" . . \\ApiEx.h"
#pragma comment(lib,"..\\ApiEx.lib")
```

```
void main0
{
    int I;
    BYTE data;
    int send[4]=(0xff,0xaa,0x55,0x0};
    int reci[4]=(0x0,0xf,0xf,0xf};
    if(!Startup())
    {
          printf("ERROR:Open Device Error!\n"):
          retun;
       }
       PortWriteByte(0x28b,0x89):
       for(i=0;i<4;i++)
       {
          PortWriteByte(0x288,send[i]);
          PortReadByte(0x28a,&data);
          if(data!=reci[i])
          {
          printf("THE CHIP IS BAD!\7\n");
          exit(n);
       }
    }
    Cleanup():
    printf("THE CHIP IS OK!\7\n");
}
```

参 考 文 献

[1] 清华大学科教仪器厂编写.TPC-USB通用微机接口实验系统教师用实验指导书,随实验箱发送.2006年9月.

[2] 赵雪岩主编.微机原理与接口技术.北京:清华大学出版社,北京交通大学出版社,2005.

[3] 马义德主编.微型计算机原理与接口技术.北京:机械工业出版社,2005.

[4] 吴产乐主编.微机系统与接口技术.武汉:华中科技大学出版社,2004.

[5] 电脑爱好者杂志编辑部.电脑爱好者合订本2006下半年.北京:电脑爱好者杂志编辑部出版,2007.

[6] 电脑报杂志编辑部.电脑报2006年合订本.重庆:西南师范大学出版社,2007.

[7] 赵梅编著.微机原理与汇编语言实验指导.北京:北京航空航天大学出版社,2003.

[8] 白中英主编.计算机组成原理(第四版).北京:科学出版社,2008.

[9] 周明德主编.微机原理与接口技术(第二版).北京:人民邮电出版社,2007.

[10] 周荷琴 吴秀清编著.微型计算机原理与接口技术(第四版).合肥:中国科学技术大学出版社,2008.

[11] 清华大学科教仪器厂.TPC-USB通用微机接口实验系统实验指导书(随机附送).2013.

[12] 清华大学科教仪器厂.TPC-ZK通用微机接口实验系统实验指导书(随机附送).2014.

[13] 清华大学科教仪器厂.TPC-2003A+通用微机接口实验系统实验指导书.(随机附送).2014.

[14] 周荷琴,吴秀清.微型计算机原理与接口技术(第四版)课后答案.合肥:中国科技大学出版社,2011.

[15] 冯博琴.微型计算机原理与接口技术课后答案.2016年来自网络.